# 青少年人工智能入门与实战

陈宇航　李迎晨　邱心悦　胡静　编著

人民邮电出版社
北京

图书在版编目（CIP）数据

青少年人工智能入门与实战 / 陈宇航等编著. -- 北京 : 人民邮电出版社, 2024.4
ISBN 978-7-115-63493-1

Ⅰ. ①青… Ⅱ. ①陈… Ⅲ. ①人工智能－青少年读物
Ⅳ. ①TP18-49

中国国家版本馆CIP数据核字(2024)第006359号

## 内 容 提 要

本书是一本面向12～18岁青少年的人工智能技术入门读物，全书内容涵盖人工智能的定义、历史发展、核心技术、实际应用和未来发展趋势。书中结合Python编程实践，以项目为载体，帮助读者深入理解人工智能的概念和技术，此外还关注人工智能对人类和社会的影响，引导读者形成正确的价值观。本书适合作为中学阶段信息技术课程的课外参考书籍、教师参考资料及人工智能爱好者的工具书，我们期望本书能激发青少年对人工智能技术的兴趣，为未来的人工智能时代培养更多优秀的人才。

◆ 编　　著　陈宇航　李迎晨　邱心悦　胡　静
　责任编辑　哈　爽
　责任印制　马振武
◆ 人民邮电出版社出版发行　北京市丰台区成寿寺路11号
　邮编　100164　电子邮件　315@ptpress.com.cn
　网址　https://www.ptpress.com.cn
　北京盛通印刷股份有限公司印刷
◆ 开本：775×1092　1/16
　印张：14.75　2024年4月第1版
　字数：340千字　2024年4月北京第1次印刷

定价：89.80元

读者服务热线：(010)81055493　印装质量热线：(010)81055316
反盗版热线：(010)81055315
广告经营许可证：京东市监广登字20170147号

# 序

近十年来，我们正身处人工智能的第三次兴起之中。人工智能的前两次兴起分别在20世纪50年代和80年代。第一次兴起时，人工智能初露锋芒，科学家们怀揣着无尽的激情和希冀，他们深信，人类有能力创造出像自己一样思考和解决问题的机器。但是，那时的计算机性能和数据都非常有限，无法为广泛的人工智能应用提供足够的算力和数据支持。因此，第一次兴起很快陷入了技术瓶颈，被人们失望地称为“人工智能的冬天”。在人工智能第二次兴起时，计算机的性能和算法都得到了一定的提升，商业机构开始对人工智能技术进行投资。这一时期，人工智能应用得以在一些特定领域发挥作用。然而，由于技术限制，这一次的兴起未能持久，人工智能因此进入了第二次“寒冬期”。

我出生在20世纪80年代，正是人工智能第二次兴起的时候。那时，有两部堪称时代烙印的电影——《终结者1》与《终结者2》，共同编织了一段发人深思的科幻故事。在电影构筑的未来世界里，名为“天网”的人工智能统治着全球，绝大多数人类已惨遭屠戮，仅有少量人类反抗军在领袖约翰·康纳的带领下，为抵抗天网的统治而苦苦奋战。在《终结者1》中，为了一劳永逸地解决问题，天网派出了T-800型“终结者”，这是一个高度智能、冷酷无情的杀戮机器人。T-800通过时间机器回到1984年，试图在康纳出生之前，杀死康纳的母亲。在那个视觉特效还未盛行的年代，这个机器人的高度智能和冷酷残忍都给众多小朋友留下了深刻的印象，甚至在某种程度上成为我们的童年阴影。在《终结者2》中，天网派更先进的T-1000型终结者回到1997年，目标是杀死少年时的康纳。人类反抗军也派出了一个经过改造的T-800型终结者去保护康纳。T-1000的智能水平更高，手段更加残忍。相反的是，T-800通过学习和体验，逐渐展现出了人类般的情感，包括对康纳的保护和关爱，成为他亦父亦友的伙伴。后来，T-800在康纳母子的协助下，成功地消灭了T-1000。最终，为了改变黑暗的未来，防止人类通过研究终结者机器人的构造，开发出天网这样的人工智能，T-800选择沉入炼钢炉，以悲壮的姿态销毁了自己。这两部电影如同一曲“爱”与“恐惧”交织的悲歌，体现出那个时代人类社会对人工智能的憧憬和畏惧。当时的我们，既渴望看到科技的飞速发展，希望人工智能为我们带来更多的便捷和进步，又担心机器的自主性和智能失控，对人类构成威胁。

在人工智能第三次浪潮涌起之后，现在的人们对人工智能也有同样的复杂情感。今年，人工智能大模型引起了广泛的关注，进一步强化了这样的情绪。人工智能第三次兴起的特点是大数据和深度学习的崭露头角。计算机性能迅速提高，互联网的广泛使用催生了大量数据，这为深度学习算法提供了足够的训练数据和计算资源，使机器学习取得了突破性进展。现在，人工智能应用已经扩展到很多领域，包括自然语言处理、图像识别、自动驾驶、医疗诊断、金融预测，等等。这次兴起不仅局限于实验室，更是深刻地

融入我们的日常生活和工作中。并且，商业机构和初创企业纷纷对人工智能进行大规模投资，政府也将人工智能列为重点发展领域，诸此种种，共同推动了技术的迅速发展。总体来说，第三次人工智能的兴起具有前所未有的活力和广泛的应用，这是技术、数据和投资等多重因素共同作用的结果。这一次兴起会更加持久和深刻，有望为未来的科技发展甚至社会进步开启更多可能。

不过，在我看来，虽然人工智能大模型在很多方面都有出色的表现，但人工智能全面超越人类的时代恐怕不会很快来临。在很长一段时间里，以大模型为代表的人工智能可能更像是一个水平中上的同事，扮演着我们在工作、学习中的伙伴角色。这看起来没有“毁天灭地的人工智能”那么激动人心，但实际上，对我们生活的影响更为深远。其实，现在的人工智能已经能够在很多职业领域的技能考核中取得相当优秀的成绩。换言之，人工智能就像众多大学毕业生走向工作岗位一样，已经进入了很多行业，承担许多重要的工作任务。因此，人工智能并不仅是计算机专业领域的人才需要学习的，更多来自不同领域的人，尤其是青少年学生们，都应该积极了解和学习人工智能。

通过阅读这本书，我们可以了解人工智能的历史发展脉络，学习人工智能关键技术的核心思想。更为重要的是，这本书将引领我们深入思考人工智能对价值观的冲击，让我们更好地理解技术和社会之间的互动关系。在掌握了上述内容的基础上，这本书还会讲授如何编写人工智能程序，通过实践来增进我们对人工智能的理解，掌握更多实用的技能。学习人工智能，实践是非常重要的。人工智能是理论和实践紧密结合的学问，即使只是用人工智能来帮助自己学习和工作，也需要经过充分的实践。

2023年5月，我做了一个关于如何使用人工智能大模型的培训。实践练习之后，一位参加培训的老师对我说：“当你带着我们使用这个大模型时，我觉得特别好用，但我回到自己办公室之后，突然就感觉没那么好用了。就像学开车的时候一样。教练坐在身边，我永远都能成功避开那几个‘大饼’（井盖）。教练一走开，我就一定会压过每一个‘大饼’！”其实，这位老师非常聪明，在自己的领域有非常突出的成果。我们一起复盘反思了学习和使用人工智能大模型的场景，最终达成共识：不是人工智能大模型不好用，而是缺少反复的实践应用，没有把培训中学到的方法内化成真正可以操控的方式。我们探讨了要如何“驯服”人工智能，要找到自己和人工智能之间最佳的沟通方式，让它成为自己的得力助手。这位老师最后说起自己是如何对开车“顿悟”的，让我印象深刻：“有一天，爸爸把车开到我单位，告诉我，今天我得自己一个人把车开回去……”

说了那么多，我突然想起来：《终结者》电影里，天网统治世界的那个“未来”，是2029年。未来就在眼前了，我们什么时候开车上路呢？那就现在吧！

陆俊林

北京大学信息科学技术学院副院长

全国青少年信息学奥赛北京大学招生负责人

国家义务教育新课标信息科技教材编委

2023年8月

# 前 言

自2016年AlphaGo在举世瞩目的围棋对决中胜出以来，人工智能（Artificial Intelligence）技术以“深度学习”为核心在全世界范围内掀起热潮。2022年年末，强大的ChatGPT横空出世，这标志着人工智能技术的发展达到了一个新的高度，预计将在不远的未来深刻改变人类社会。

2017年，国务院印发《新一代人工智能发展规划》（以下简称《规划》），为我国人工智能产业未来十余年的发展提出了明确的战略规划，并在《规划》中指出：“支持开展形式多样的人工智能科普活动，鼓励广大科技工作者投身人工智能的科普与推广，全面提高全社会对人工智能的整体认知和应用水平。实施全民智能教育项目，在中小学阶段设置人工智能相关课程，逐步推广编程教育，鼓励社会力量参与寓教于乐的编程教学软件、游戏的开发和推广。”

因此，为广大青少年推广和普及人工智能技术，将编程等人工智能基础技术推向中小学教育阶段成为了时代趋势。自2017年起，我国普通高中信息科技课程增设“人工智能初步”模块；2022年，教育部在《义务教育信息科技课程标准》中将“人工智能”作为信息科技课程逻辑主线之一。

人工智能作为一门新兴技术，尤其近十年来其发展极为快速，使得青少年人工智能科普工作的开展遇到了非常大的困难。一方面，在中小学阶段设置哪些人工智能教育内容未取得广泛共识，如何对人工智能的边界进行定义、如何看待新技术与传统技术的关系等核心问题仍存在较大争议；另一方面，人工智能学科本身是建立在数学、计算机等学科基础上的，要充分理解人工智能技术，必须有较深厚的数学和计算机知识基础，因此，要将人工智能引入中等甚至初等教育极具挑战，也对教师能力提出了较高的要求。

我们认为，要给青少年做好人工智能的科普工作，关键是要把握好以下几点核心价值。

◆ 以史明鉴：增进对人工智能基本概念的了解，通过其历史发展脉络，比较不同时期的技术核心理念，理解决定技术发展的动因。

◆ 技术普及：了解人工智能关键技术的核心思想，运用编程等进行亲身实践，增进对人工智能技术的正确理解，提升对技术的价值认同。

◆ 价值观形成：通过人工智能与人类、社会关系的探究与思辨，理解技术与社会的关系，形成正确的价值取向，用积极开放但有利于人类社会长远稳定、安全发展的心态迎接未来挑战。

本书在以上几点核心价值的基础上，针对青少年阶段的认知特点进行设计，期望能为读者创造独特的阅读与学习体验。

◆ 在初中数学知识的基础上，介绍人工智能核心技术理念。

◆ 尊重人工智能历史发展的整体性，兼顾符号主义与连接主义两条主线。

◆ 提供基本的Python编程方法介绍，保证所有技术介绍都能与项目实践相结合，不造“空中楼阁”。

◆ 所有项目均提供资源文件和参考程序，全部可基于开源框架完成，不依赖特定的技术平台。

第一章“走近人工智能”介绍人工智能的定义、发展历史与主要流派，以图灵测试为主要内容探讨什么是“智能”，以技术核心思想为线索分析符号主义、连接主义、行为主义3种实现智能的途径，并梳理人工智能一波三折的发展历程，剖析技术发展的背后原因。

第二章“算法、数据与人工智能”以机器相较于人类的优势引出数据、算法、算力，即人工智能三要素，为实现人工智能介绍Python编程的基本方法，完成符号推理、回归分析、启发式搜索等传统符号主义人工智能的典型技术应用。

第三章“会学习的人工智能”按照从感知机到神经网络的经典脉络介绍连接主义人工智能的核心技术路线，说明机器学习、深度学习等当代人工智能技术的重要概念，并完成基于卷积神经网络技术的图像识别项目实践。

第四章“人工智能应用与实战”聚焦于当代人工智能技术实践应用的广泛性，以5个简单的典型项目为例，介绍人工智能在“视觉”“语音”“语言”“游戏”“创作”等方面的代表技术，理解机器如何认识世界，它运用现在的人工智能技术“能做些什么”。

第五章“人工智能与未来”则在当下人工智能技术发展热点的基础上，分析现在的人工智能处在什么阶段，进而预测未来人工智能技术:的发展方向，展望它可能为人类和社会带来的价值，也关注它带来的问题与隐忧，最终形成正确看待人工智能发展的态度，了解应当做些什么才能更好地适应未来社会。

本书适合的读者与定位。

◆ 以中学生（12~18岁）为核心年龄段的青少年了解人工智能技术的入门读物。

◆ 中学阶段信息科技课程“人工智能”部分的课外参考书籍。

◆ 中小学信息科技教师的“人工智能”主题参考资料。

◆ 人工智能业余爱好者了解人工智能基本概念，完成基本项目实践的工具书。

人工智能技术发展日新月异，相关技术正在以年，甚至以月为单位快速发展和更新。由于笔者的时间与能力有限，本书介绍的人工智能技术未必是最前沿、最先进的，书中做出的种种“预测”也未必能完全符合未来的发展，但笔者仍希望以本书为契机，让更多的青少年朋友更加真切地了解人工智能技术，培养进一步学习与探究的兴趣，在未来的人工智能时代成为机器的亲密朋友。

本书使用的程序文件、数据文件等电子资料，读者可微信关注“海亮学生素质成长中心”公众号，发送“青少年人工智能入门与实战”获取。

陈宇航

2023年8月

# 目 录

# 第一章　走近人工智能

## 本章探讨的问题：

- ◆ 什么是人工智能?
- ◆ 人工智能这个词在什么时候诞生?
- ◆ 人工智能如何模拟人类的思考?
- ◆ 人工智能如何模拟人类的大脑?
- ◆ 人工智能如何模拟人类的行为?
- ◆ 人工智能的发展经历了哪些波折与起伏?
- ◆ 为什么人工智能在现在受到了广泛的关注?

# 第一节　什么是人工智能

提起人工智能，很多人首先会想到科幻小说或电影里的虚拟角色——可能是全能贴心的机器人管家，也可能是冷漠无情的超级计算机。但事实上，人工智能早已融入人们的日常生活：导航、网购、用指纹或面部解锁手机，甚至在搜索引擎上寻找问题的答案，这些人们习以为常的生活小事都与人工智能息息相关。

然而，虽然人们对人工智能技术的依赖与日俱增，却往往并不真正了解它究竟是什么，也分不清人工智能与计算机、编程、机器人之间有什么关系和区别。因此，在学习和了解具体的人工智能技术前，我们要先弄懂一个最基本的问题："什么是人工智能？"

## 1.1.1　古老的梦

人工智能（Artificial Intelligence，AI）作为一个专业名词，其实只有60多年的历史，但人类关于创造机器人的想法由来以久。在一些神话和传说中，技艺高超的工匠可

以“造人”，并赋予其智慧和意识。

春秋战国时期的文学著作《列子·汤问》中，就记载了一篇关于机器人的故事——偃师造人。

相传在周穆王时期，有一位名叫偃师的工匠曾献给周穆王一个木偶人。这个木偶人和真人几乎一模一样，周穆王一开始还把它错认成偃师的随从（见图1-1-1）。它不仅能自如地行走，而且按下头后，就能唱动听的歌；抬起手来，便能跳优美的舞。木偶人由皮革、木头、胶漆、颜料等组成，外部也有筋骨、关节、皮毛、牙齿、头发等。周穆王试着将木偶人的心拆走，木偶人便无法说话了；拆走肝脏，木偶人就没法看见东西；拆走肾脏，木偶人就无法走路。周穆王心悦诚服，赞美偃师的技法高超。

图1-1-1　偃师造人

除了中国古代，其他文明的人们也有类似用物质模拟人类构想的故事。在希腊神话中，“火与工匠之神”赫菲斯托斯曾以青铜为“骨肉”创造了巨人守卫塔罗斯。

随着时间的推移，到近现代时期，人们对人造生命的想象越来越具体，也开始思考机械生命对人类可能产生怎样的影响。

## 1.1.2　智能萌芽

虽然在神话传说、文艺作品中，可以窥见从古至今各个时代的人们对于“人工智能”的初步探索，但他们的想象大多与现在所说的机器人类似，更关注能制造出一个与人类相似的“躯体”，而人工智能的核心却在于实现与人类相似的“头脑”。

从这个意义上来说，人工智能的真正萌芽要从20世纪40年代说起。当时正值第二次世界大战，许多国家开始大力推进计算、通信等领域的研究，信息科学应运而生。随着信息技术产业的发展和电子计算机的发明，一些学者看到了在现实中创造机器智能的曙光，艾伦·图灵——计算机科学与人工智能之父，就是其中的一员。

艾伦·图灵是第一个提出把计算和自动机器联系起来的人，他的开创性设想被后人

称为“图灵机”，也是电子计算机的雏形，因此图灵常被认为是现代计算机科学的创始人。1966年，美国计算机协会（ACM）设立“图灵奖”，以表彰在计算机科学中做出重大贡献的人，这也是全世界计算机领域的最高奖项。

### 拓展阅读——“谜”与“炸弹”

1939年，第二次世界大战爆发。为了与德国对抗，英国一批聪明的年轻人被秘密召集到情报中心，其中就包括数学天才图灵。

这群天才的任务是打败德军的超级密码机——Enigma（读作“恩尼格玛”，意为“谜”）。

当时，德军的机密文件都会用Enigma进行加密和解密。这种密码机会把一个字母转换成另一个字母，但这种转换并不是固定的，比如：第一个A会变成G，而第二个A会被转换成R。这种加密中能产生的排列组合有超过一亿种情况，更糟糕的是，德国人每天都会用不同的密码设置模式，破译人员必须与时间赛跑，在一天之内完成破译，否则第二天又得重新来过。

图灵很快意识到，仅靠人力是无法完成任务的，应该“用机器打败机器”。于是，他与同事们共同研制出了名为Bombe（意为“炸弹”）的密码破译机（见图1-1-2）。

Bombe被赋予了人类无法企及的计算能力，它每转动一秒就能测试几百种密码编译的可能性，每天可以破译3000条Enigma密码。

战后，科学家们从战争的经历中认识到了制造自动机器的巨大价值，图灵与约翰·冯·诺伊曼（John von Neumann）等人都开始尝试设计电子计算机，最终冯·诺伊曼制造的EDVAC成为了世界上第一台电子计算机。

图1-1-2　密码破译机Bombe

1950年，一篇划时代的论文让图灵获得了“人工智能之父”的美誉。在这篇名为《计算机器与智能》的论文开头，他提出了一个引发人无穷想象的问题：“机器能思考吗？”

由于“思考”是一个主观的行为，很难有一个明确的判断标准。于是，图灵另辟蹊径，想出了一个间接方法来证明机器有像人一样的思维，这就是后来大名鼎鼎的图灵测试：如果一台机器能够与人类展开对话，并且不被辨认出它的机器身份，就可以认为这台机器拥有智能。

图灵最初提出的测试只是一种思想，并没有给出严格的判断标准。后来的研究者们

通常会用更具体的方法进行实验：将被测试的机器与人类测试者隔开，让他们通过键盘和显示器对话，在交流过程中，机器会冒充人类，如果超过30%的测试者判断错误，就认为这台机器通过测试（见图1-1-3）。

图1-1-3　图灵测试

然而，按照这个标准，直到2014年，才有一款软件勉强通过了图灵测试，比图灵预测的2000年迟到了14年。通过测试的是一款名叫“尤金”的聊天软件，它冒充成一名13岁的男孩，在5min的时间限制里成功骗过了30位测试者中的10位。

有趣的是，尤金能骗过人类是因为它故意设计出了一些错误，毕竟如果表现得太“聪明”，很容易就会被识破。一些研究者把这类故意装笨的AI戏称为“人工蠢能”（Artificial Stupidity），并认为这种“通过测试”是没有价值的。

另外，值得一提的是，研究者在图灵测试上的“屡败屡战”反而造就了非常实用的“互联网之盾”——验证码，图1-1-4展示了几种常见类型的验证码。

图 1-1-4　常见类型的验证码

如果说图灵测试是由人来从人群中分辨出机器的，那么验证码就刚好“反过来”，是让计算机从机器中分辨出人类，进而阻止如机器刷票、暴力破译密码等网络破坏活动。验证码的英文单词Captcha，实际上就是“Completely Automated Public Turing Test to Tell Computers and Humans Apart”（全自动区分计算机和人类的公开图灵测试）这句话每个单词的首字母缩写。

但是，即使机器聪明到可以完全通过图灵测试，依然有很多学者不承认它们拥有智能。美国哲学家约翰 · 希尔勒（John Searle）就曾在1980年提出了“中文房间”实验（见图1-1-5)，来反对图灵测试。

希尔勒想象出这样一个场景：一个只会说英语的人独自在一个房间里，房间内有纸笔，以及一本由专家编写的、非常全面的中文对话手册。房间外，另一个人用中文写下问题，传递到房内。房间里的人只需要对照手册，找到看上去相似的句子，照猫画虎地写下手册中给出的中文回答，再传递到门外。那么，即使这个人对中文一窍不通，房间外的人也很容易误以为他会说汉语。

图 1-1-5　“中文房间”实验

在这个实验中，房间内的人能算作懂中文吗？相信大部分人都会不假思索地回答“不”，因为他显然只是会查阅工具书，而并不理解那些中文的意思。

希尔勒的观点也正是如此，他认为图灵测试中那些与人类对话的机器就像这个房间里的人，只是根据一些规则来排列文字罢了，不能真正体会到语言的含义。所以，希尔勒认为，即使一台机器能通过图灵测试，也只能说明它有一本特别厉害的工具书，不能认定它能思考。

想一想

如果按照“中文房间”实验的思路，真的能设计出一本包含所有人类对话规则的手册，并让机器照着手册来进行对话，你认为这样的机器算是拥有智能吗？为什么？

## 1.1.3　学科的诞生

20世纪50年代，随着计算机科学的迅速发展，机器的计算能力不断增强，这让越来越多的人开始意识到，“机器拥有智能”这个话题不再是纸上谈兵，是极有可能变为现实的。

在为期两个月的以“如何用机器模拟人的智能”为主题的“人工智能夏季研讨会”（也称为达特茅斯会议）中，人工智能这个词汇第一次被正式使用。这一年是1956年，因此1956年也被称为“AI元年”。

达特茅斯会议标志着人工智能从密码学、控制学等学科中分离出来，正式成为一门独立的学科。

实际上，这场会议并没有获得什么了不起的研究成果，但会议的大多数参与者在未来成为了人工智能行业的中流砥柱，如同样被誉为“人工智能之父”的美国计算机科学家约翰·麦卡锡（John McCarthy），麻省理工学院人工智能实验室的创始人之一马

文·明斯基（Marvin Minsky），在科学界与图灵齐名的信息论的创始人、美国数学家克劳德·香农（Claude Shannon）。也可以说，正是因为有这些了不起的参会者，达特茅斯会议才被公认为是人工智能诞生的标志。

达特茅斯会议给许多人工智能未来的研究方向埋下了伏笔，其中包括如何让计算机学会人类语言、如何让机器进行自我改进、如何让计算机理解和存储抽象概念等。更为重要的是，这次会议描绘出了人工智能“最初的轮廓”：让机器能做出与人类相同的行为。

### 1.1.4 定义的变迁

实际上，直到今天，学术界对人工智能的定义仍然众说纷纭。作为一个学科，没有公认的“自我介绍”确实有些尴尬。这背后的原因除了时代的发展和技术的进步，还与人工智能高度的跨学科交叉特性有关。

纵观人工智能的发展历程，大多学者给出的人工智能定义可以大致划分到4个类别中：像人一样思考、像人一样行动、理性地思考、理性地行动（见图1-1-6）。

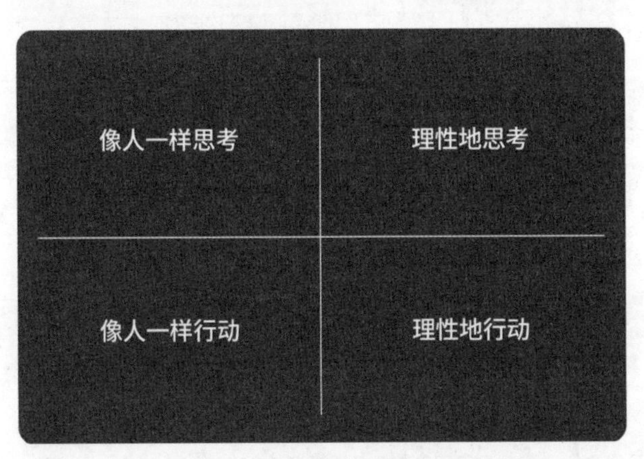


图1-1-6　人工智能定义的四象限

认为“人工智能应该像人一样”的观点主要出现在人工智能发展的早期。

达特茅斯会议的参会者麦卡锡曾提出：只要能精确地描述出人类的智能，那么就能用机器做出模拟。这个观点倾向于AI应该像人一样思考。这类观点的代表有图灵测试——人工智能在对话这一行为中表现出与人类相同的能力。还有学者推而广之，认为人工智能的研究目标就是让机器做人类擅长的事情。

后来，随着时代不断发展，人工智能的定义不再拘泥于“像人”，开始认为“正确行事”，也就是理性更加重要。

现在主流的人工智能教材写道：人工智能的研究，是要设计出能感知周围的环境，并采取行动来达到目标的智能系统。

人工智能的定义在历史上不断改变，与其研究目标的变化有很大关系。人工智能最初的目标很宏伟，希望机器能像人一样认知、学习和思考，有一种“神造人”的感觉。但经过60多年的发展后，人工智能的目标逐渐转向了实用，人们更需要的是能通过模拟人的一部分功能来解决问题的AI。

如今，人工智能学科涵盖极广，与机械、控制、信息、通信等其他学科都有着千丝万缕的联系，因此，不同的人从不同的角度，给人工智能的定义不同。而在一般人看来，我们更关心人工智能技术与社会、人类的关系。从这个角度来说，人工智能是一种通过智能机器延伸、增强人类改造自然和治理社会能力的新兴技术，这也是当前我国中小学信息科技课程中给出的定义。

**想一想**

你更认可上文中提到的哪一种人工智能的定义？为什么？

### 拓展阅读——强弱有别

一些学者在研究人工智能时，习惯将它们按照智能水平的高低划分成强、弱两大类别。

◆ **弱人工智能（Weak AI）**

弱人工智能是经过训练的、专注于执行特定任务的人工智能，有时也称为专用人工智能。我们今天拥有的所有人工智能，包括苹果公司的智能语音助手Siri、清华大学研发的作诗机器人九歌等，都属于这个类别。

弱人工智能实际上并不弱，“范围窄”是对它们更准确的描述。例如，AlphaGo虽然在围棋上登峰造极，但除此之外几乎没有其他的功能。

◆ **强人工智能（Strong AI）**

强人工智能可以被细分为两种——通用人工智能（Artificial General Intelligence，AGI）和超人工智能（Artificial Super Intelligence，ASI）。

其中，通用人工智能和图灵的想法类似，即机器可以做人类能做的任何事，包括理解信息、学习知识、规划未来，甚至拥有自我意识和情感。当然，现实世界中还不存在这么强大的人工智能，但你可以在科幻作品中看到它们的投影，例如《星际迷航》中的Data、《机器人总动员》中的瓦力等。

超人工智能则是通用人工智能的“升级版”，它们的智慧和能力将在人类之上。有科学家预测，一旦通用人工智能被创造出来，它们在很短的时间内就会自己进化成超人工智能。

## 本节小结

◆ 人类对于智能的想象从古时候就已经存在，但人工智能的真正萌芽是从20世纪40年代开始的，人工智能之父图灵所做的研究为人工智能的诞生奠定了基础。

◆ 图灵测试是由图灵提出的一种衡量机器智能的方法：如果一台机器能模仿人类进行对话并混淆人类对它身份的判断，那么这台机器就拥有智能。

◆ 1956年，计算机科学家们齐聚达特茅斯会议，人工智能（Artificial Intelligence）一词被首次提出，1956年也被称为“AI元年”。人工智能最初的目标是“用机器模拟人的智能”。

◆ 人工智能的定义有很多种，在不同时代、从不同角度，都可能有所不同。

◆ 从人工智能与社会和人类的关系来看，人工智能是一种通过智能机器延伸、增强人类改造自然和治理社会能力的新兴技术。

# 第二节　创造智能的途径

1956年达特茅斯会议后，人工智能这个新兴学科引起了许多研究者的关注，来自数学、计算机、心理学、哲学等不同领域的学者们纷纷投入人工智能的研究中，真正系统性地开始探索如何令机器获得智能。

在这个过程中，由于对智能的看法各不相同，学者们逐渐形成了几个流派（或学派）。流派在学术领域也叫作主义，每个主义都有自己独到的见解、方法、专长。人工智能有三大流派：符号主义、连接主义和行为主义。

那么，这3个流派对智能的看法到底是怎样的？有哪些主要的研究者？又分别采取了什么方法来“创造”智能？本节将会对这些问题一一做出解答。

### 1.2.1 符号主义

在人工智能的发展历程中，第一个诞生的流派就是符号主义（Symbolicism），它也是人工智能历史上最重要的一个流派。在人工智能学科成立后的近30年时间里，符号主义的理论在领域内是具有极高地位的，也是那时候大多数学者钻研的方向。

符号主义的核心思想与图灵的观点一脉相承，它不关心智能内部究竟是怎样组成的，只要机器能够表现出智能就可以了。

所有智能的外在表现都可以归纳为以某种方式将输入转换为输出（见图1-2-1）。例如，我们做数学题，是将题目（输入）转换为答案（输出）；我们下棋，是将棋盘现在的状态（输入）转换为下一步的行动（输出）；我们辨认物体，是将眼睛观察到的图像（输入）转换为辨认的结果（输出）。而智能就蕴藏在这个转换的过程之中。

图1-2-1　智能的外在表现

从符号主义的谬论来看，我们可以使用任何方式让机器完成从输入到输出的转换，只要转换的效果与人类相似即可，并不关心实现的方式与人类大脑的思考有多大差异。但是，要做到这种“相似”，需要先充分、深刻地理解人类的智能究竟包含哪些方面，从中提取出关键点，才能构造出足够强大的“机器智能”。

在人类的智能中，最重要的是思考的能力，它的核心在于逻辑推理。例如，A班的同学都喜欢学习人工智能，而幻幻是A班的学生，所以能得出结论：幻幻喜欢学习人工智能。

这就是一种最简单的三段论推理，我们可以将3句话分别列出来。

- A班的同学都喜欢学习人工智能（大前提：普遍存在的事实）；
- 幻幻是A班的同学（小前提：某个具体的事实）；
- 所以幻幻喜欢学习人工智能（结论）。

在这个推理中，我们根据两个已知的前提，推理出了一个未知的结论。要让机器模拟人类的逻辑推理能力，关键就在于如何用机器的方式描述事实，展开推理。

早在17—18世纪，科学家莱布尼茨（Leibniz）就提出，世界的事物和规则可以用符号来描述，人类的推理过程可以用特定的计算来实现。而存储符号和执行计算恰恰是计算机最为擅长的。

在人工智能学科诞生后不久的1958年，麦卡锡就提出了“常识编程”的概念，试图使用机器完成一切现实问题的推理，并做了一些实验性的工作。

到1975年，艾伦·纽厄尔（Allen Newell）和赫伯特·西蒙（Herbert Simon）对符号主义人工智能的核心观点及实现方法进行了完整的阐述，将这种方法总结为“对符号的处理”，并且指出启发式搜索是一种通用的解决问题的推理方法。

搜索是机器解决问题的基本方式，例如机器下棋时，可以搜索出每一步所有可能的走法，从中找到对自己最有利的一种。但是，对于稍微复杂的问题来说，计算机要搜索出所有可能性就很难，需要无穷多的计算时间。为了解决这个矛盾，我们可以在过程中根据搜索的情况，启发人工智能更快地找到问题的解答，这就是启发式搜索。采用了启发式搜索思想的方法（如“A*算法”）在人工智能中应用颇多，本书后面部分我们也将详细阐述它的实现方法。

但是，思考并不是人类智能的全部，人类的智能还源于自身的记忆能力，也就是能够在头脑中存储海量的知识。在符号主义人工智能发展的初期，研究者们的重心都放在了模拟推理上，由此产生的人工智能系统尽管已经能够完成复杂的数学定理证明，甚至取得了证明四色猜想（数学三大猜想之一，要证明的结论是任何地图都可以用4种不同颜色进行区域标注）这样的瞩目成就，但在现实中还远远无法达到普通人的常识水平。这主要是因为，现实问题需要巨量的知识储备，并不像数学问题那样，可以从简单的几条公理开始完成全部推理。

由此开始，符号主义的研究重心转向了如何表示和存储知识上。经过数十年的努力，研究者们为人工智能创建了庞大的知识库，让人工智能能够辅助人类更好地完成医疗诊断等专业工作，还能在知识问答竞赛中胜过人类。

到此为止，这种符号主义的人工智能完全是基于人类预先准备的庞大知识库和人类预先设计的推理方法来运作的，它的智能可以说完全由有多少人工来决定。但是，世界上充斥着大量的知识，并且不断地以非常快的速度发展和扩充，我们的人工工作永远不可能完全覆盖。

重新思考人类智能，不难发现，人类不仅会思考、会记忆，更重要的是，还会不断地学习和成长。如果能够让机器模拟人类的学习能力，能够自我改进，不断提高，可能就能避免符号主义人工智能过分依赖人工的问题了。

在这种思路下，科学家们试图让机器从观察到的事实中自行学习，总结背后的规律，并运用规律来解决新的问题，这就用到了归纳的思想。例如，人们即使并不知道车的定义，也可以从生活中见识到各式各样的车（见图1-2-2），从中总结归纳出车的概念，进而能够准确地判断什么是车。

图1-2-2　各式各样的车

由于我们身处的世界太过复杂，难以用一套严谨的符号和规则来描述，时至今日，符号主义人工智能也无法解决大多数现实的问题，因此它的发展从20世纪末开始就陷入了停滞。但是，科学的发展总是起起伏伏，符号主义思想对我们认识智能仍有着不可替代的价值，很多科学家依然相信它会是未来人工智能中不可缺少的一部分。

## 1.2.2　连接主义

连接主义（Connectionism），又被称为仿生学派，它的思想主要来源于生物神经科学的研究者们，他们认为，既然人类的智能来源于大脑，那么弄明白大脑的物理结构和大脑内部传递信息的机制，再用计算机的方式进行模仿，就能制造出人工智能。

沿用上一小节的论述，智能功能的本质是完成从输入到输出的转换。在连接主义看来，这种转换是可以通过用计算机模拟人类大脑的工作机制来完成的，并不需要解答智能是什么这种难以回答的问题。

连接主义思想的源头可以追溯到沃尔特·皮茨（Walter Pitts）和沃伦·麦卡洛克（Warren McCulloch）的工作。他们在20世纪40年代，根据当时对人类大脑的了解，提出了一种能够模拟大脑工作原理的模型结构，并证明它可以完成各种逻辑运算。麦卡洛克和皮茨认为，这个工作揭示了人类大脑能够思考的秘密，他们提出的模仿人类大脑中单一神经元结构的“M-P神经元模型”对后续的连接主义人工智能研究影响重大。

图1-2-3　感知机

到了电子计算机发明、人工智能学科诞生之后，美国学者弗兰克·罗森布拉特（Frank Rosenblatt）于1957年用计算机真实地模拟出了“M-P神经元”，他称之为感知机（Perceptron）（见图1-2-3）。更

为重要的是，罗森布拉特提出了一套能让机器根据给定的数据进行自主学习的方法，成功地用感知机完成了英文字符图像识别这样的现实任务。

后来，达特茅斯会议的组织者之一马文·明斯基详细分析阐述了感知机背后的原理，同时也指出了单一感知机存在的不足：其无法解决绝大部分复杂的现实问题。他尝试给出了可能的解决方法：将多个感知机分层连接起来，组成多层感知机。但是，在20世纪60—70年代，感知机的学习方法需要非常巨大的计算量，多层感知机在现实中并不可行。从此时开始，连接主义人工智能的发展就陷入了长达数十年的停顿。

20世纪80年代，杰弗里·辛顿（Geoffrey Hinton）等多位科学家分别独立地找到了一种大幅度降低学习过程计算量的方法——反向传播算法。有了反向传播算法，多层感知机的学习才变得现实可行，并进一步发展成更加复杂的人工神经网络（Artificial Neural Network，ANN），简称神经网络。

神经网络是由多个神经元分层连接而成的，每个神经元都可以看作是稍作改变的感知机。它在工作中，可以将最初的神经信号，也就是问题输入，转换为另一组神经信号，也就是问题输出，而转换方式完全是由机器通过自动学习得到的。

随着神经科学的发展，科学家们对大脑有了进一步的了解，发现大脑中的神经元并非都执行相同的功能。仿照这一原理，连接主义的科学家们尝试将神经网络的层次不断加深，终于在2012年的图像识别竞赛中取得了惊人的成绩。

从此开始，深层次的神经网络成为人工智能中的主流技术，运用它进行学习的人工智能方法被称为深度学习（Deep Learning）。

近10年来，基于连接主义思想的深度学习正在各个领域快速发展，并已经在图像识别、语音识别、棋类游戏等领域达到甚至超越了人类的智能水平，并被全球的科技巨头公司推向了实用领域，迅速地实现产业化，深刻地影响着现代社会生活的方方面面。

尽管连接主义当前研究成果层出不穷，但深度学习在某些领域的发展逐渐遇到了瓶颈，它的计算需求庞大、迁移运用困难等缺点也引发了越来越多的质疑和批评。

此外，连接主义只问结构、不论思维过程的实现原理意味着它注定是难以完全被解释清楚的，更让人们担忧的是连接主义人工智能的使用安全性和可靠性。

但是，无论如何，连接主义已经成为当代人工智能研究的主流思想，它所取得的成就必然为人工智能的发展写下浓墨重彩的一笔。

### 1.2.3　行为主义

早在1948年，图灵就曾提出，研究智能的方向有“肉身智能”和“非肉身智能”两种。无论是符号主义还是连接主义，它们其实都属于“非肉身智能”这个范畴，所有人工智能系统都是在单纯地实现从输入到输出的转换，至多只模拟了人类大脑的工作过程。

人类智能的核心虽然位于大脑之中，却还是需要运用身体在现实世界中进行活动来表现出智能的。而“肉身智能”的研究，就是要模仿人类，制造出在现实环境中能够智能运动的身体。

人工智能研究的第3种流派——行为主义（Actionism），就展现出了对“肉身智能”的追求。

行为主义最早来源于20世纪初的一个心理学流派，他们认为行为是生物适应环境变化的各种身体反应的组合，强调“行为”是心理学研究的主体。

在行为主义中，行为分为刺激和反馈两个过程，环境给予生物某种刺激，生物给出特定的反馈，而生物的智能表现在，它能够在与环境的交互过程中建立起这种刺激和反馈的关系。例如图1-2-4所示的巴甫洛夫实验中，实验员多次让铃铛声音与食物同时出现，狗就建立起了听到铃铛声音与分泌唾液之间的反馈联系。

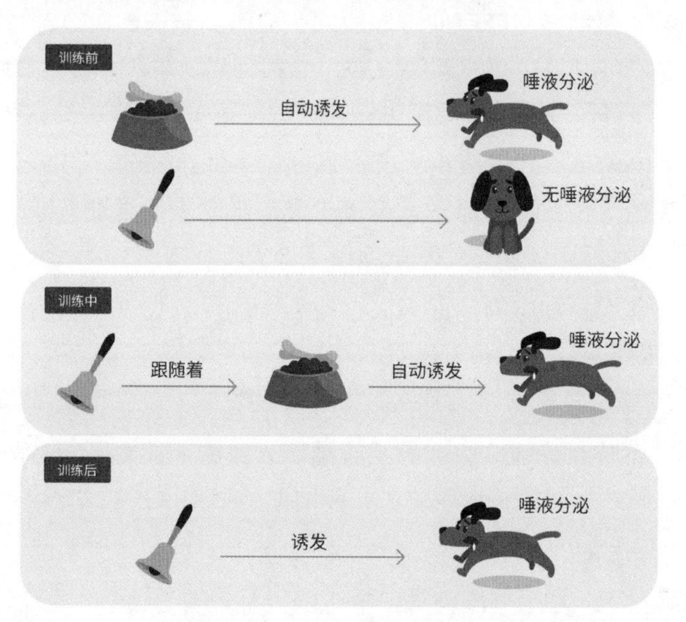


图1-2-4　巴甫洛夫实验

人工智能的行为主义方法也是如此，将人工智能看作是所在环境中的一个生物，通过感知环境中的事物（刺激），做出特定的动作（反馈）。行为主义人工智能的实现关键在于采用什么方式建立感知和动作的关系。这一思想的源头可以追溯到诺伯特·维纳（Norbert Wiener）提出的控制论。

如果把感知看作一种输入，把动作看作一种输出，那么行为主义人工智能本质上也是在完成从输入到输出的转换，只不过这里的输入和输出都是人工智能与环境互动中产生的。

行为主义人工智能在现实中的发展主要集中在工业机器人、自动驾驶等涉及实物复

杂智能系统的领域。从1959年的第一台工业机器人Unimate到如今已经商业运营的自动驾驶出租车Waymo，智能机器对社会产生了广泛的影响，它所实现的功能越来越具备智能性。

在近年来人工智能的发展中，蕴含了行为主义思想的强化学习方法受到了广泛的关注，被认为可能是通向未来人工智能的关键技术。尽管行为主义与机器人并不是本书的重点内容，在本书后面章节中，我们仍会运用电子游戏的案例探讨基于行为主义的游戏人工智能是如何通过与环境的互动实现智能的。

### 拓展阅读——机器人与人工智能

机器人（Robot）一词，最早可以追溯到舞台剧《罗素姆的万能机器人》，它泛指一切模拟人类或其他生物的机械。与人工智能相比，机器人更强调机械实体，并不一定要具备较高的智能性。一般认为机器人是人工智能的一种载体。

世界上第一台机器人是工业机器人Unimate（见图1-2-5），它可以执行预设的程序命令，自动化地完成一些流水线上的生产制造工作。

图1-2-5　Unimate

现在，工业机器人已经成为现代工厂的标配，它能够高度自动化地实现复杂的装配工作。如图1-2-6所示是汽车生产线中的工业机器人。

图1-2-6　汽车生产线中的工业机器人

如果说工业机器人与想象中的机器人形象还有一定差距，那么仿生机器人就是完全模拟人类或其他生物的形象来设计的了。如图1-2-7所示是模仿蜘蛛的六足行走机器人，它可以在不平整的道路上快速移动，能前往一些人类无法到达的地方或可能危及生命的特殊场合，非常适合探测、救灾等任务。

波士顿动力公司（Boston Dynamics）近年来开发出的人形机器人Atlas（见图1-2-8），在搭载了新一代人工智能技术后，已经可以精准地控制身体的姿态，完成跳舞、体操等复杂的，甚至人类都难以完成的动作。

图1-2-7　六足行走机器人

图1-2-8　人形机器人Atlas

## 本节小结

◆ 在人工智能的研究中，主要有符号主义、连接主义、行为主义3种流派，它们代表了对“智能”的3种不同的看法。

◆ 符号主义从模拟人类智能的本质出发，认为人工智能源于数理逻辑，可以用机器存储符号来描述世界，并用机器进行计算来完成推理，最终在机器中实现智能。

◆ 符号主义的发展经历了从推理到知识再到学习的过程，从思考、记忆、学习等不同的角度尝试模拟人类智能。

◆ 连接主义从模拟人类智能核心——大脑的结构出发，认为人工智能源于神经网络的连接，主要思想是以人工的方法在机器中搭建神经网络，对大脑功能进行模拟，从而实现智能。

◆ 连接主义的发展过程从模拟单一神经元的感知机，到模拟复杂神经连接的人工神经网络，由此发展出的深度学习成为了当代人工智能的核心技术。

◆ 行为主义从模拟人类智能行为出发，认为人工智能源于智能体与环境交互的行为，关注对环境的感知和执行的动作，并能够像人类一样，在逐步学习、进化的过程中形成智能。

◆ 行为主义人工智能与机器人、控制学等学科关系紧密，由行为主义思想催生的强化学习方法是当代人工智能研究中的重要方法。

# 第三节　一波三折的发展历程

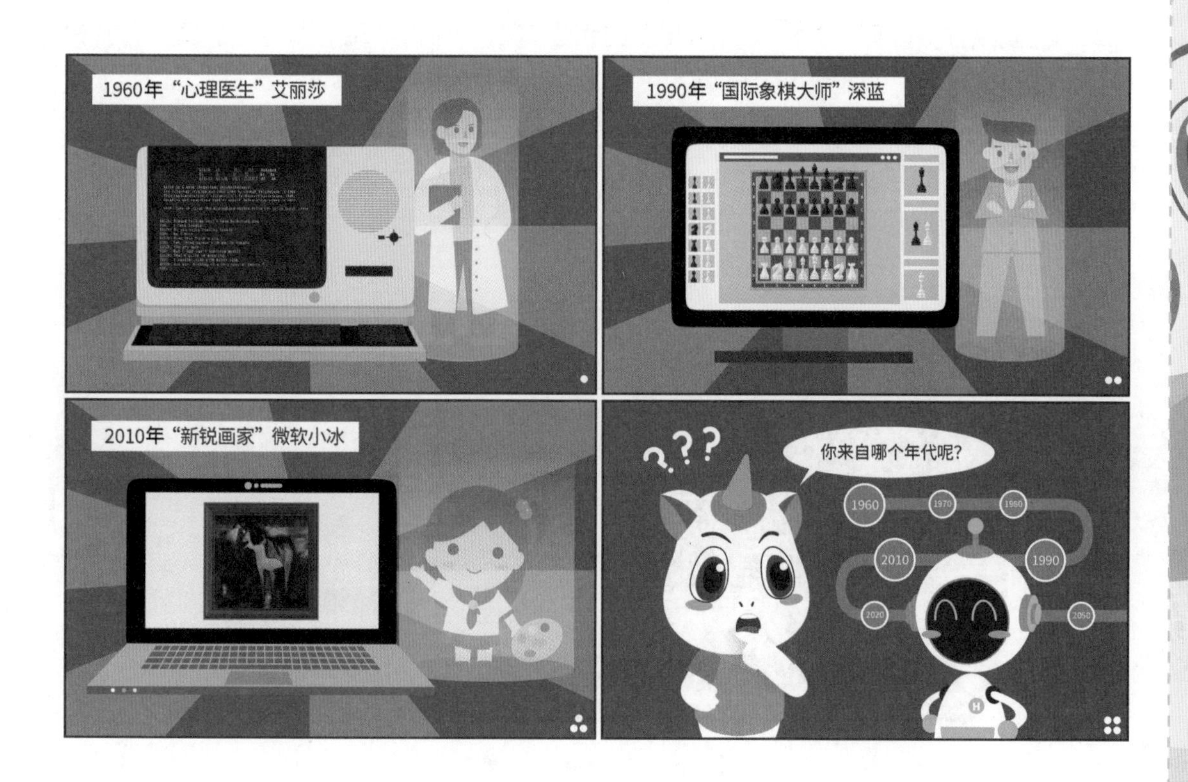


与同一时期诞生的信息科学相比，人工智能的发展可谓是波折不断，其间经历了3个黄金时期，又两次陷入泥潭。

在人工智能60多年的历史里，哪些因素推动了人工智能的繁荣发展？人工智能又为何两次遭遇寒冬？人工智能现在处在什么发展阶段？它在各个历史阶段分别取得了哪些令人瞩目的成就？本节将主要就这些问题进行解答。

## 1.3.1　第一波浪潮——早期研究

人工智能学科自1956年正式建立后，来自不同领域的、热情高涨的学者纷纷投入这个领域的研究中。在之后的近20年里，他们组建了许多人工智能实验室，创建了各种人工智能项目，学术界的好消息一个接一个地传来。

1956年，艾伦·纽厄尔和赫伯特·西蒙在达特茅斯会议上发布了名为“逻辑理论家”的程序，它可以自动证明《数字原理》中的38条数学定理（后来可以证明全部52条定

理），而且某些解法甚至比人类数学家提供的方案更为巧妙。今天的学术界普遍认为这是第一个有实用意义的人工智能程序。同年，受到会议启发，与会的亚瑟·塞缪尔（Arthur Samuel）设计了一种能够自我学习的国际跳棋程序，成功达到了人类水平。

20世纪60年代，约翰·麦卡锡开发的国际象棋游戏程序可以和普通人类玩家对抗。

1959年，弗兰克·罗森布拉特基于感知机制造的计算机“Mark-1”完成了英文字符识别的复杂任务；同年，IBM公司开发的程序可以识别更多印刷体字符的图像，并提出了光学字符识别（Optical Character Recognition，OCR）的概念。

1965年，约瑟夫·维森鲍姆（Joseph Weizenbaum）开发了世界上第一款聊天机器人程序ELIZA（见图1-3-1），它能够与人展开简单的人机对话。尽管以现在的眼光来看，ELIZA展现出的对话功能非常初级，但在当年还是成功“骗”到了不少人，让他们误以为对方是一个真正的人。

图1-3-1　聊天机器人程序ELIZA

这一时期的人工智能在图像识别、棋类游戏、理解语言等方面都展现了不俗的能力，也因此吸引了全社会的广泛关注，形成了人工智能发展的第一波热潮。

然而，残酷的现实证明，这一时期的人工智能发展完全不能达到人们的预期，实验室中诞生的人工智能在实际生活中出现了严重的“水土不服”。到了70年代，与计算机其他领域的迅猛发展相比，人工智能的进展可以用“龟速”形容，大众对人工智能的质疑越来越多。1973年出台的《莱特希尔报告》更是尖锐地指出“人工智能看上去宏伟的目标根本无法实现”。

就这样，人工智能迎来了第一次寒冬。

## 1.3.2　第二波浪潮——专家系统

经历了20世纪70年代的停滞后，从1980年开始，人工智能迎来了短暂的复苏，以专家系统为代表的人工智能技术再次兴起。

人工智能第二波浪潮的开端是卡耐基 · 梅隆大学为美国数字设备公司（DEC）开发了一套名为XCON的专家系统（见图1-3-2），它可以根据客户需求自动选择计算机部件的组合。这套系统据说能为DEC每年节省4000万美元，这又激发了工业界各大公司对人工智能的热情。

这一时期，人工智能技术取得了长足的发展，重要的人工智能技术如卷积神经网络、贝叶斯网络、玻尔兹曼机都在这段时间被设计出来。

图1-3-2　名为XCON的专家系统

西方的投资人和研究者充分反省了之前失败的原因——欲速则不达，不再直接奢求一个全能的系统，转而专注于具体的领域。而在日本，在经济高速发展的背景下，政府希望能在计算机、人工智能领域实现“弯道超车”，为此，日本各界投入大量的人力、物力、财力，开始了为期10年的“第五代计算机”项目。

然而，到了80年代末，第五代计算机的发展却输给了台式传统计算机的普及。与此同时，引领这一波人工智能发展的专家系统也被发现维护成本过高，价值却十分有限，这渐渐浇灭了工业界的热情。到20世纪90年代初期，人工智能的第二次浪潮就这样退去了。

不过，在第二波浪潮期间发展起来的人工智能技术，仍然在后来的几十年中孕育出了一些被广泛关注的成就。

1997年，IBM公司开发的国际象棋人工智能“深蓝”（Deep Blue）在与当时的国际象棋世界冠军加里 · 卡斯帕罗夫的对决中以3.5 ： 2.5的比分获胜，成为了此后十余年间人工智能在棋类游戏中取得的代表性成绩。

2011年，还是来自IBM公司，问答型人工智能“沃森”（Watson）在美国的电视智力问答节目《危险边缘》中，击败人类选手夺冠。在这场公开表演中，沃森展现出了极为出众的语言理解能力，能够回答一些开放性非常强的问题。后来，沃森也被IBM运用到了医疗、教育、金融等其他领域，成为了新时代的又一个“专家系统”。

## 1.3.3　第三波浪潮——深度学习

学术界、工业界在连续经历了两次人工智能发展的挫折后，产生了巨大的阴影，大部分人甚至不相信人工智能是可以实现的。许多人工智能研究人员在发表论文或争取投资时甚至会刻意用“认知系统”或“计算智能”等词语替代“人工智能”。

不过，事物的发展往往是柳暗花明又一村，在平静了20多年后，人工智能在2012年前后又迎来了爆发式的增长。与前两次人工智能浪潮主要由符号主义的研究成果驱动不同，第三次高潮的主角则是基于连接主义思想的深度学习。

深度学习的技术核心——神经网络早在达特茅斯会议上就被明确地提出和讨论，它的雏形——感知机，在20世纪60年代是学术界的热点话题。但是，随着明斯基等人对感知机和神经网络研究的持续批评，与神经网络相关的研究随着人工智能的第一次浪潮一起陷入了衰落。

后来，虽然神经网络技术瓶颈在20世纪80年代被反向传播算法解决，但神经网络在研究者和公众的心目中已经留下不好用的刻板印象，即使是提出新方法的研究者本人，也没有意识到它的巨大价值。

直到2006年，杰弗里·辛顿在论文中第一次提出了深度学习的概念，指出深层次的神经网络在进行自主学习方面相比其他方法具有独特的优势，并给出了一种现实可行的学习方案。

就这样又过了6年,2012年，得益于GPU（图形处理单元）等新型计算设备的辅助，深度学习方法在ImageNet图像识别分类挑战赛中以碾压态势击败了其他竞争对手。从此时开始，神经网络和深度学习才真正让人们折服，被普遍认为是一种解决人工智能问题的强大方法。

在计算机运算能力不断增强，互联网与存储技术快速发展的背景下，深度学习可谓是“一飞冲天”，从“无人问津”变成“舍我其谁”，在图像识别外的语音、语言、游戏等领域都取得了远超过去的成果。

在公众层面，人工智能成为社会热点的标志性事件是2016年的人机围棋大战（见图1-3-3）。这场对战的双方分别是韩国职业棋手、世界围棋冠军李世石和来自DeepMind公司的人工智能围棋程序AlphaGo。对决的最终结果是AlphaGo以4:1的绝对优势胜出。这次胜利象征着人工智能在人类智力博弈巅峰的游戏中击败了人类的最强者，让过去对人工智能不太了解的普通人也对人工智能投以惊诧的眼光。

图1-3-3　2016年的人机围棋大战

李世石九段取胜的第四局成为了人类在与顶尖人工智能对局中取得的最后一局胜利，后来的AlphaGo改进版本在与职业棋手的60局对决中无一败绩。

2017年，国务院印发了《新一代人工智能发展规划》，将人工智能发展视为重大战略机遇，提出了人工智能发展“三步走”战略，期望到2030年能够在人工智能领域达到世界领先水平。

人工智能的第三次热潮以不可阻挡的趋势席卷了世界各地，各国纷纷对人工智能的发展高度重视。从图1-3-4可以看出，到2021年，尽管受到新冠疫情的影响，全球经济面临衰退，但在人工智能领域的年度总投资额还是创下了近800亿美元的新纪录。

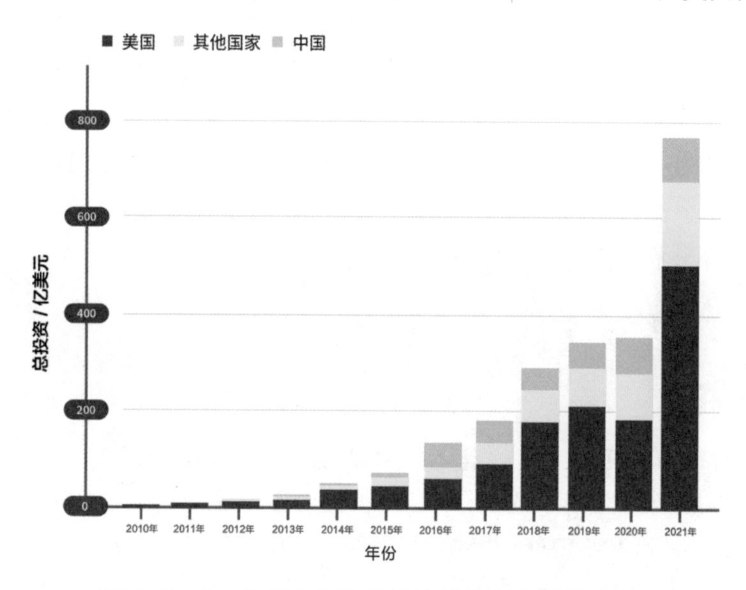


图1-3-4　全球对人工智能的投资跃升至历史新高

回到人工智能那个“古老的梦”，或许人类最初对人工智能的追求，只不过是要为宇宙中孤独的自己寻找一个“朋友”。当前全社会对人工智能超乎想象的热捧虽不一定会永远持续下去，但人类对于这个“梦想”的追寻相信会是永恒的。而现在，我们正在这场追梦之旅的起点线上。

## 本节小结

◆ 人工智能的发展经历了“三起两落”的波折，现在正处于第三次浪潮中。

◆ 人工智能的第一次浪潮在1956年达特茅斯会议后的约20年间，人工智能的先驱者对人工智能的发展曾极度乐观，但现实发展的不顺利让人工智能进入了寒冬。

◆ 人工智能的第二次浪潮以20世纪80年代专家系统投入商用为代表，社会各界更关注人工智能产品的实际价值，但最终产出的价值与期待存在差距，使得第二次浪潮在约10年后宣告结束。

◆ 从20世纪90年代到21世纪初，人工智能的发展进入了平台期，其间虽有“深蓝”这样的典型成果，却也无法成为社会关注的中心。

◆ 2010年前后，以神经网络为技术核心的深度学习概念在技术原理和实践应用上取得了突破性进展，引发了人工智能的第三波浪潮，并以AlphaGo的人机围棋大战为契机，全面地开始影响社会各界。

## 章末思考与实践

1. 麦卡锡曾有一句著名论述：“当人工智能成功解决了某个问题，它就不被称为人工智能了。”这种现象被称为“AI效应”，它在历史上曾发生过很多次。例如，机器能够通过穷尽所有不同的情况，轻松地在国际跳棋这样的简单游戏中战胜人类，这种游戏程序在20世纪50年代可能被认为是智能的，但如今只能被视作是一种自动程序。查阅资料，了解历史上还有哪些类似的事件，想一想为什么会产生“AI效应”？

2. 图灵、罗森布拉特、辛顿是人工智能发展的3个时代的3个重要人物。上网搜索并整理他们生平的资料，说一说其中让你印象最深刻的事件是什么？你从中得到了什么启示？

3. 在人工智能发展的第三波浪潮下，许多人开始抛出人工智能有害论，强调发展人工智能可能产生的危险，预言人工智能在几年内就将全面超越人类，并可能很快出现机器人统治世界这样的悲惨未来。结合你在本章中对人工智能技术方向和发展历史的认识，分析这些论调是否可信，为什么？

# 第二章　算法、数据与人工智能

本章探讨的问题：

- 什么是算法？什么是数据？它们与计算机、人工智能的关系是什么？
- 人工智能相较于人类有哪些独有优势？
- 什么是编程语言？怎样在计算机中编写程序解决人工智能问题？
- 怎样用符号描述信息？怎样运用计算机实现简单的推理？
- 什么是数据之间的线性关系？怎样找到数据间的线性关系？
- 什么是启发式搜索？怎样运用启发式搜索解决简单的人工智能问题？

# 第一节　智能垃圾分类

## 2.1.1　垃圾分类不容易

垃圾分类是当前社会的热点话题，它不仅能有效减少环境污染，还能促进对资源的回收利用，变废为宝。近年来，我国在多个城市开始大力推行垃圾分类政策，越来越多的人意识到了垃圾分类的重要性，并积极主动地对生活中的垃圾进行分类。

在生活中，有的垃圾类型很容易辨别，但有的垃圾却常会被错误分类，造成不必要的麻烦。

**试一试**

请给以下垃圾分一分类：厕纸、报纸、大棒骨、鸡骨、榴莲壳、瓜子壳、热水瓶胆、指甲油、陶瓷、纽扣电池、碱性干电池、虾壳、生蚝壳、吹风机、节能灯。

可回收垃圾：______

厨余垃圾：______

有害垃圾：______

其他垃圾：______

参考答案：

可回收垃圾：报纸、吹风机

厨余垃圾：鸡骨、瓜子壳、虾壳

有害垃圾：指甲油、纽扣电池、节能灯

其他垃圾：厕纸、大棒骨、榴莲壳、热水瓶胆、口红、陶瓷、碱性干电池、生蚝壳

通过刚才的尝试，我们可以发现，即便是一些生活中常见的垃圾，也可能分不清它们的类别，更不用说一些很少接触到的垃圾了。

垃圾分类看似容易，要完全分对却颇有难度。所以，在这一小节中，我们将制作一个人工智能助手，来帮助我们完成垃圾分类的工作。

## 拓展阅读——为什么要进行垃圾分类

随着社会的不断进步，人们的生活水平不断提高，城市生活垃圾的产生量也在不断增加。如何妥善处理生活垃圾，已经成为一个不可避免的问题。

传统处理垃圾的方式有3种：填埋、堆肥、焚烧。其中，填埋是最普遍采用的处理方法。为了尽量降低填埋垃圾对人们的影响，填埋场所一般远离居民生活区，并且采用隔离技术降低危害。但即使如此，垃圾中的有害物质依然会随着时间的推移，缓慢地渗透到周围的土壤和水源中，最终通过食物链影响人类的健康。

面对城市每天产生的巨量生活垃圾，传统的垃圾处理方式已慢慢“力不从心”。

为了降低生活垃圾带来的危害，我们需要重新审视“垃圾”。垃圾是人们选择抛弃的资源，但是，如果能在处理之前，将它们分类回收，就可以变废为宝。例如，废纸被回收后可以制造出新的纸制品，减少森林的砍伐；果皮菜叶可以作为绿色肥料，让土地更加肥沃。

垃圾分类既提高了资源的利用水平，又减少了垃圾的处置量，是降低垃圾对环境和人类造成危害的有效措施，对于环境保护和可持续发展具有重大意义。

因此，作为新时代的公民，我们都应该在生活中积极、正确地进行垃圾分类。

## 2.1.2 算法——人工智能的“思考”过程

在第一章中，我们了解到，符号主义人工智能的核心思想就是用机器模拟人类的思考过程，再按照与人类相同的智能方式解决问题。如果按照这一思路设计人工智能，需要由人类先思考和总结出解决问题的一系列步骤和方法，再将它们告诉机器，最后由机器执行和完成。

在计算机领域，解决问题的步骤和方法被称为算法。虽然算法是计算机领域的概念，但在日常生活中，很多问题的解决过程也可以看作是算法。

例如图2-1-1中，小H在招待客人喝茶时，会按照投茶、冲泡、滤茶、分茶这样的步骤依次执行，每一步都有特定的执行方法。这就是解决“沏茶”问题的算法。

图2-1-1　泡茶的算法

再比如，音乐家在演奏乐曲时，要按顺序演奏乐谱上的音符，所以乐谱是解决“演奏乐曲”这个问题的算法（见图2-1-2）。

图2-1-2　乐谱也是一种算法

为了解决某一个问题，我们可以设计出多种算法。例如，为了解决“从家到达学校”的问题，我们可以设计出如下4种算法。

◆ 家—地铁1号线—地铁3号线—学校；

◆ 家—28路公交—地铁3号线—学校；

◆ 家—出租车—学校；

◆ 家—顺风车—自行车—学校。

以上4种算法，都能解决“从家到达学校”的问题，但具体选择哪种算法还需要结合实际情况来判断。例如，第3种算法的总耗时最短，第4种算法花费的钱最少。

在本节中，为了让人工智能掌握垃圾分类的技能，我们也需要为它先设计一个算法。

**想一想**

*人类进行垃圾分类的过程可以拆解为哪些步骤？每一步应该怎样执行？*

结合生活实际（见图2-1-3），我们可以设计出这样的垃圾分类算法。

◆ 第一步：确定要分类的垃圾是什么；

◆ 第二步：判断它所属的类别；

◆ 第三步：给出分类结果。

为了让人工智能看懂我们设计的算法，我们不能直接用中文、英语这样的人类语言，而要使用专门的编程语言。

图2-1-3　垃圾分类驿站

编程语言（Programming Language），又称程序设计语言，从图2-1-4可以看出，计算机编程语言是人与计算机之间传递信息的媒介。就像人类使用的语言有很多种类一样，编程语言也有许多不同的种类。其中，Python语言是目前人工智能领域的首选编程语言。

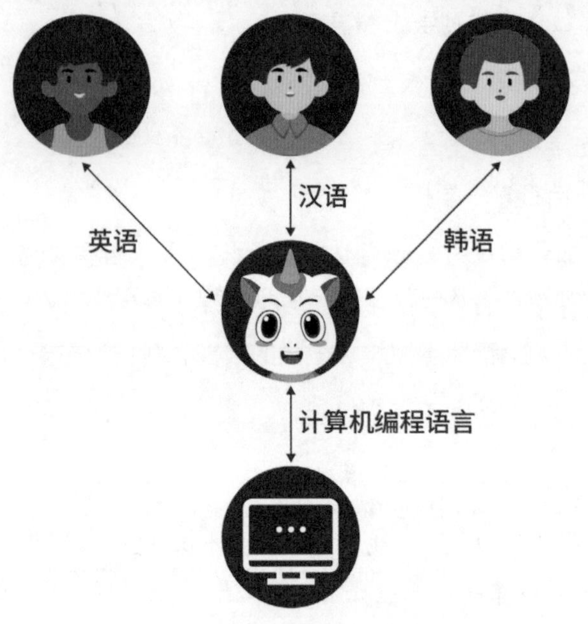


图2-1-4 自然语言与编程语言

我们将算法用编程语言写成程序（Program），计算机再通过运行程序按步骤解决问题。

接下来，我们就来试一试用Python语言来编写程序，实现垃圾分类算法。

### 拓展阅读——关于 Python 语言

Python这个单词的英文原意是“蟒蛇”，Python的Logo（见图2-1-5）是两条互相缠绕的蟒蛇形状。

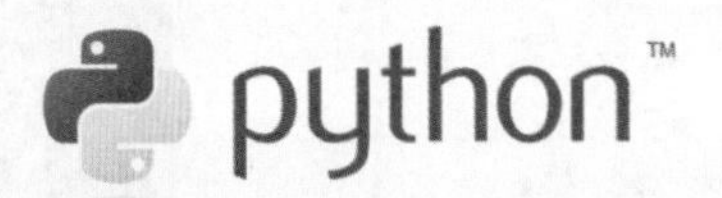


图2-1-5 Python图标

相比于其他很多传统的编程语言，Python语言简单、易学，在过去几十年时间里受到了越来越多程序开发者的喜爱，到2022年时已经成为全世界使用最为广泛的编程语言。

当代人工智能技术与数据挖掘、数据分析、数学计算等密不可分，而Python在这些方面均展现出了很强的能力。因此，使用Python完成人工智能项目几乎是不二之选。

借助一些流行的开源扩展，例如 Scikit-learn 、TensorFlow 、Keras 、PyTorch等，人工智能领域的研究者、从业者、爱好者可以轻松地完成人工智能项目的构建。

## 2.1.3 编程前的准备

要编写和运行Python程序，我们首先需要一个Python开发环境。对于不熟悉Python安装的读者，可以参考本书提供的Windows操作系统和macOS操作系统上的

Python安装指南。我们推荐使用Anaconda + Pycharm，并选择Anaconda提供的Python3.9或更高版本。

Anaconda是一个基于Python的数据处理和科学计算平台，它内置了许多非常有用的第三方库，装上Anaconda，就相当于把Python和一些常用的库（如Numpy、Pandas、Scrip、Matplotlib等）自动安装好了。

安装好Anaconda之后，我们还需要一个编译器，它就像是专门用来写编程语言的记事本或者Word。本书推荐使用Pycharm编译器。

## 1. Windows 版安装指南

### （1）安装 Anaconda

下载Anaconda安装文件（Anaconda3-2022.05-Windows-x86_64.exe），你也可以去Anaconda的官方网站下载与你的计算机匹配的版本。

下载之后，按以下步骤开始安装。

① 运行下载好的安装文件，单击“next”。

② 单击“I Agree”。

③ 选择“Just Me”，单击“next”。

④ 选择安装路径，单击“next”。

⑤ 勾选“Add Anaconda3 to my PATH environment variable”，单击“Install”（见图2-1-6）。

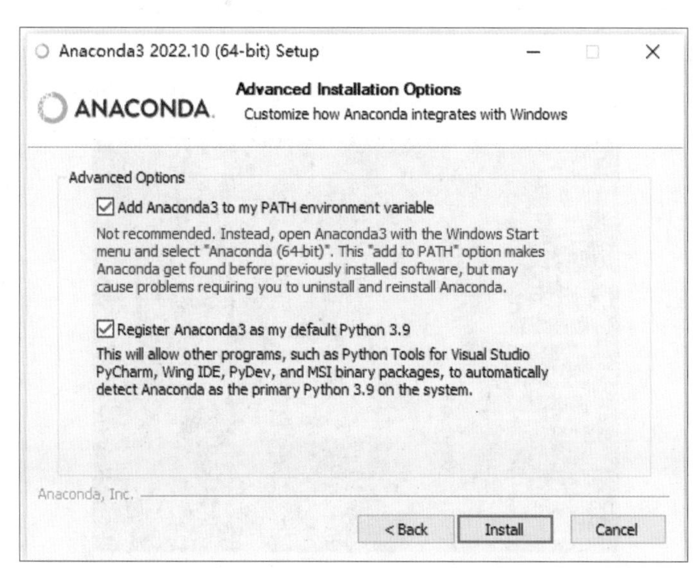


图2-1-6　Anaconda下载选项

⑥ 等待安装完成，单击“Finish”。

⑦ 按Win+R组合键，打开运行窗口(见图2-1-7)，输入cmd，单击“确定”进入终端，输入python，如果出现如图2-1-8所示Python版本信息，说明安装成功。

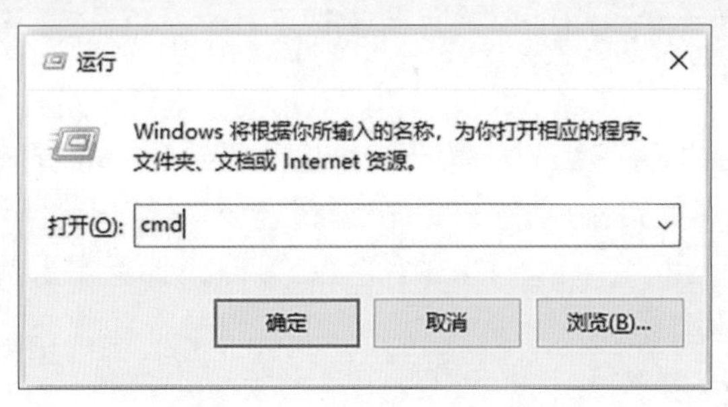


图2-1-7　Windows运行窗口

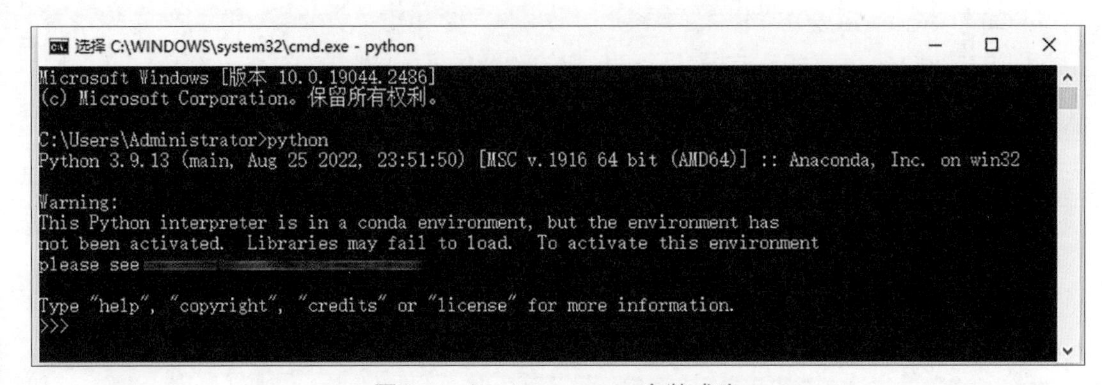


图2-1-8　Anaconda安装成功

(2) 设置国内镜像

① 按Win键打开开始菜单，输入anaconda，出现如图2-1-9所示的界面，右键单击“Anaconda Prompt (Anaconda3)”，选择“以管理员身份运行”。

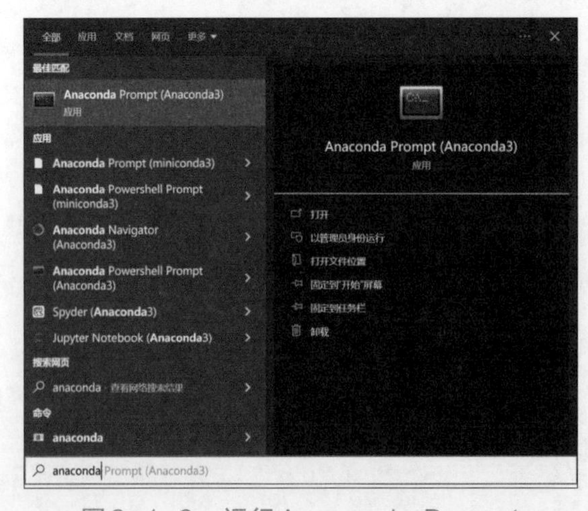


图2-1-9　运行Anaconda Prompt

② 输入pip config set global.index-url 镜像地址，按回车键，如果出现如图2-1-10所示的Writing to + 路径，表示镜像设置成功。

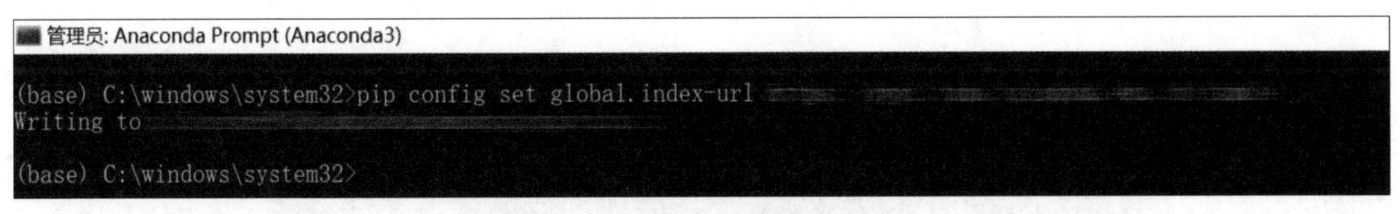


图2-1-10　设置镜像网站

（3）安装Pycharm

下载Pycharm安装文件（pycharm-community-2022.2.2.exe），你也可以去Pycharm的官方网站下载与你的计算机匹配的版本。

① 运行下载好的安装文件，单击“Next”。

② 选择安装路径，单击“Next”。

③ 弹出如图2-1-11所示的窗口，根据需要勾选，单击“Next”。

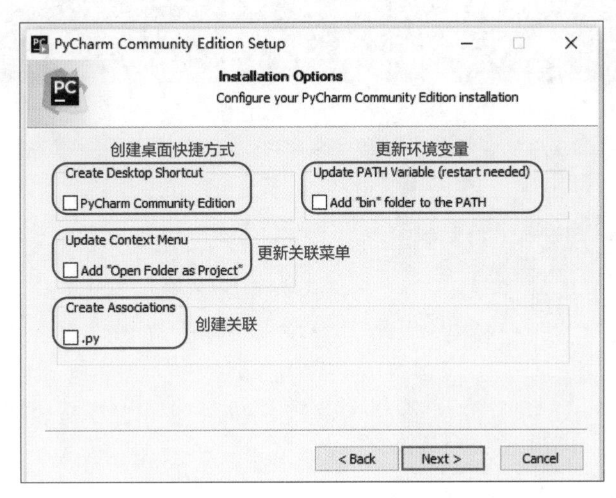


图2-1-11　Pycharm安装选项

④ 单击“Install”。

⑤ 等待安装完成，单击“Next”。

（4）运行Pycharm

① 运行Pycharm，在弹出的对话框中单击“OK”。

② 单击“Open”，选择项目文件夹中的“1_垃圾分类”文件夹，单击“Trust Project”，进入Pycharm界面。

编写程序前，我们先设置中文界面和Python解释器。

（5）设置中文界面

① 单击“File”，选择“Settings”。

② 按照如图2-1-12所示的步骤操作，单击“Plugins”，在搜索框输入chinese，找到中文语言包，单击“Install”。

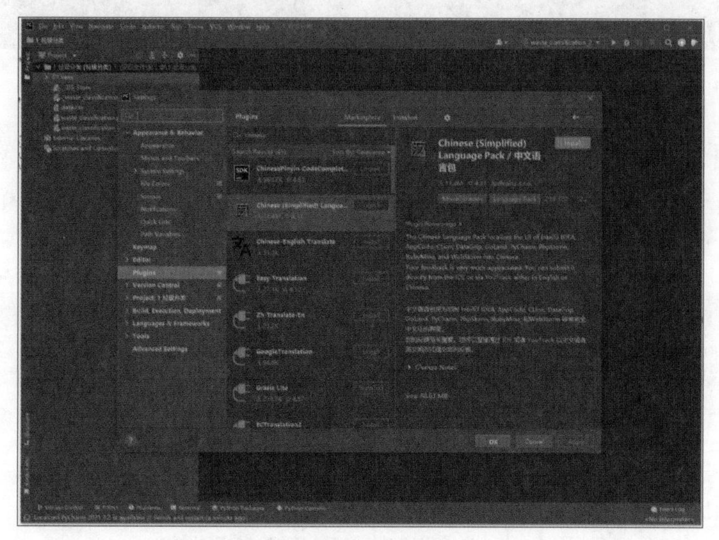

图2-1-12 安装中文语言包

③ 等待安装完成，单击“Restart IDE”。

④ 重启之后，Pycharm的界面就是中文显示了。

（6）设置Python解释器

① 单击文件，选择“设置”。

② 按照如图2-1-13所示的步骤，先单击“项目：1_垃圾分类”，再单击“Python解释器”。

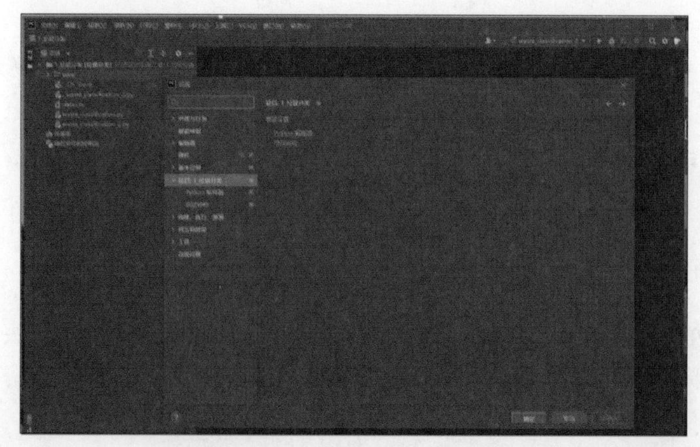

图2-1-13 设置Python解释器

③ 按照如图2-1-14所示的步骤，依次单击“Python解释器”“添加本地解释器…”。

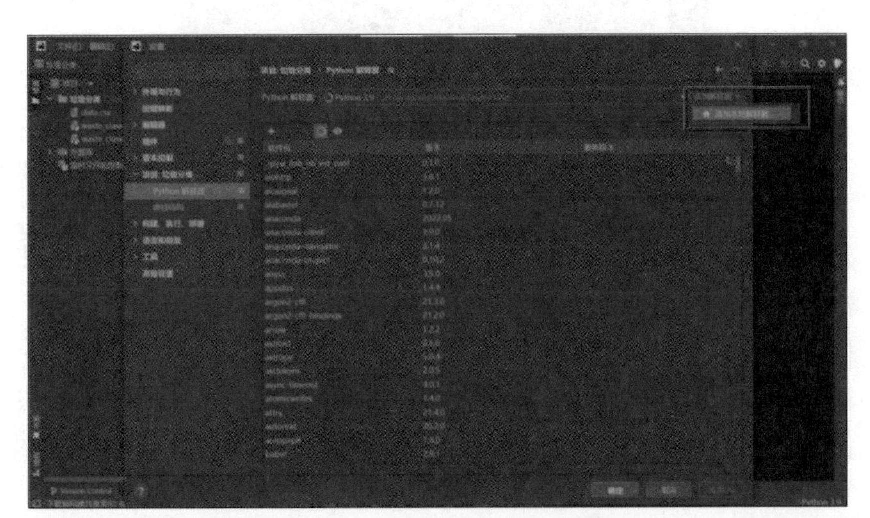

图2-1-14 添加“Python解释器”

④ 按照如图2-1-15所示，先单击“系统解释器”，再单击最右侧的省略号，按步骤进入Anaconda安装位置，选中Anaconda中的python.exe，单击“确定”，Python解释器就设置好了。

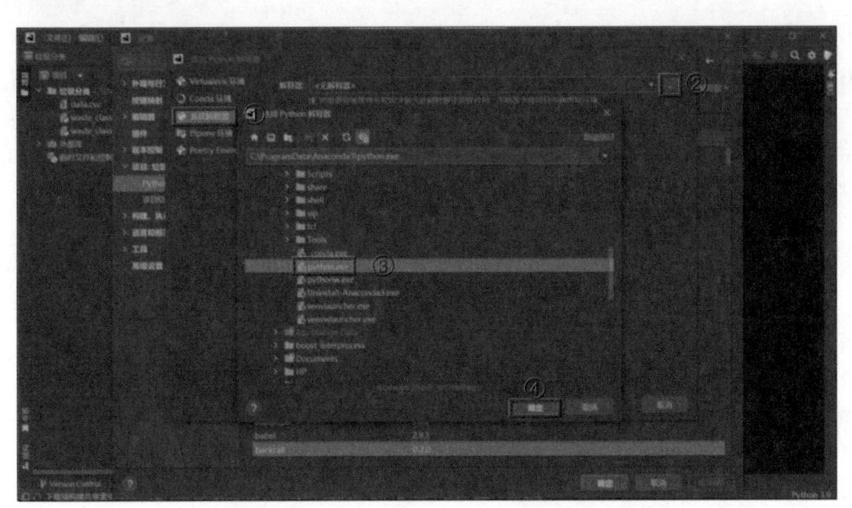

图2-1-15 完成Python解释器设置

（7）**编写程序并运行**

① 单击左侧目录中的“waste_classification.py”，打开程序文件，输入程序。

② 如图2-1-16所示，在编写程序的区域单击鼠标右键，选择运行程序。

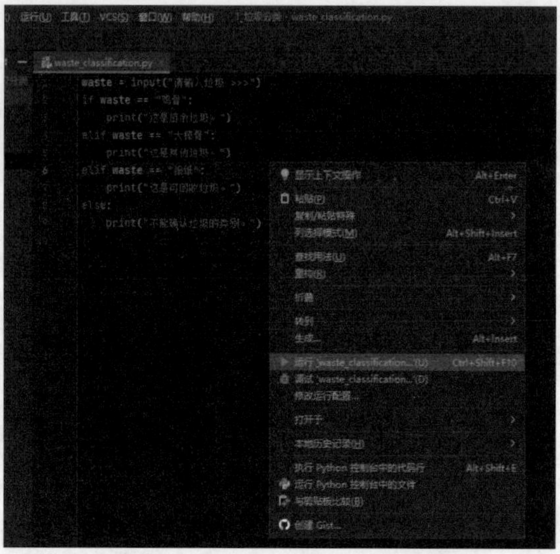

图2-1-16　运行Python程序

## 2. macOS 版安装指南

### （1）安装 Anaconda

去Anaconda的官方网站下载macOS版本的Anaconda安装文件。下载之后，按以下步骤开始安装。

① 运行下载好的安装文件，依次单击“Continue”。

② 在弹出的对话框中单击“Agree”，单击“Install”。

③ 等待安装完成，依次单击“Continue”“Close”，完成安装。

④ 同时按住键盘的Command和空格键，打开搜索框，然后输入terminal。打开如图2-1-17所示的终端界面，输入python，如果出现图2-1-17中第3行所示的Python版本号，则表示安装成功。

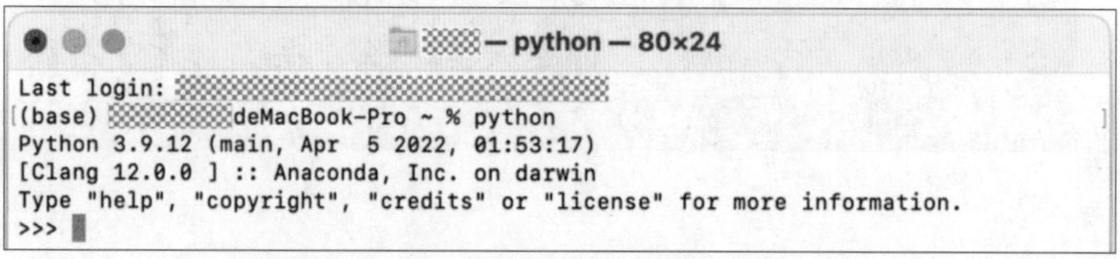

```
— python — 80×24
Last login:
(base) deMacBook-Pro ~ % python
Python 3.9.12 (main, Apr  5 2022, 01:53:17)
[Clang 12.0.0 ] :: Anaconda, Inc. on darwin
Type "help", "copyright", "credits" or "license" for more information.
>>>
```

图2-1-17　安装macOs版本的Anaconda

### （2）安装 Pycharm

在Pycharm的官方网站下载macOS版本的Pycharm安装文件，建议选择免费的Community版本。

运行下载好的安装文件，根据提示，将Pycharm拖到Application中，等待安装完成。

**（3）打开项目，设置中文界面和 Python 解释器**

① 运行Pycharm，在弹出的对话框中单击“Open”，等待进度条完成后，在弹出的对话框中单击“OK”。

② 打开项目文件的方式与Windows版本的一致，单击“打开”，选择项目文件夹即可。

③ 单击顶部菜单栏的“Pycharm”，打开如图2-1-18所示的菜单，选择“Preferences…”，进入设置页面。

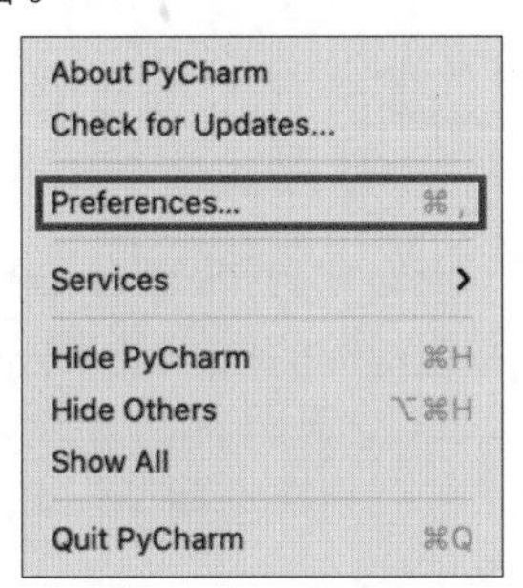


图2-1-18　Pycharm偏好设置

④ 设置中文界面和Python解释器的步骤与Windows版本的一致。

**（4）设置国内镜像**

同时按住键盘的Command和空格键，打开搜索框，然后输入 terminal 打开如图2-1-19所示的终端，输入pip config set global.index-url 镜像地址。出现Writing to + 路径，表示镜像设置成功。

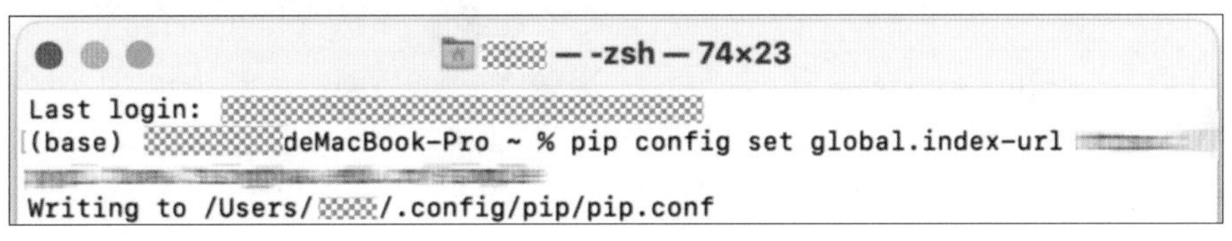


图2-1-19　macOS操作系统设置镜像网站

**（5）编写程序并运行**

编写和运行程序的操作与Windows版本的一致。

本书后续内容中的所有操作都是在Windows操作系统上进行的，如果macOS操作系统中有重要差异，我们会单独指出，如果没有，请macOS操作系统用户参考Windows操作系统上的操作。

## 2.1.4 简单的垃圾分类程序

### 本节准备工作

下载本章中的“1_垃圾分类”项目文件夹，确认文件夹中有下列文件（见图2-1-20）。

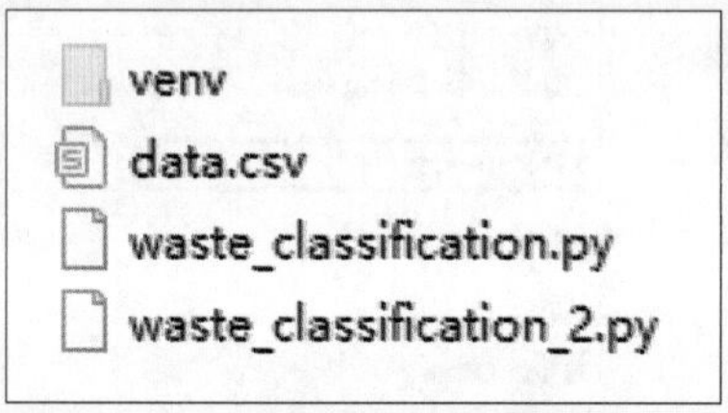

- venv
- data.csv
- waste_classification.py
- waste_classification_2.py

图2-1-20 “垃圾分类”项目所需文件

为了更清晰、明确地描述我们在上一小节设计的算法步骤，我们通过如图2-1-21所示的这种“程序流程”的表示方式，将用文字描述的算法转为计算机能够直接执行的步骤。

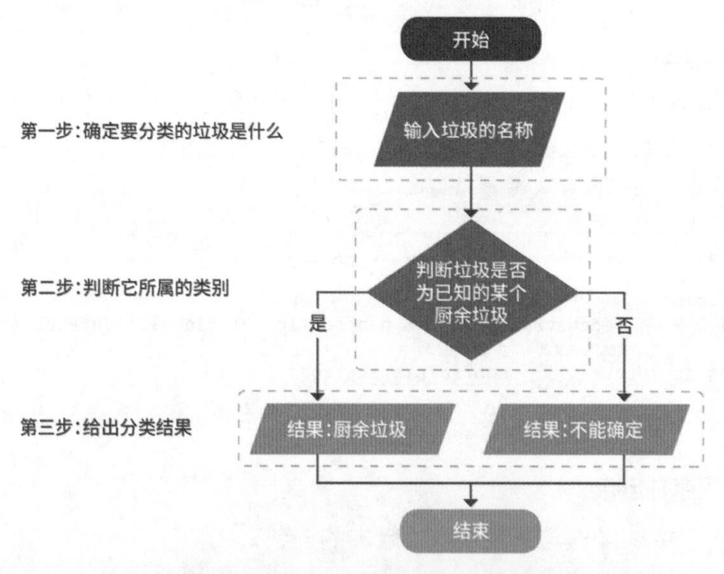


图2-1-21 垃圾分类程序流程

垃圾分类程序如程序2-1-1所示。

**程序 2-1-1**

```
# 输入垃圾的名称，并用waste记录
waste = input("请输入垃圾>>>")
# 如果输入的内容是"鸡骨"
```

```
if waste == "鸡骨":
    # 显示：这是厨余垃圾
    print("这是厨余垃圾。")
# 否则
else:
    # 显示：不能确认垃圾的类别
    print("不能确认垃圾的类别。")
```

在这段程序中，所有以“#”开头的文字都是注释，写注释是为了帮助阅读程序的人理解程序的含义，在程序实际运行时会自动跳过，因此注释不影响程序运行。注释也可不写。

input()的功能是接收输入信息，print()的功能则是将程序运行的结果以文字形式显示出来，即输出结果。

waste = …用于创建一个可以记录文字或数值信息的变量，如图2-1-22所示，waste是变量的名称，“=”符号则称作赋值，即创建变量用于表示等号右边的信息。在一段程序中，我们可以创建任意数量的变量，就能存储各式各样的信息了。

图2-1-22　什么是变量

if … else…的程序结构表示“如果……否则……”，它能让程序根据逻辑判断的结果，执行不同的操作，完成最基本的思考功能。在本例中，“==”符号表示相等判断，即判断符号左右是否相同。

编写好的程序，还需要通过如图2-1-23所示步骤运行程序来依次执行其中的功能。

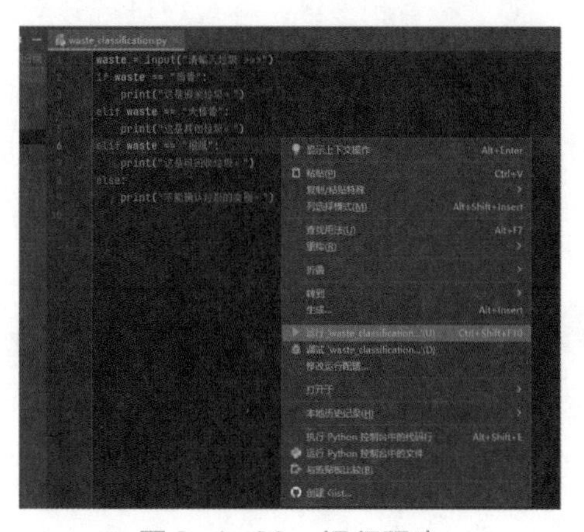

图2-1-23　运行程序

运行程序2-1-1，会显示如下内容。

```
请输入垃圾>>>
```

这里，我们可以在“>>>”后方输入垃圾的名称，随后，程序会自动完成判断，给出相应的结果。

```
请输入垃圾>>>鸡骨
这是厨余垃圾。
```

如果输入的不是鸡骨，程序结果会有所不同。

```
请输入垃圾>>>大棒骨
不能确认垃圾的类别。
```

很显然，现在的程序只知道“鸡骨是厨余垃圾”这一个知识，因此它只能完成鸡骨这一种垃圾的分类判断。如果想让程序完成更多种类垃圾的分类，我们可以根据新知识增加几组判断，如程序2-1-2所示。

**程序 2-1-2**

```
waste = input("请输入垃圾>>>")
if waste == "鸡骨":
    print("这是厨余垃圾。")
elif waste == "大棒骨":
    print("这是其他垃圾。")
elif waste == "报纸":
    print("这是可回收垃圾。")
else:
    print("不能确认垃圾的类别。")
```

在这段程序中，elif …表示“否则如果……”，即如果前面的判断不成功，则进行新的判断；如果判断成功，则执行它后面的print()。

尝试运行程序2-1-2，对大棒骨和报纸两种垃圾进行分类。

```
请输入垃圾>>>大棒骨
这是其他垃圾。
请输入垃圾>>>报纸
这是可回收垃圾。
```

为了让程序能辨认出更多垃圾，我们需要不断地更新算法，在程序中加入更多的判断。每增加一种垃圾，就需要增加2行程序。在现实中，一个实用的垃圾分类程序可能要给1000种不同垃圾分类，这就需要编写超过2000行程序。

人类如果要阅读2000行的文字，依次进行逻辑判断并给出结果，会需要比较长的时

间。那计算机执行2000行程序，是否也会变得迟钝呢？事实上，运算能力强恰恰是计算机相比人类的主要优势，它们特别适合处理这样简单重复的运算工作。正是基于强大的计算能力，才能在很短的时间内完成人类设计的复杂算法，解决人类无法轻松解决的问题，实现人工智能。运算能力（简称算力）是实现人工智能的重要基础。

### 拓展阅读——分支结构与比较运算

Python程序在运行时，通常会从上至下逐句运行，这种程序运行方式称为顺序执行。

通过使用if…elif…else…等程序结构，我们可以将程序语句分配到各个选择分支中，根据程序运行时的判断情况有选择地运行。像这样的程序结构可称为分支结构或选择结构。

在分支结构中，所有if…elif…else…语句分支内部的程序，都需在程序前留出几个空格来表示它从属于这个分支，这些空格在编程中称为“缩进”（见图2-1-24），Python官方建议的缩进是4个空格。

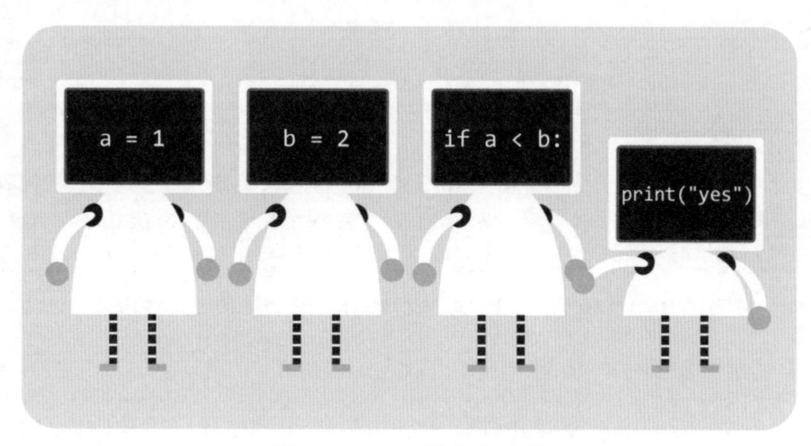


图2-1-24 什么是缩进

分支结构可执行的判断大多数是数值或文字的比较判断，如“==”可判断两侧是否相同，“!=”则可以判断两侧是否不同，它们都是Python中的比较运算符号。其他的比较运算符号“>”“<”“>=”“<=”可以用于比较数字间的大小。

## 2.1.5 数据——人工智能的记忆

到目前为止，我们编写的程序只能实现简单的垃圾分类。为了让它的能力更强，我们不得不编写更多的程序语句，使整个算法的步骤变得极为冗长。尽管计算机并不介意执行数万行程序，但要编写这么多程序内容，无疑也是一件耗费人工的难事。

在解决类似问题时，通常可以将预先准备的知识和表示解决方法的算法区分开来。假设我们已经拥有含有大量垃圾类别信息的知识库，就可以转换思路，重新设计一种垃圾分类的算法。

在垃圾分类问题中，共有4种不同的垃圾类别，我们将垃圾类别信息存储在计算机中，形成数据。在计算机领域，数据通常指的是可以在计算机中存储的数字、文字、声音、图像、视频等各种类型的信息。

### 拓展阅读——Python语言中的数据类型

在这个项目中，要处理的数据都是垃圾的名称，它是一种文字数据。在Python编程中，文字数据以字符串（string，简称str）的类型来存储，前面程序中出现的“鸡骨”“大棒骨”“报纸”等都是字符串数据，字符串数据可以包含中文、英文、符号等任意的文字内容。

不难发现，这些字符串数据都有一对英文的双引号。在编写Python程序时，也可以使用一对英文的单引号来表示字符串数据，例如'锂电池''创可贴'。在后续的程序实例中，这两种写法可能混用。

除了表示文字的字符串类型，Python语言中的常见数据类型还有整数和浮点数。

整数类型（integer，简称int），和数学中的整数概念基本一致，包括正整数、负整数和零；浮点数类型（float），和数学中小数的概念基本一致，指包含小数点的数。例如，2是整数，而2.0是浮点数。

在程序中可以使用+、-、*、/这些算术运算符号对整数和浮点数进行加减乘除的四则运算，还能使用**、//、%进行乘方、除法取整、取余数等更复杂的运算。

有了已知垃圾类别信息的数据，就可以在算法中逐类别地进行搜索。

第一步：确定要分类的垃圾是什么。

第二步：从厨余垃圾中搜索是否存在这种垃圾，如果存在，结束搜索，进入第六步。

第三步：从可回收垃圾中搜索是否存在这种垃圾，如果存在，结束搜索，进入第六步。

第四步：从有害垃圾中搜索是否存在这种垃圾，如果存在，结束搜索，进入第六步。

第五步：从其他垃圾中搜索是否存在这种垃圾，如果存在，结束搜索，进入第六步。

第六步：给出搜索的结果。

我们可以根据这个算法编写程序，如程序2-1-3所示。

**程序2-1-3**

```
# waste表示待分类的垃圾：kit、rec、haz、oth分别表示4种垃圾类别。
def waste_search(waste, kit, rec, haz, oth):
    # 依次搜索4种垃圾类别的已知数据，判断是否是待分类垃圾。
    for w in kit:
        # 如果判断成功，得到类别结果。
```

```
        if waste == w:
            return "厨余垃圾"
    for w in rec:
        if waste == w:
            return "可回收垃圾"
    for w in haz:
        if waste == w:
            return "有害垃圾"
    for w in oth:
        if waste == w:
            return "其他垃圾"
    # 如果搜索结束仍没有结果，则不能确认。
    return "不能确认"
```

在这段程序中，我们使用for … in …的程序结构，从垃圾类别的数据中，依次取出4种垃圾类别下的每一种垃圾名称，并用w来表示垃圾名称，依次与待分类的垃圾waste比较。这个“在一定范围内依次寻找所有可能性”的过程在计算机中被称为“搜索”。

程序2-1-3的第一行def waste_search(waste, kit, rec, haz, oth):将其内部的程序单元“打包”为一个整体，便于在其他程序中反复使用。这个“打包”的程序单元被称为“函数”，“waste_search”是函数名，waste, kit, rec, haz, oth是函数参数。参数是函数运行需要的信息。函数执行到return …语句时，会将语句后面的数据作为执行结果（即返回值），并结束整个函数的运行。

如图2-1-25所示，我们通过waste_search()函数，实现了从输入数据到输出结果的转换。但是，目前的程序仅设定了函数的功能，还需要给出必要的数据参数，并通过程序2-1-4调用函数来执行算法。

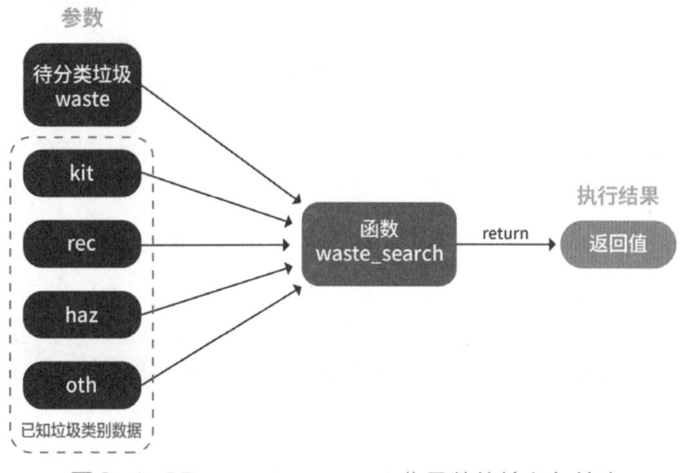


图2-1-25　waste_search()函数的输入与输出

**程序 2-1-4**

```
# 按照4个垃圾类别，依次记录已知的垃圾种类信息。
kit = ["菜叶", "橙皮", "葱", "饼干", "番茄酱"]
rec = ["塑料瓶", "食品罐头", "玻璃瓶", "易拉罐", "报纸"]
haz = ["漆桶", "锂电池", "打火机", "创可贴", "酒精"]
oth = ["旧浴缸", "盆子", "坏马桶", "旧水槽", "贝壳"]
# 输入一种待分类的垃圾。
waste = input("请输入垃圾>>>")
# 调用函数，执行算法进行判断。
class_ = waste_search(waste, kit, rec, haz, oth)
print(class_)
```

在程序2-1-4中，我们用kit、rec、haz、oth这4个变量分别记录了4个对应类别的垃圾名称。在Python中，我们可以使用容器来存储多个数据，像这种以中括号[]来标记的数据容器称为列表。

调用函数执行算法时，我们将具体的数据写在括号里作为参数传递给函数，并使用变量class_记录执行结果。

运行程序，得到如下结果。

```
请输入垃圾>>>玻璃瓶
可回收垃圾。
```

可以看出，这种算法的步骤不会随着垃圾名称的增多而增多，算法内容可以固定写到函数中，便于我们反复使用。如果我们要让程序辨认更多的垃圾，只需要用列表等数据类型存储更多的垃圾类别和名称即可。

在现实问题中，需要预先存储的数据量往往非常大，即便在程序中使用列表来存储也不太方便。此时，我们可以在额外的数据文件中记录下所有的数据信息，在每次执行算法时读取文件中的信息。这样一来，程序中不再需要写入任何已知数据，整个程序可以完全不变。如果需要增加、删除或修改已知的垃圾数据，可以在单独的数据文件中处理。

项目文件夹的“data.csv”文件就是这样的一个垃圾类别数据文件，按照程序2-1-5所示的程序，可以用读取文件的方式在程序中载入数据。

**程序 2-1-5**

```
import pandas as pd
# 读取文件中的全部数据
data = pd.read_csv("data.csv")
# 使用4个变量分别记录数据中的4类垃圾
kit = data["厨余垃圾"]
rec = data["可回收垃圾"]
```

```
haz = data["有害垃圾"]
oth = data["其他垃圾"]
# 输入一种待分类的垃圾。
waste = input("请输入垃圾>>>")
# 调用函数，执行算法进行判断。
class_ = waste_search(waste, kit, rec, haz, oth)
print(class_)
```

**运行前须知**

Python编程的一个优点是：任何人都可以为它设计新的功能并分享给其他人安装、使用。这些额外安装的功能通常被称为“第三方库”。

在程序2-1-5中，为了读取文件中的数据，我们使用专门用于数据处理的第三方库pandas。如果你按本书推荐的方法安装了Anaconda，就不需要额外下载；否则，在运行程序前，必须先安装pandas。

由于数据文件中存储了更多的类别信息，程序2-1-5的分类能力也更加强大。

在这个案例中，数据文件负责记录所有的已知信息，组成了人工智能系统的记忆单元。而程序文件负责读取“记忆”内容，按照设定的算法执行，最终给出问题的答案，相当于人工智能系统的思考单元。

依照这个策略设计的人工智能系统的智能程度与预先存在记忆单元中的数据数量有关，存入的数据越多，智能程度越高。在垃圾分类问题中，如果我们可以在数据文件中写入100万个垃圾名称，由此组成的人工智能的垃圾分类能力就能远超一般的人类分拣员。

## 拓展阅读——为什么人工智能善于记忆?

与人类相比，为什么人工智能系统既能瞬间记忆大量的数据，还能长期保存不遗忘呢?

记忆可以简单分为“记”和“忆”两个过程。对于人类来说，这两个过程都是由大脑中的脑神经细胞完成的，人类大脑的“记”是向大脑存储信息，“忆”则是从大脑中提取信息。

但是，存储在大脑中的信息一定能被准确地提取出来吗？不一定！随着时间的推移，人类大脑会逐渐遗忘存储在大脑中的信息。最早对遗忘进行实验研究的是德国心理学家赫尔曼·艾宾浩斯（Hermann Ebbinghaus），他提出了著名的“遗忘曲线”：艾宾浩斯遗忘曲线如图2-1-26所示，当我们学习新知识并暂时记住之后，很快就会开始遗忘，在记住后的两天内会遗忘一大部分。

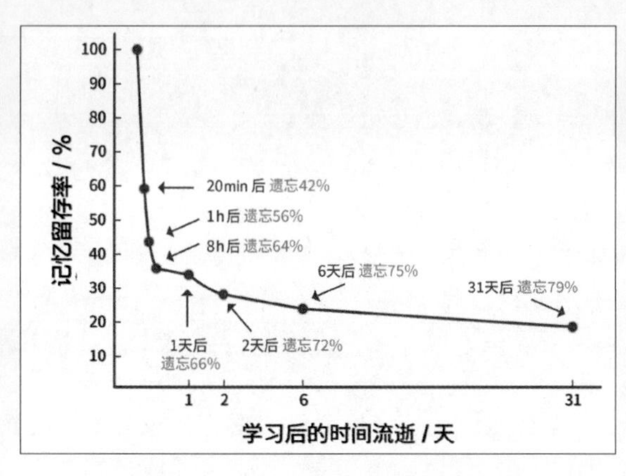


图2-1-26　艾宾浩斯遗忘曲线

与人类不同的是，计算机负责记忆的是存储器。目前主流的存储器是半导体存储器，它的内部有大量的微型电路，每条电路用通电和断电表示“1”和“0”两种状态，这些电路按顺序排列起来，就可以组成大量不同的状态。在计算机中，无论是数字、文字还是声音、图像，都可以由1和0的数字组合（即二进制数）来表示。

在现实中，用于数据存储的硬盘容量可以高达TB级别，可存储的文字能达到万亿之多。

虽然硬盘等数据存储设备能够大量且准确地记忆数据，但如果一直持续使用，寿命通常只能达到3~10年。不过，借助云存储技术，可以在不同存储设备中存储相同的数据实现数据的稳定备份，保证数据长时间的安全存储。

## 本节小结

◆ 算法是解决问题的步骤和方法，它通常可以将输入信息经过执行后转换为输出信息，相当于人工智能的思考过程。

◆ 运算能力（简称算力）强是机器相比人类的重要优势。在计算机中，可以轻松、准确地执行复杂、冗长的算法。

◆ 算法必须通过计算机能理解的语言——编程语言来告知计算机。

◆ 编程语言有很多不同的种类，目前人工智能领域主流的编程语言是Python语言。用编程语言描述的算法称为程序，它可以被计算机运行来执行算法。

◆ 数据是计算机中存储的数字、文字、图像、声音等不同类型的信息，存储和使用数据就是人工智能记忆的过程。大量的预存数据组成了人工智能的知识库。

◆ 在人工智能项目中，常使用单独的数据文件来存储数据，而使用程序文件来读取数据和执行算法。

◆ 搜索是指在一定范围内寻找问题的答案，这是一种常用的解决人工智能问题的方法。

# 第二节　智能医疗助手

## 2.2.1　三段论推理

医生接诊病人时，为了了解病人的身体状况，往往会先安排病人做检查，如血液检查、尿液检查、X射线检查等。检查结果会形成一张检测报告，例如，验血后会得到一张血常规报告单（见图2-2-1），它一般包含白细胞、红细胞、血红蛋白、血小板等条目。

图2-2-1　验血后会得到一张血常规报告单

医生拿到报告后，会按诊断流程（见图2-2-2）诊断，先观察检测报告上的指标信息，利用自己的医学知识对它们进行解读，然后经过推理，得到最终的诊断结果。

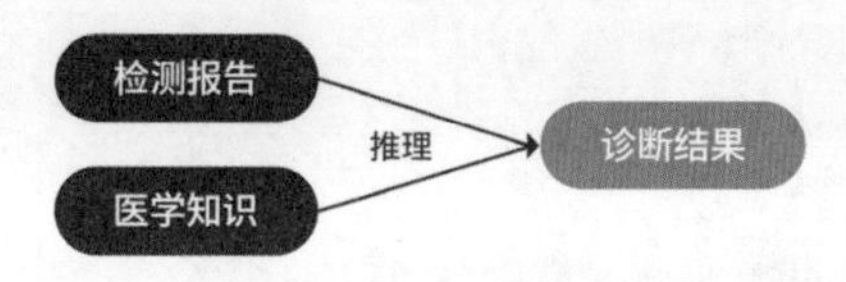


图2-2-2　诊断流程

推理是人类解决问题的主要思维方法，它能依据已知信息（检测报告、医学知识）推出结论（诊断结果）。良好的推理能力，是医生有效诊断疾病所必需的。因此，人工智能如果要具备和医生相同的技能，首先必须具备推理的能力。

人类推理简单的问题非常容易，几乎不需要经过复杂的思考。例如，医生可以依据体温指标轻易地推理出病人是否发热。但是，对于人工智能来说，走出这简单的一步却并非那么容易。

为了让人工智能了解人类是如何进行推理的，我们可以将推理过程按照图2-2-3进行拆解。

首先，“腋下体温超过37.5℃的人是发热病人”是推理前的必要知识信息，要预先记忆在大脑中作为储备。随后，我们接收到一条新信息：“幻幻是腋下体温超过37.5℃的人。”

为了结合这两条信息进行推理，可以再对它们进行拆分。

◆ 将“腋下体温超过37.5℃的人是发热病人”这条信息拆分为“腋下体温超过37.5℃的人”和“发热病人”2个部分。

◆ 将“幻幻是腋下体温超过37.5℃的人”这条信息也拆分为“幻幻”和“腋下体温超过37.5℃的人”2个部分。

拆分以后，不难发现两条信息中存在相同的部分——“腋下体温超过37.5℃的人”。这样一来，两条原本独立的信息就关联到了一起，进而得到一条新信息：幻幻是发热病人。

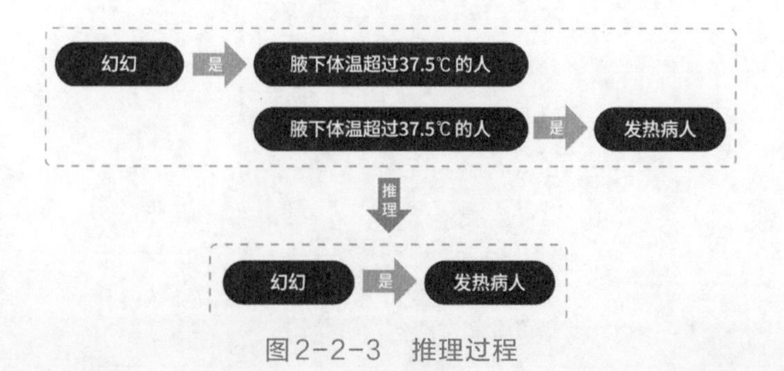


图2-2-3　推理过程

这种推理方法，就是著名的三段论推理。

三段论推理中的“三段”，包括大前提 、小前提和结论。大前提通常是某个常识性原则（如“腋下体温超过37.5℃的人是发热病人”），小前提是一个特定情况（如“幻幻是腋下体温超过37.5℃的人”），结论则是将大前提应用于小前提上得到的（如“幻幻是发热病人”）。

三段论是一种简单的推理判断，日常生活中我们也会经常使用三段论进行推理，例如：

◆ 金属是导电体（大前提）；

◆ 银是金属（小前提）；

◆ 银是导电体（结论）。

又如：

◆ 偶蹄目动物是脊椎动物（大前提）；

◆ 马是偶蹄目动物（小前提）；

◆ 马是脊椎动物（结论）。

再如：

◆ 行星是围绕恒星转的天体（大前提）；

◆ 地球是行星（小前提）；

◆ 地球是围绕恒星转的天体（结论）。

所以，为了让人工智能具备基本的推理能力，可以先从三段论推理开始。

**试一试**

你能举出其他三段论推理的例子吗？试着再举出5组例子。

### 拓展阅读——三段论推理的注意事项

尽管三段论推理是一种简单、有效的推理方法，但如果稍不注意，可能就会推理出错误的结论。在使用三段论进行推理时，需要遵循一些原则。

**原则一：只能出现3个概念。**

在一个三段论中，只能有3个不同的概念。如果有4个，那么就一定错了。例如：

◆ 人有几百万年的历史（大前提）；

◆ 幻幻是人（小前提）；

◆ 幻幻有几百万年的历史（结论）。

这个三段论中，看上去只有3个概念：人、几百万年的历史、幻幻，但实际上大前提中的“人”指的是人类，而小前提中的“人”指的是一个人，这两个“人”是不同的概念。因此，在这段推理中其实一共出现了4个概念，得出的结论自然也不正确。

**原则二：中词应当周延。**

中词，指的是在三段论中用来联系大前提和小前提的内容，如本节例子中的“腋下体温超过37.5℃的人”就是中词。

周延，指的是满足“所有……都……”的逻辑关系。例如，“腋下体温超过37.5℃的人是发热病人”，其实可以完整地写为“所有腋下体温超过37.5℃的人都是发热病人”，因此“腋下体温超过37.5℃的人”这个中词在大前提中是周延的。

进行三段论推理，必须注意让中词在大前提或小前提中满足周延的特性，否则可能得出错误的结论。例如：

◆ A班有的学生喜欢打篮球（大前提）；

◆ 幻幻是A班学生（小前提）；

◆ 幻幻喜欢打篮球（结论）。

这里，中词“A班有的学生”在大前提中并不周延，因此推理必然错误。

运用Python编程工具，我们可以轻松地使用程序来自动地完成三段论推理。

## 本节准备工作

下载本章中的“2_智能推理”项目文件夹，确认文件夹中有如图2-2-4所示的文件。

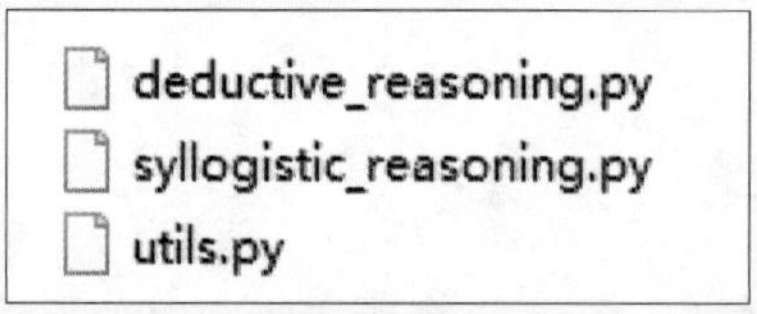

deductive_reasoning.py
syllogistic_reasoning.py
utils.py

图2-2-4 “智能推理”项目所需文件

打开项目文件夹中的“syllogistic_reasoning.py”程序文件，写入程序2-2-1。

**程序 2-2-1**

```
from utils import syllogism  # 导入三段论推理工具
major = input('请输入大前提>>>')  # 输入大前提
minor = input('请输入小前提>>>')  # 输入小前提
```

```
result = syllogism(major, minor)  # 利用大前提和小前提进行推理
print(result)  # 打印结果
```

运行程序后，在新窗口中依次输入大前提和小前提。这里需要注意的是，前提信息必须按照“xx是xx”的固定格式输入，例如：

```
请输入大前提>>>腋下体温超过37.5℃的人是发热病人
请输入小前提>>>幻幻是腋下体温超过37.5℃的人
结论：幻幻是发热病人。
```

或：

```
请输入大前提>>>金属是导电体
请输入小前提>>>银是金属
结论：银是导电体。
```

## 2.2.2　归结演绎推理

三段论推理常用于解决简单的问题，但对于复杂的问题，人工智能就需要学习更高级的推理方式。我们来看一个相对复杂的例子。

幻幻身体不适，出现了发热、乏力、咳嗽、咽痛的症状，于是去楼下药店买药。值班医生了解了幻幻的症状后，判断他可能患有“普通感冒”，但也可能是“爆发性心肌炎”，于是先给幻幻推荐了一些缓解症状的药。

三天后，幻幻的症状不仅没有缓解，还出现了呼吸困难的症状。幻幻这次来到社区门诊看病，社区医生判断他可能有“爆发性心肌炎”，但也可能是“流行性感冒”。

为了进一步确诊，幻幻去了最近的大医院。医生经过简单的分析，初步判断幻幻不会同时患有“普通感冒”和“流行性感冒”。

仔细分析和整理3次诊断结果，可以得到以下3条信息。

- “普通感冒”或“爆发性心肌炎”，至少有1个存在。
- “爆发性心肌炎”或“流行性感冒”，至少有1个存在。
- “普通感冒”或“流行性感冒”，至少有1个可以排除。

**想一想**

根据以上3条信息，你能推理出哪些结论？

观察这3条信息，发现它们都包含“至少……”这样的描述，这其实是一种不确定的说法。因此，病人既可能是“普通感冒”，也可能是“爆发性心肌炎”，还可能是“流行性感冒”，甚至可能同时患有多种疾病。

为了推理出一个确定的结论，我们可以依次假设每一种病都存在，并结合3条信息进行推理。假设病人患有“普通感冒”，首先分析与它相关的第一条和第三条信息。

第一条信息：“普通感冒”或“爆发性心肌炎”，至少有1个存在。根据假设，可以推理出病人可能患有“爆发性心肌炎”（也可能不患有）。

第三条信息：“普通感冒”或“流行性感冒”，至少有1个可以排除。根据假设，“普通感冒”不能排除，因此可以推理出“流行性感冒”应当排除。

结合两次推理的结果，我们得到一条新信息：病人可能患有“爆发性心肌炎”，不可能患有“流行性感冒”。再结合第二条信息：“爆发性心肌炎”或“流行性感冒”，至少有1个存在。最终可以推理出：病人一定患有“爆发性心肌炎”。

综合上述推理过程，我们在假设病人患有“普通感冒”的前提下，从3条信息中推理出病人一定患有“爆发性心肌炎”的结论。

接着，再假设病人患有“流行性感冒”，可以采用同样的推理过程，首先分析与它相关的第二条和第三条信息。

第二条信息：“爆发性心肌炎”或“流行性感冒”，至少有1个存在。根据假设，可推理出病人可能患有“爆发性心肌炎”。

第三条信息：“普通感冒”或“流行性感冒”，至少有1个可以排除。根据假设，可推理出病人不可能患有“普通感冒”。

综合两次推理，得到新信息：病人可能患有“爆发性心肌炎”，不可能患有“普通感冒”。再结合第一条信息：“普通感冒”或“爆发性心肌炎”，至少有1个存在。我们可以推理出病人一定患有“爆发性心肌炎”。

因此，无论是假设病人患有“普通感冒”还是“流行性感冒”，都可以推理出病人患有“爆发性心肌炎”的结论。由此，最终可以推出：幻幻得了“爆发性心肌炎”。

为了推理出这个最终结论，我们使用了大量的篇幅，推理过程也非常烦琐。那么，有没有更为简单、一目了然的推理描述方法呢？

在人工智能领域，为了更简洁地表示事物及它们之间的关系，通常会使用特定的符号，例如：

- 用 $C_1$、$C_2$、$C_3$分别表示第一条信息、第二条信息、第三条信息；
- 用P(A)、P(B)、P(C)分别表示病人患有普通感冒、爆发性心肌炎、流行性感冒；
- 用~P(A)、~P(B)、~P(C)分别表示病人不患有普通感冒、不患有爆发性心肌炎、不患有流行性感冒；
- 用∨表示“或”的关系。

按照这个方法，我们就可以把前面3条用文字表示的信息改为用符号来表示。

◆“普通感冒”或“爆发性心肌炎”，至少有1个存在，改写为：$C_1$: P(A) V P(B)。

◆“爆发性心肌炎”或“流行性感冒”，至少有1个存在，改写为：$C_2$: P(B) V P(C)。

◆“普通感冒”或“流行性感冒”，至少有1个可以排除，改写为：$C_3$: ~P(A) V ~P(C)。

由于P(A)和~P(A)这两种情况显然有且仅有1个存在（幻幻要么患有普通感冒，要么不患有普通感冒），我们可以将这样两种符号称为互补。

如果两条信息中存在互补的符号，那么经过如图2-2-5所示的推理过程，可以抵消这两个符号，用V来连接剩余的符号。$C_1$中有P(A)，$C_3$中有~P(A)，将它们抵消后可以得到新的信息：$C_4$:P(B) V ~ P(C)。

$C_1$: P(A) V P(B)
$C_3$: ~P(A) V ~P(C)
互补抵消
推理
$C_4$: P(B) V ~P(C)

图2-2-5　$C_4$的推理过程

我们可以试着用文字的形式来描述以上推理过程。

第一条信息说明“普通感冒”和“爆发性心肌炎”至少有一个存在，第三条信息说明“普通感冒”和“流行性感冒”至少有一个可以排除。如果患有“流行性感冒”，根据信息三，则必然不患有“普通感冒”，再根据信息一，一定患有“爆发性心肌炎”；如果不患有“爆发性心肌炎”，根据信息一，则必然患有“普通感冒”，再根据信息三，一定不患有“流行性感冒”。

所以，可以得出结论，不可能既不患有“爆发性心肌炎”，又患有“流行性感冒”，也就是说，“患有爆发性心肌炎”和“不患有流行性感冒”，至少有1个存在。这条信息其实就是上面得到的$C_4$。

继续进行如图2-2-6所示的推理过程，$C_4$和$C_2$中分别包含~ P(C)和P(C)，再次“互补抵消”，最终得到结果：P(B)（患有“爆发性心肌炎”）。

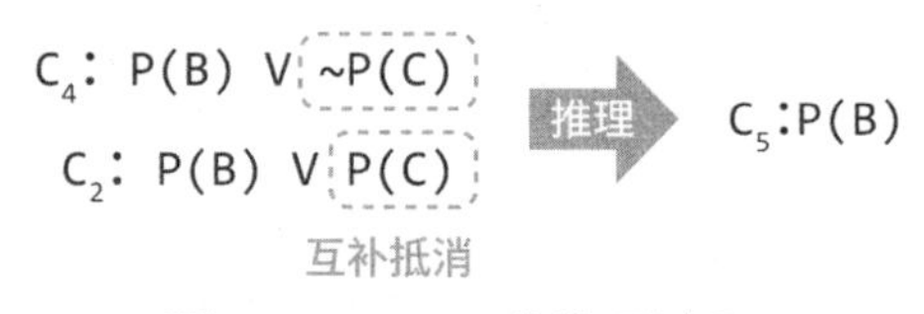


图2-2-6　$C_5$的推理过程

这样，我们就通过符号表示信息，并运用“互补抵消”完成了问题的推理。这个推理过程显然比用文字表示的推理过程清晰、简洁，这个推理过程被称为归结演绎推理。

在人工智能领域，进行归结演绎推理时使用符号还有一个非常重要的优势：适合计算机识别和处理。现在，我们就来尝试运用编程的方法让程序自动进行归结演绎推理。

打开项目文件夹中的“deductive_reasoning.py”程序文件，写入程序2-2-2。

**程序 2-2-2**

```
from utils import resolution  # 导入归结演绎推理函数
# “普通感冒”或“爆发性心肌炎”，至少有1个存在。
c_1 = 'P(A) V P(B)'
# “爆发性心肌炎”或“流行性感冒”，至少有1个存在。
c_2 = 'P(B) V P(C)'
# “普通感冒”或“流行性感冒”，至少有1个可以排除。
c_3 = '~P(A) V ~P(C)'
# 根据c_1和c_3，推理出新结论c_4
c_4 = resolution(c_1, c_3)
# 根据c_4和c_2，推理出新结论c_5
c_5 = resolution(c_4, c_2)
# 打印结果
print(c_5)
```

运行程序以后得到如下推理结果：

```
P(B)
```

运用归结演绎推理，我们可以轻松地解决复杂的推理问题。例如，已知如下信息。

◆ 疾病1或疾病2，至少有1个存在；

◆ 疾病2或疾病3，至少有1个存在；

◆ 疾病3或疾病4，至少有1个存在；

◆ 疾病1或疾病3，至少有1个可以排除；

◆ 疾病2或疾病4，至少有1个可以排除。

首先，对这4种疾病，我们可以依次用A 、B 、C 、D这4个字母表示，这样可以用符号来表示以上信息。

◆ $C_1$: P(A) V P(B)

◆ $C_2$: P(B) V P(C)

◆ $C_3$: P(C) V P(D)

◆ $C_4$: ~P(A) V ~P(C)

◆ $C_5$: ~P(B) V ~P(D)

从$C_1$、$C_4$和$C_2$出发，归结演绎推理的过程如图2-2-7所示。

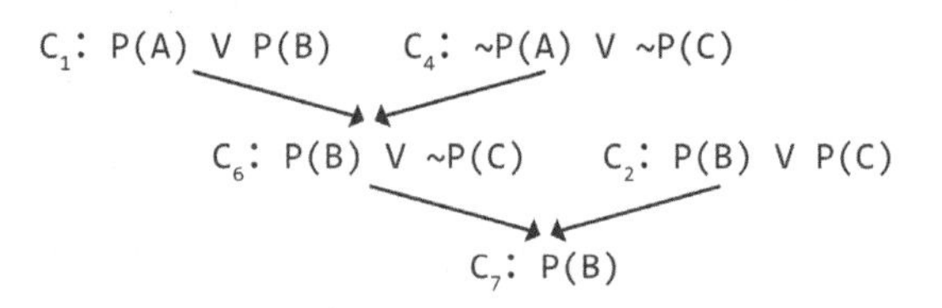


图2-2-7 $C_7$的推理过程

再从$C_3$、$C_5$和$C_2$出发，经过如图2-2-8所示的推理过程，可以得出新的结论。

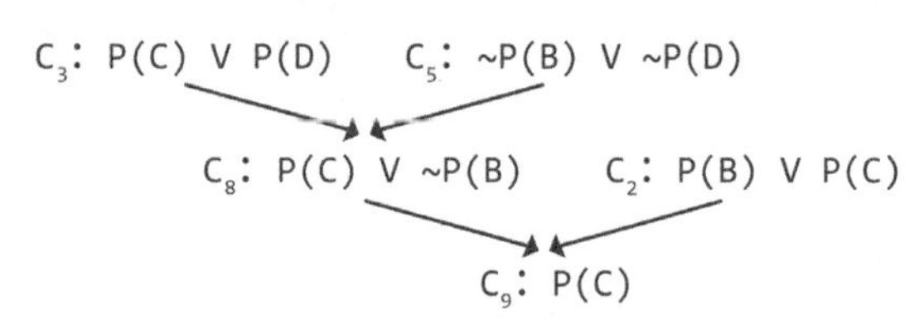


图2-2-8 $C_9$的推理过程

通过这两次推理，我们可以得出结论：病人一定患有疾病2和疾病3。

**试一试**

仿写前面的示例，编写程序完成上述两次推理过程。

## 拓展阅读——医疗专家系统

随着人们生活水平的提高，健康问题越来越受到人们的关注，人们对医疗服务的需求与日俱增。在这一背景下，医疗资源匮乏逐渐成为一个受到广泛关注的社会问题。为此，许多医院近年来引进了一些先进的设备和技术，如在线挂号系统（见图2-2-9）、电子病历等。

图2-2-9 在线挂号系统

这些措施在一定程度上提升了医院的服务效率，但医疗资源匮乏的核心原因还是医生数量不足。医生的培养是一个非常缓慢的过程，不可能在短时间内大量增加医生的人数。

医疗专家系统正是为了解决这个问题而诞生的人工智能系统，它是在大量专业医学知识和医疗经验的基础上建立起来的。在现实中，医疗专家系统可以直接在线诊断简单、常见的病症，帮助医生进行疾病的初步筛检，既节省了医疗诊断花费的时间，还能使最终的诊断结果更加准确。

在医疗领域，人类正在和人工智能携起手来，共同为社会创造更大的价值。

## 本节小结

◆ 推理是人类思维的基本形式，人类可以运用推理，根据已知信息，得出结论。

◆ 三段论是一种简单的推理方法，它由大前提、小前提和结论组成。

◆ 归结演绎推理是一种更高级的推理方法，它使用特殊的符号来表示信息，可以使推理过程更加清晰、简洁，适合处理较为复杂的问题。

◆ 归结演绎推理方法适合用计算机完成信息表示和推理运算，是符号主义人工智能的常用方法。

# 第三节 智能成绩预测

## 2.3.1 数据间的线性关系

在“根据备考时间预测考试成绩”这个问题上，我们很难根据预先准备的知识进行推理，但却可以从过去考试的经验中进行“归纳总结”。

为此，我们整理了幻幻过去28次的考试成绩和对应的备考时间，见表2-3-1。

表2-3-1 考试情况

| 考试次数 | 备考时间/h | 考试成绩/分 |
|---|---|---|
| 第一次 | 2.5 | 21 |
| 第二次 | 5.1 | 47 |
| 第三次 | 3.2 | 27 |
| 第四次 | 8.5 | 75 |
| 第五次 | 3.5 | 30 |
| 第六次 | 1.5 | 20 |
| 第七次 | 9.2 | 88 |
| 第八次 | 5.5 | 60 |
| 第九次 | 8.3 | 81 |
| 第十次 | 2.7 | 25 |
| …… | …… | …… |

试一试

观察上面的数据，你能发现备考时间和考试成绩之间的关系吗？请简单描述这种关系。

仔细观察数据，我们发现，似乎备考时间越长，考试分数就越高。我们可以将这种关系称为正比关系。

生活中有很多成正比关系的事物，例如：我们去商店买苹果，购买 $x$ 个苹果，付款 $y$ 元，$y$ 随着 $x$ 的增大而增大，我们就可以说，苹果的价格 $y$ 和数量 $x$ 成正比关系。这种正比关系可以用数学公式表示为 $y = wx$，这里的 $w$ 为一个苹果的价格（即单价）。假设我们知道过去多次购买苹果的数量和价格，则可以根据这些数据推算出苹果的单价。

假设历次购买苹果的数量和总价见表2-3-2。

表2-3-2　苹果总价与数量

| 总价 $y$/元 | 2 | 4 | 6 | 8 | 10 | 12 | 14 |
|---|---|---|---|---|---|---|---|
| 数量 $x$/个 | 1 | 2 | 3 | 4 | 5 | 6 | 7 |

根据表2-3-2中的数据，很容易归纳出结论：苹果的单价为2元，即 $w$ 为2，公式为 $y = 2x$。

除了能用公式来表示 $x$ 和 $y$ 的关系，我们还可以将这些数据画成图（见图2-3-1）。

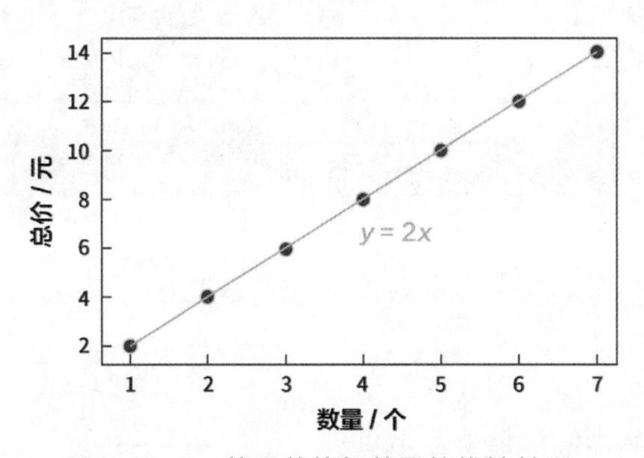


图2-3-1　苹果总价与数量的线性关系

我们以苹果的数量 $x$ 为横轴，总价 $y$ 为纵轴，组成了一个坐标系。图2-3-1中所有的蓝色点表示表2-3-2中的7组数据，橙色的线条表示满足公式 $y = 2x$ 的所有数据。可以看出，在这个例子中，苹果的数量 $x$ 和总价 $y$ 可以用图中的一条直线来表示，因此这种数据关系被称作线性关系。

参考买苹果的例子，既然备考时间和考试成绩之间也存在正比关系，如果分别用 $x$ 和 $y$ 表示备考时间和考试成绩，它们之间是否也存在公式 $y = wx$ 呢？

在买苹果的例子中，每次购买苹果时单价是不变的，对所有数据使用公式计算的结果完全相同。但是，备考时间和考试成绩的关系并不能这么简单地计算。我们可以试着

对表2-3-1中的数据都按照$w = y/x$来计算，结果见表2-3-3。

表2-3-3　备考时间与考试成绩

| 考试次数 | 备考时间$x$/h | 考试成绩$y$/分 | $w=y/x$ |
| --- | --- | --- | --- |
| 第一次 | 2.5 | 21 | 8.4 |
| 第二次 | 5.1 | 47 | 9.2 |
| 第三次 | 3.2 | 27 | 8.4 |
| 第四次 | 8.5 | 75 | 8.8 |
| 第五次 | 3.5 | 30 | 8.6 |
| 第六次 | 1.5 | 20 | 13.3 |
| 第七次 | 9.2 | 88 | 9.6 |
| 第八次 | 5.5 | 60 | 10.9 |
| 第九次 | 8.3 | 81 | 9.8 |
| 第十次 | 2.7 | 25 | 9.3 |
| …… | …… | …… | …… |

可以看出，每次计算的结果都不相同，因此不能按这个方法准确地确定$w$的数值。

要解决这个问题，我们可以考虑借助图像。尝试将考试成绩和备考时间以点的形式绘制到坐标图中，如图2-3-2所示。

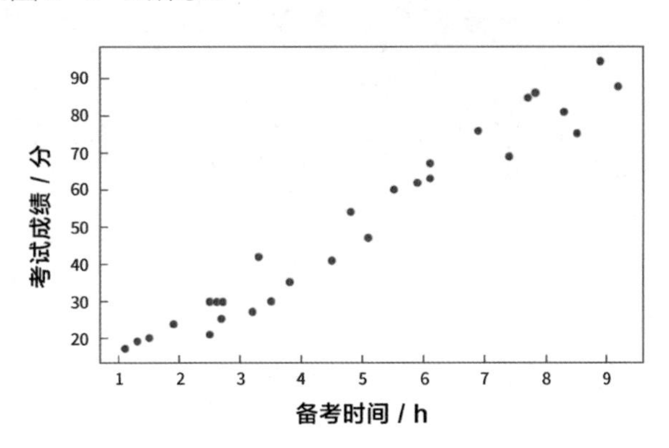


图2-3-2　备考时间与考试成绩的关系

仔细观察图2-3-2，可以看出考试成绩与备考时间之间大致是线性的关系，只不过无法找到一条直线将所有的点都连起来。

**试一试**

如果要在图2-3-2中画出一条直线，尽可能准确地表示备考时间与考试成绩的关系，你会怎么画出这条直线？

我们先试着画出如图2-3-3所示的4条直线。

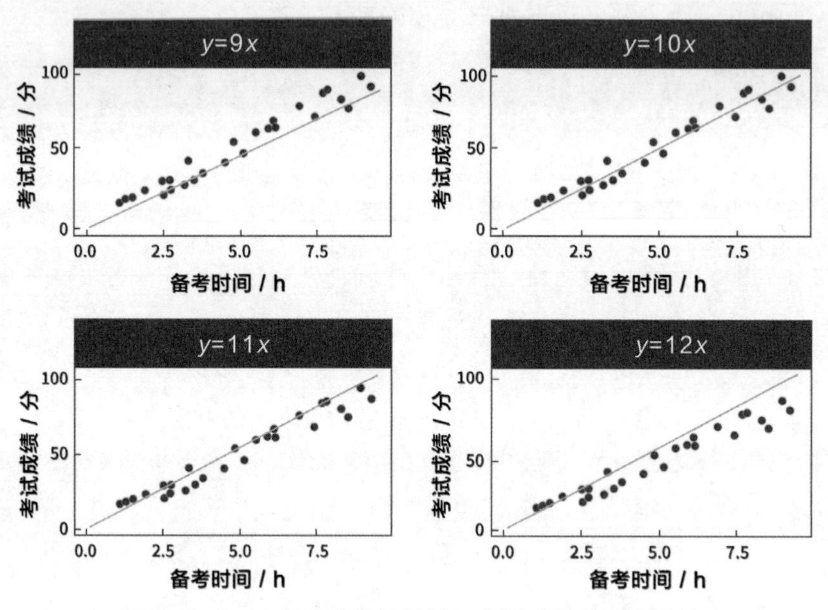


图2-3-3　4条表示备考时间与考试成绩关系的直线

以上4条直线，都能大致表示出考试成绩与备考时间之间的关系，但要知道哪一条线最为准确，我们还需要一个评价的标准。

为了方便分析和理解，我们从备考时间和考试成绩的数据中选出3组数据，见表2-3-4。

表2-3-4　3组数据

| 备考时间/h | 考试成绩/分 |
| --- | --- |
| 6.1 | 67 |
| 1.1 | 17 |
| 3.2 | 27 |

将它们以点的形式绘制到坐标图中，绘制出3条从原点出发，并分别经过其中1个数据点的直线，如图2-3-4所示。

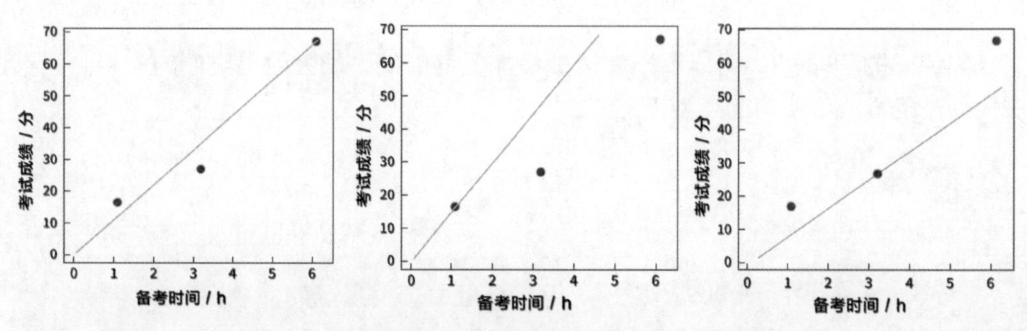


图2-3-4　备考时间与考试成绩的关系（3组数据）

由于3条直线分别恰好经过1个数据点，它们所代表的公式中$w$的值可以直接使用对应数据点的$y$和$x$求出，依次为11、15、8。从3条直线和数据点的位置关系来看，中图和右图中的数据点都位于直线的一侧，左图的数据点分散在直线的两侧。

**想一想**

这3条直线中，你认为哪条直线最能代表这3组数据？为什么？

分析这3条直线，显然每条直线都只能完美地表示出一组数据，和剩下的数据间都存在一定的差距。例如，我们选定$w = 11$，则备考时间$x = 6.1$，极为准确地运用公式预测出对应的结果，但如果$x = 1.1$，预测结果则为12，和实际的$y = 17$存在着偏差，我们称之为预测误差。

在数据统计中，我们将数据归纳为公式的一个重要评价标准就是尽量减少公式对所有数据进行预测的总误差。

我们可以分别使用3个公式，对3组数据做出预测，依次计算误差值。

首先，对于公式$y = 11x$，3组数据的误差见表2-3-5。

表 2-3-5　$y = 11x$的误差

| 备考时间$x$/h | 考试成绩$y$/分 | 公式预测成绩/分 | 误差/分 |
|---|---|---|---|
| 6.1 | 67 | 67.1 | 0.1 |
| 1.1 | 17 | 12.1 | 4.9 |
| 3.2 | 27 | 35.2 | 8.2 |

3个误差相加，得到总误差为13.2。

对于公式$y = 15x$，误差情况见表 2-3-6。

表2-3-6　$y = 15x$的误差

| 备考时间$x$/h | 考试成绩$y$/分 | 公式预测成绩/分 | 误差/分 |
|---|---|---|---|
| 6.1 | 67 | 91.5 | 24.5 |
| 1.1 | 17 | 16.5 | 0.5 |
| 3.2 | 27 | 48 | 21 |

总误差为46。

公式$y = 8x$的预测情况见表 2-3-7。

表2-3-7　$y = 8x$的误差

| 备考时间$x$/h | 考试成绩$y$/分 | 公式预测成绩/分 | 误差/分 |
|---|---|---|---|
| 6.1 | 67 | 48.8 | 18.2 |
| 1.1 | 17 | 8.8 | 8.2 |
| 3.2 | 27 | 25.6 | 1.4 |

总误差为27.8。综合比较3个误差，显然公式$y = 11x$的总误差最小，对应坐标图2-3-4中的左图。

**想一想**

图2-3-4的3条线分别是以经过任意一个数据点为前提画出的。是否可能存在其他的直线，使得总误差值比13.2更小?

事实上，要得到总误差值最小的公式，它在图中对应的直线不一定必须经过某个数据点。我们可以试着在$y = 8x$到$y = 15x$之间均匀地再画出6条直线，如图2-3-5所示，它们的$w$分别为9、10、11、12、13、14。

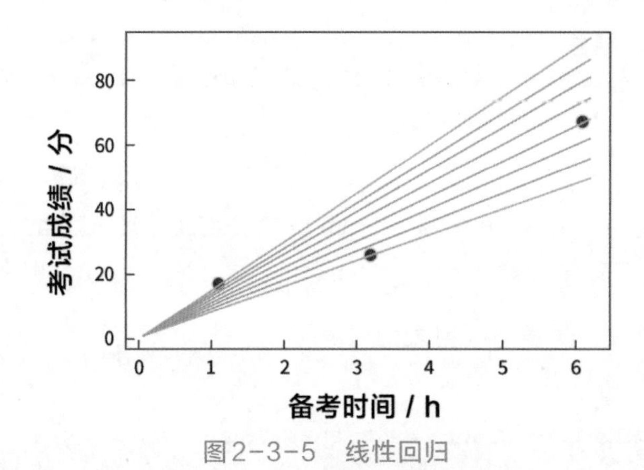


图2-3-5　线性回归

为了找到最完美的公式，我们还可以在这些直线之间画出更多的直线。

以上过程总体来说，就是在尝试根据数据值寻找和归纳表示数据间规律的公式，在统计学称为回归分析，用于线性关系问题的回归分析又称为线性回归（Linear Regression）。

我们将上面的线性回归分析过程总结为如下步骤。

（1）将每组数据以点的形式绘制到坐标图中。

（2）绘制多条直线，包括2条最外层的线和若干条处于中间的线。

（3）分别利用每条线的公式对全部数据进行预测，并计算总误差。

（4）选出总误差最小的线及公式。

依照这个逻辑，我们可以在完整的数据坐标图中找到最外层的两条直线，如图2-3-6所示。

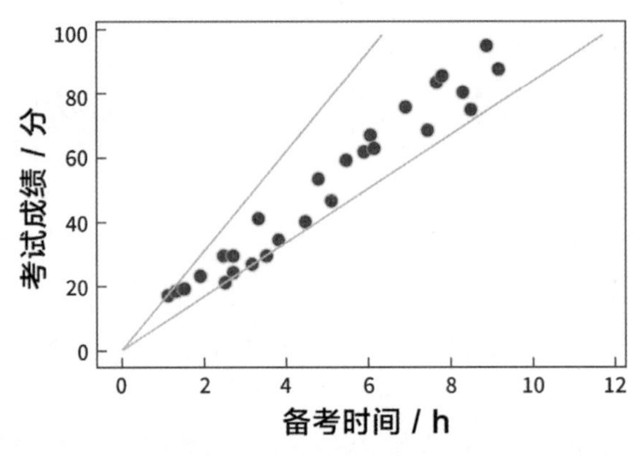


图2-3-6　线性回归的范围

这两条直线的$w$值分别约等于8和16。为了找出预测最准确的那条线，我们还需要在两条线之间再绘制更多的线条，它们的$w$取值应当在8和16之间。假设这些线条的$w$值以0.1为间隔，则还需要再画出79条直线，最后在81条直线中找到总误差最小的一条。

如果用笔和纸计算这81个公式在28组数据上的预测误差，不仅需要耗费大量时间，而且容易出错。快速、准确地进行大量的数值运算恰恰是计算机与Python编程的强项。

## 2.3.2　线性回归的程序实现

**本节准备工作**

下载本章中的“3_回归分析”项目文件夹，确认文件夹中有如图2-3-7所示的文件。

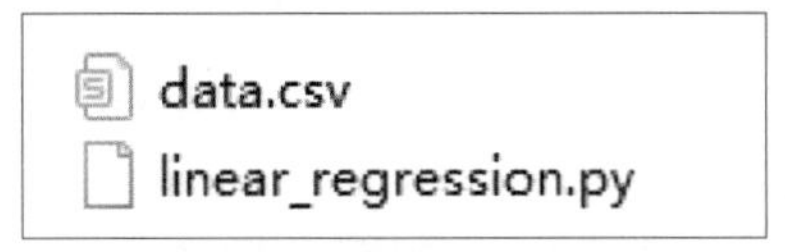


图2-3-7　“回归分析”项目所需文件

我们预先准备了28组备考时间及考试成绩的数据，并把它们存放在了数据文件“data.csv”中。首先打开“linear_regression.py”程序文件，写入程序2-3-1。

**程序 2-3-1**

```
# 创建函数，根据w、所有x、所有y，计算总误差
def error_calculation(w, x, y):
    total = 0  # 准备记录总误差
    # 依次取出所有的28组已知数据
    for i in range(28):
        # 取出对应的一组备考时间和考试成绩
        hour = x[i]
        score = y[i]
        # 运用公式计算预测结果
        prediction = w * hour
        # 计算预测结果和实际分数的误差，并累加到总误差上
        error = abs(prediction - score)
        total += error
    return total
```

在这段程序中，我们创建了一个可以根据$w$来计算总误差的函数。

接下来，编写程序2-3-2，读取文件中的全部数据，让程序依次计算8 ~ 16范围内81种$w$取值的总误差，找到最小的总误差，并得到对应的$w$。

**程序 2-3-2**

```
import pandas as pd
import numpy as np  # 导入数学运算库numpy
# 读取文件中的所有数据
data = pd.read_csv("data.csv")
# 准备记录最小总误差时对应的w，先假设是8
min_w = 8
# 准备记录最小的总误差值，先按照w=8来计算
min_error = error_calculation(8, data["Hours"], data["Scores"])
# 让w依次取8 ~ 16范围内，以0.1为间隔的剩余80个值
for w in np.arange(8.1, 16.1, 0.1):
    # 根据w和两组数据，运用函数计算总误差
    errors = error_calculation(w, data["Hours"], data["Scores"])
    # 如果误差比之前记录的最小误差更小，则将它记为最小，并更新对应的w值
    if errors < min_error:
        min_error = errors
        min_w = w
# 依次打印最小的总误差值和对应的w
print(round(min_error, 2), round(min_w, 1))
```

**编程小知识**

在编程中，许多常见的数学处理功能都能以内置函数（即直接可用的，开发者预先写好的函数）的形式来使用，例如如下函数。

abs()：计算数字的绝对值。例如，abs(−3) 可以得到 3。

round()：保留指定位数的小数。例如，round(1.539,2) 可以得到 1.54。

sum()：计算括号中列表的元素之和。例如，sum([2, 4, 6]) 可以得到 12。

max()：获取括号中数字的最大值。例如，max(1, 3, 5) 可以得到 5。

min()：获取括号中数字的最小值。例如，min(3, −1, 6) 可以得到 −1。

运行程序，得到结果。

```
135.15 10.5
```

这里的135.15是28组数据的最小总误差，也就是说，平均每组数据的分数预测误差大约是5分。而10.5就是此时$w$的值，这就是我们通过程序找到的最佳$w$值，也就是说$y = 10.5x$是最好的预测公式。我们可以把所有数据点和这个公式表示的直线画到一张图中（见图2-3-8）。

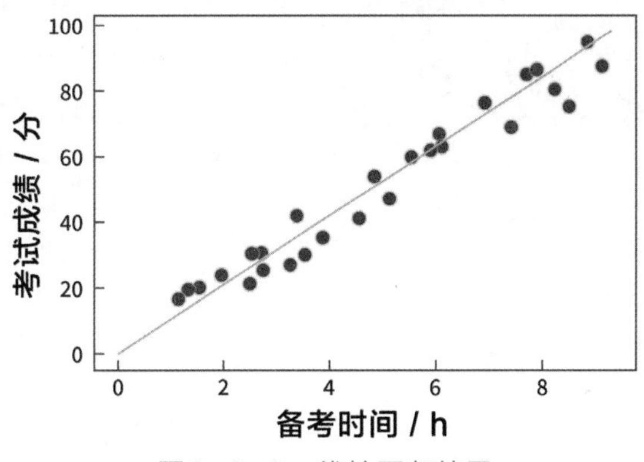


图2-3-8　线性回归结果

因此，如果幻幻想要在这次考试中达到95分，根据历次考试的经验，他需要的备考时间约为9个小时。

在这个问题中，我们运用程序完成了对历史数据的线性回归分析，并能够将分析的结果用于对未来新情况的预测，因此具有很强的现实意义。在人工智能领域，线性回归也是对人类归纳总结能力进行模拟的最基础的算法之一。

## 拓展阅读——生活中的线性问题

线性分析在现实生活中有许多应用场景。例如：冷饮店在制订未来一周的进货计划时，为了避免货物积压或缺货的情况发生，需要预测未来一周的销量，根据预测结果来确定进货量。

一般情况下，雪糕销量与气温有关，温度越高则销量越高，温度越低则销量越低。因此，我们可以利用温度预测当天的销售情况，由此来调整进货量。

例如，我们统计了14组历史气温与雪糕销量数据，见表2-3-8。

将雪糕销量和气温数据以点的形式绘制到坐标图中（见图2-3-9）。

我们用$x$表示气温，作为横轴；用$y$表示销量，作为纵轴。为了找到最佳公式$y = wx$中$w$的值，可以按照本节中的方法绘制多条直线，如图2-3-10所示。

但是，这些直线似乎都不能很好地代表所有数据点，因此尝试在图中再画出一条直线，如图2-3-11所示。

很显然，这条红色的直线相比于其他的直线更能代表所有的数据点。事实上，这条直线就是

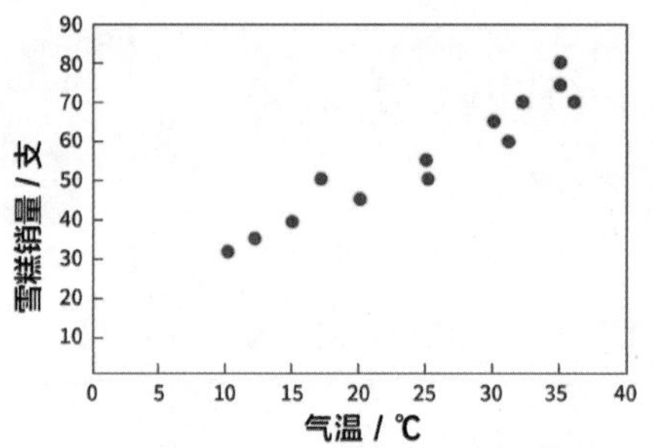


图2-3-9　雪糕销量和气温的关系

表2-3-8　气温与雪糕销量

| 气温/℃ | 雪糕销量/支 |
| --- | --- |
| 10 | 32 |
| 15 | 40 |
| 20 | 45 |
| 25 | 55 |
| 30 | 65 |
| 32 | 70 |
| 25 | 50 |
| 35 | 80 |
| 35 | 74 |
| 12 | 35 |
| 17 | 50 |
| 36 | 70 |
| 12 | 35 |
| 31 | 60 |

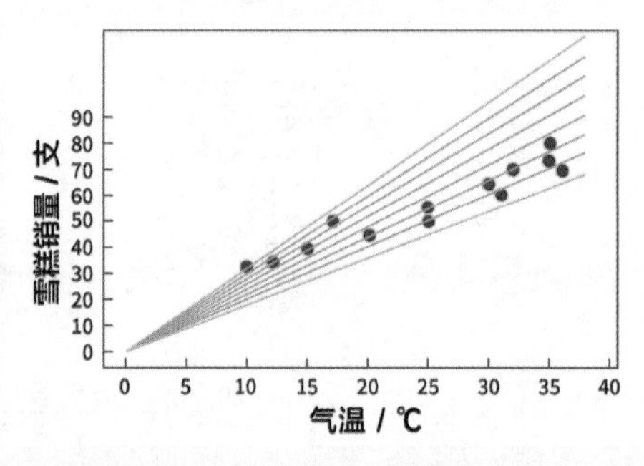


图2-3-10　雪糕销量和气温的线性关系

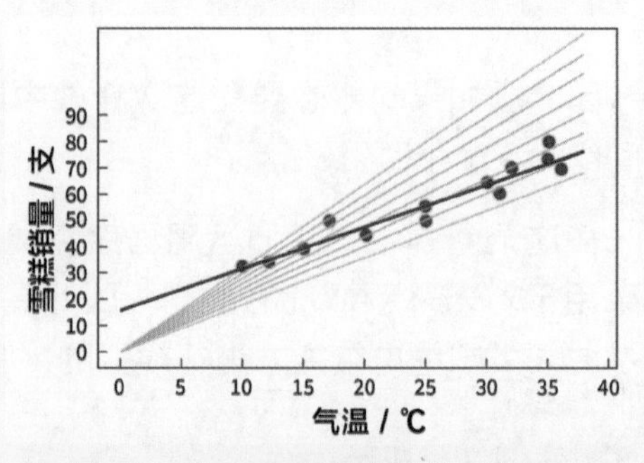


图2-3-11　更准确的线性关系

能使数据总误差最小的线，但它对应的公式不能用$y = wx$的形式来表示，而是要写为$y = 1.6x + 15.7$。这个公式可以记为$y = wx + b$，多了一个固定的数值$b$，$b$常被称为“截距”或“偏置”，$b$的值为0表明直线经过坐标原点（即点(0, 0)）。

在现实生活中，大部分线性回归问题都需要使用公式$y = wx + b$，因此用程序进行分析和计算时，也必须对$w$和$b$的值分别搜索。

## 本节小结

◆ 数据$y$与$x$的关系如果可以用公式$y = wx$表示，可以称它们具备线性关系，公式在坐标图上可以用直线表示。

◆ 具备线性关系的数据不一定可以用公式完美地表示所有数据组，可以用总误差来评估公式的准确程度。

◆ 运用线性回归分析的方法，可以找到让总误差尽可能小的公式。

◆ 用计算机编程进行线性回归分析，可以在一定的范围内搜索尽可能多的公式，再从中找到总误差最小的。

◆ 线性回归分析的意义是从数据关系中归纳出规律，再用于新数据的预测。

◆ 线性回归分析是人工智能模拟人类总结归纳能力的基础方法。

# 第四节　智能迷宫寻路

## 2.4.1　启发式搜索算法思想

幻幻和小H来到了一座奇特的迷宫，这个迷宫里有多到数不清的、相连着的房间，他们要在规定时间内找到迷宫深处、某个房间内的宝物。

迷宫里的人可以通过门进出相邻的房间，然而，某些房间里有致命的陷阱，幻幻和小H在搜寻宝物的同时，还需要避开有危险的房间。

幸运的是，小H配备了功能强大的探测器，不仅能探测出隔壁房间是否有陷阱，还能测量出所在的房间与宝物之间的最短距离（不排除路径上有陷阱房间），这段距离被称为预估距离。

**想一想**

当我们身处某个房间，有多个相邻的房间可以进入时，应该怎么选择？陷阱探测和预估距离能起到什么作用？

假设我们进入了某一间房间，发现房间可以通向3个未知房间，通过探测器可以依次获取如图2-4-1所示的房间信息。

图2-4-1　探测到的信息

在这3个房间中，我们应该选择哪个房间进入呢？首先，排除有陷阱的房间2。然后再对比房间1和房间3，可以发现，房间3比房间1离宝物更近，在没有其他信息可参考的情况下，显然房间3是更好的选择。

以上选择房间的策略可以总结为：选择没有危险且距离宝物最近的房间进入。我们只需要在每次进入一个房间后都运用这个策略，最终就可以找到一条通向宝物的道路。这个策略思想不是盲目地搜索全部可能的路线，而是根据已知的信息来引导搜索过程，在人工智能领域称作启发式搜索。而每次都选择可能的最短路线的搜索方法又是启发式搜索中的贪婪最佳优先搜索算法。

那么，贪婪最佳优先策略在现实中是否真的能帮助我们快速地找到宝物呢？让我们一起来验证吧。

如图2-4-2所示，迷宫由4行4列、共16个房间组成。以黄色标注的房间为例，从这个房间走到宝物所在的房间，路程中最少需要经过5个房间，我们将这个房间数5称为从黄色房间到宝物房间的“预估距离”。

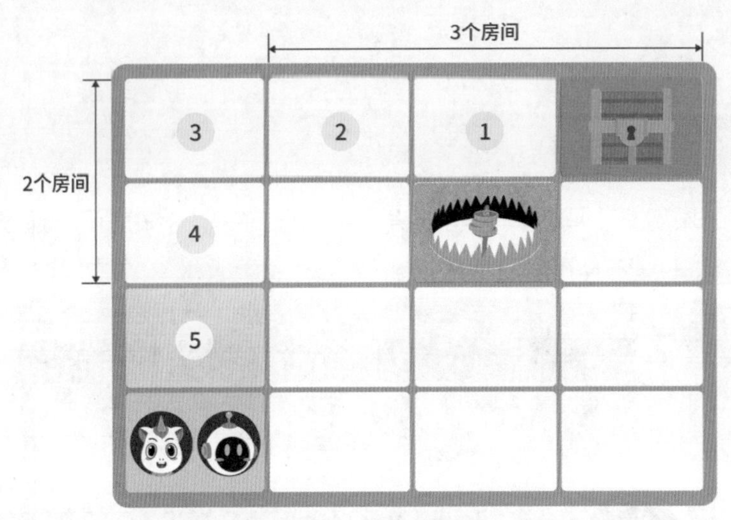


图2-4-2　迷宫示意图

我们可以将预估距离的数值写在每个房间上（见图2-4-3）。

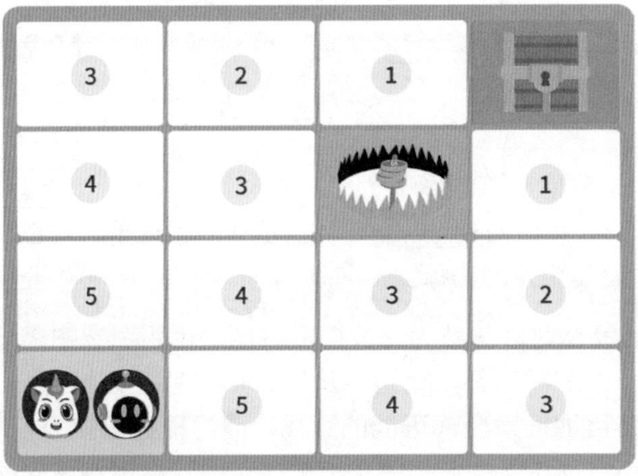

图2-4-3　预估距离

按照贪婪最佳优先策略，最终的路线可能会有多种，例如图2-4-4所示的3种。

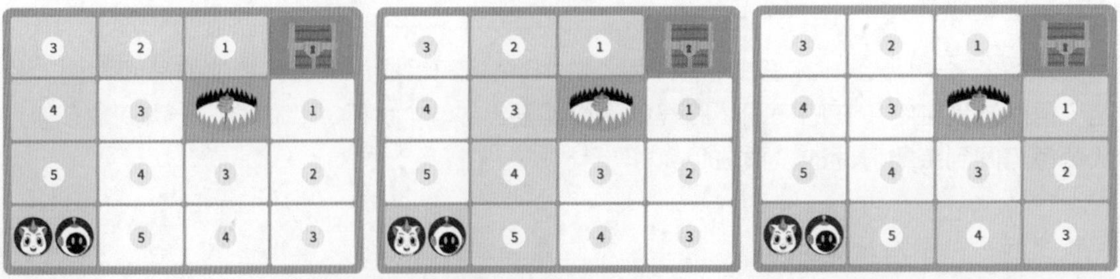

图2-4-4　最佳路线

不难发现，无论最终选择哪一种路线，都能避开陷阱成功地找到宝物，并且路线中房间的预估距离都是按照“5-4-3-2-1”的规律排列的，显然都是最短路线。

这说明，在这个简单的迷宫中，我们的策略是有效的。那么，如果迷宫变得更复杂，策略是否依然有效呢？

在图2-4-5所示的这个迷宫中，算上入口和宝物的房间，共有70个房间，其中有26个陷阱房间。

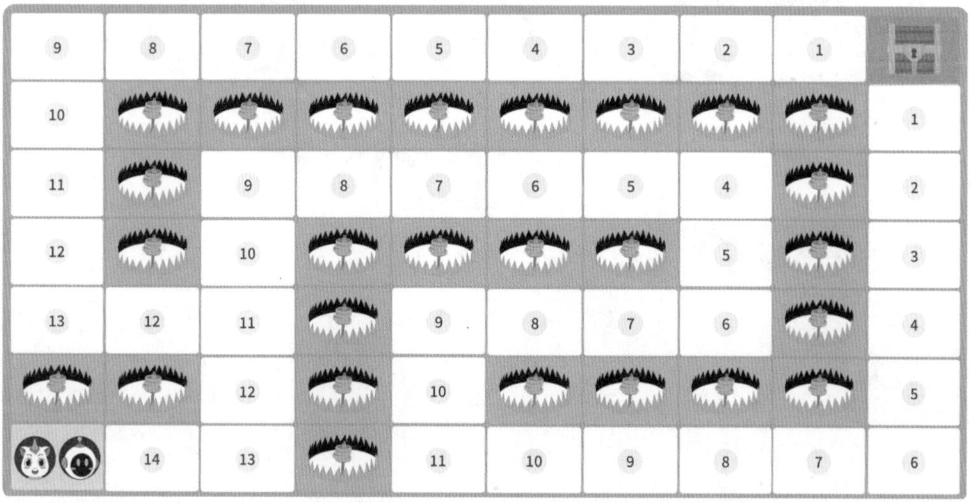

| 9 | 8 | 7 | 6 | 5 | 4 | 3 | 2 | 1 | |
|---|---|---|---|---|---|---|---|---|---|
| 10 | | | | | | | | | 1 |
| 11 | | 9 | 8 | 7 | 6 | 5 | 4 | | 2 |
| 12 | | 10 | | | | | 5 | | 3 |
| 13 | 12 | 11 | | 9 | 8 | 7 | 6 | | 4 |
| | | 12 | | 10 | | | | | 5 |
| | 14 | 13 | | 11 | 10 | 9 | 8 | 7 | 6 |

图2-4-5　更复杂的迷宫

按照贪婪最佳优先策略，我们从入口房间开始逐个进行探索，一直走到途中绿色房间才面临选择。在它周边的2个无陷阱房间中，黄色房间的预估距离为10，紫色房间的预估距离为12，依照策略的逻辑，我们选择黄色房间进入，随后一路探索下去，如图2-4-6所示。

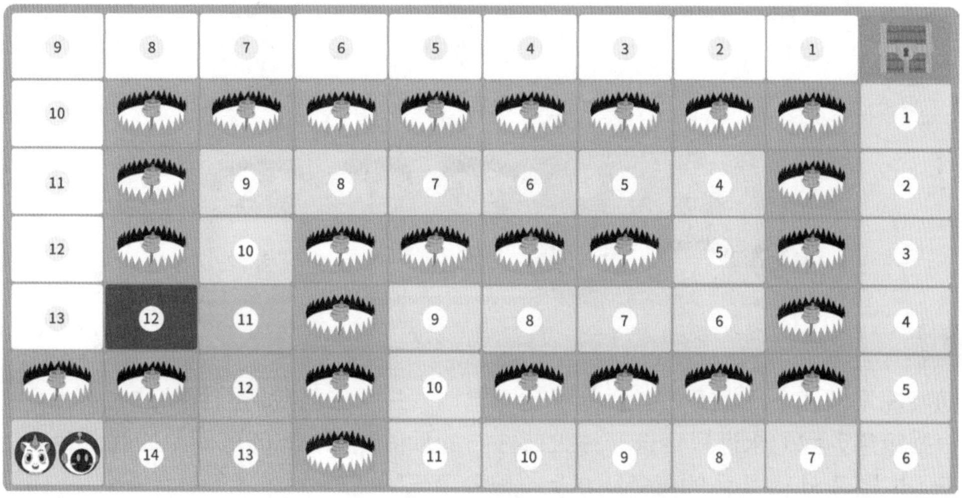

| 9 | 8 | 7 | 6 | 5 | 4 | 3 | 2 | 1 | |
|---|---|---|---|---|---|---|---|---|---|
| 10 | | | | | | | | | 1 |
| 11 | | 9 | 8 | 7 | 6 | 5 | 4 | | 2 |
| 12 | | 10 | | | | | 5 | | 3 |
| 13 | 12 | 11 | | 9 | 8 | 7 | 6 | | 4 |
| | | 12 | | 10 | | | | | 5 |
| | 14 | 13 | | 11 | 10 | 9 | 8 | 7 | 6 |

图2-4-6　贪婪最佳优先策略的路线

虽然沿着黄色路线到达了宝物房间，但通过观察迷宫，不难发现迷宫上方的另一条路线明显比黄色路线更短。看来，贪婪最佳优先策略还不够智能，当迷宫变复杂后，不能保证搜索出的路线是最短的。我们继续看看贪婪最佳优先策略在下一个迷宫（见图2-4-7）中的表现。

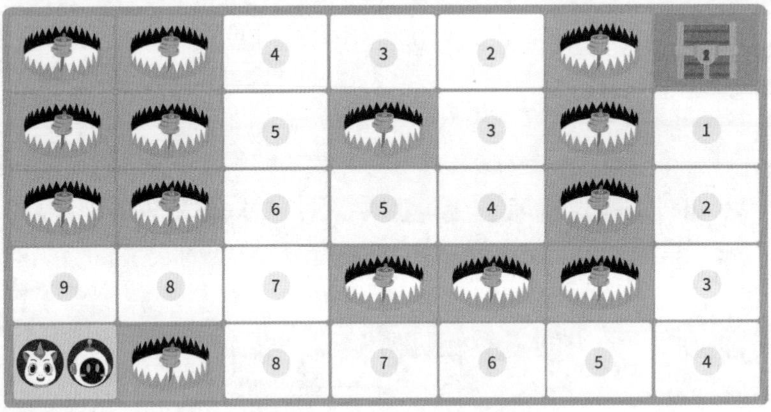

图2-4-7　迷宫示意图

**想一想**

在图2-4-7所示的这个新迷宫中使用贪婪最佳优先策略，会发生什么呢？

如图2-4-8所示，当我们从入口房间到达绿色房间时，会面临2个选择：黄色房间的预估距离为6，紫色房间的预估距离为8，按照贪婪最佳优先策略，我们会选择黄色房间进入。

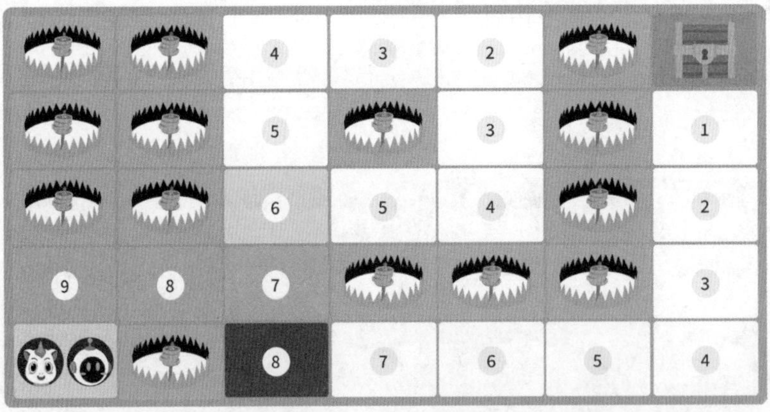

图2-4-8　贪婪最佳优先策略的路线

随着探索继续，一件可怕的事情不知不觉地发生了：当我们回到预估距离为6的房间时，根据策略，我们永远只会选择往上或往右的预估距离为5的房间。如此，我们就永远被困在了如图2-4-9所示的黄色路线上，陷入了无限循环中。

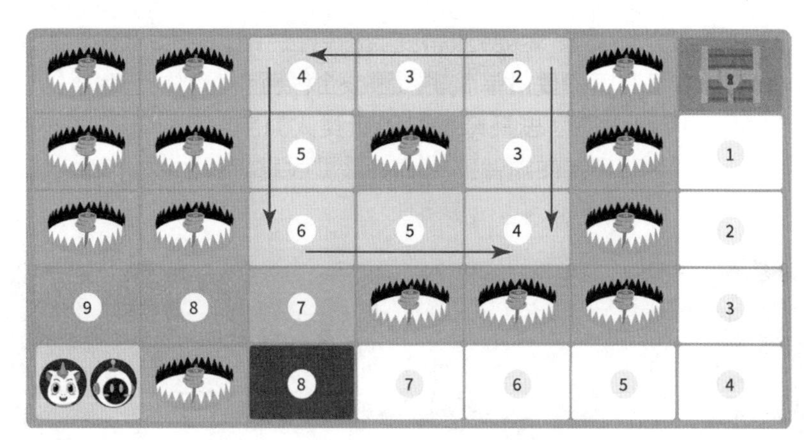

图2-4-9　贪婪最佳优先策略的失效

通过以上两个迷宫的验证，我们发现贪婪最佳优先策略不仅不能保证找到最短的寻宝路线，还有可能会让我们陷入死循环，永远困在迷宫中！

贪婪最佳优先策略总是会选择离宝物最近的房间，这种看起来似乎完美的选择事实，却有可能让我们误入歧途，究竟是什么地方出了问题呢？

当我们在某个房间中时，预估距离只能代表从这个房间开始，走到宝物房间最少要经过的房间数。而为了使整个路线最短，实际上还应该考虑从入口开始已经走过的房间数，即已走距离。

为了达成“总路线最短”的目标，综合考虑预估距离和已走距离才是更全面的思考方式（见图2-4-10）。

接下来，我们尝试运用新的策略来测试此前的两个迷宫！

图2-4-10　预估距离 + 已走距离

在新思想下，我们除了要探测从房间到宝物的预估距离，还需要计算从入口到达房间要走的距离。以入口旁的房间为例，如图2-4-11所示，预估距离为14，已走距离为1，两者相加为15，15可以称为总距离。

| 9 | 8 | 7 | 6 | 5 | 4 | 3 | 2 | 1 | |
|---|---|---|---|---|---|---|---|---|---|
| 10 | | | | | | | | | 1 |
| 11 | | 9 | 8 | 7 | 6 | 5 | 4 | | 2 |
| 12 | | 10+5=15 | | | | | 5 | | 3 |
| 13 | 12+5=17 | 11+4=15 | | 9 | 8 | 7 | 6 | | 4 |
| | | 12+3=15 | | 10 | | | | | 5 |
| | 14+1=15 | 13+2=15 | | 11 | 10 | 9 | 8 | 7 | 6 |

图2-4-11　总距离

如图2-4-12所示，当走到绿色房间时，我们面临2个选择：黄色房间预估距离为10，已走距离为5，总距离为15；紫色房间的总距离则为17。15小于17，我们仍然会选择黄色房间进入。

但与贪婪最佳优先策略不同的是，紫色房间也被记录下来，作为备选。如果后续路线中走过的房间的总距离大于紫色房间，我们就“悬崖勒马”，立刻回到紫色房间。

| 9 | 8 | 7 | 6 | 5 | 4 | 3 | 2 | 1 | |
|---|---|---|---|---|---|---|---|---|---|
| 10 | | | | | | | | | 1 |
| 11 | | 9+6=15 | 8+7=15 | 7+8=15 | 6+9=15 | 5+10=15 | 4+11=15 | | 2 |
| 12 | | 10+5=15 | | | | | 5+12=17 | | 3 |
| 13 | 12+5=17 | 11+4=15 | | 9 | 8 | 7 | 6+13=19 | | 4 |
| | | 12+3=15 | | 10 | | | | | 5 |
| | 14+1=15 | 13+2=15 | | 11 | 10 | 9 | 8 | 7 | 6 |

图2-4-12　切换路线

如图2-4-12所示，我们沿着黄色路线前行，直到蓝色房间位置，可以发现总距离为19，大于此前记录的备选的紫色房间的总距离17。于是，我们直接返回紫色房间，重新将蓝色房间记下来作为备选，如图2-4-13所示，开始从紫色房间向前探索，在探索的过程中仍旧计算每个房间的总距离，并和蓝色房间进行对比。

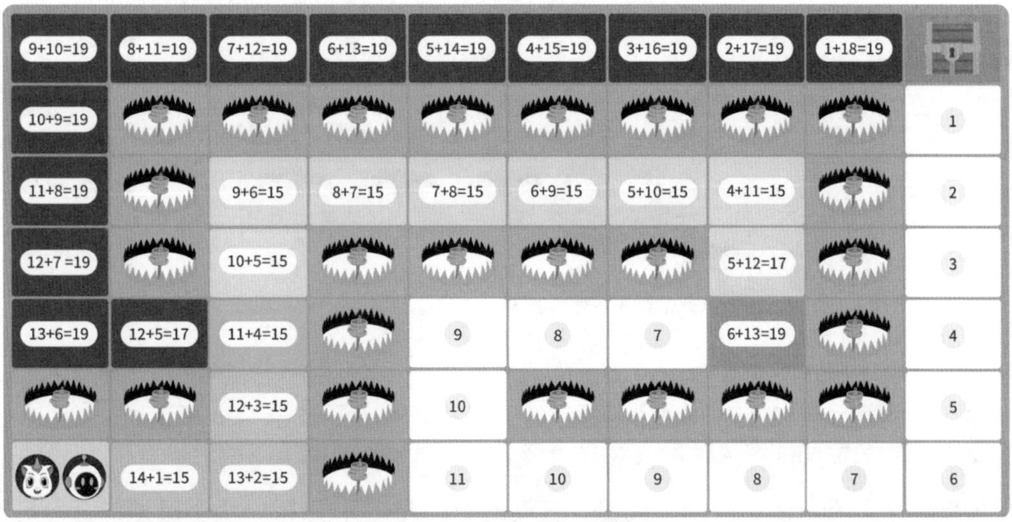

| 9+10=19 | 8+11=19 | 7+12=19 | 6+13=19 | 5+14=19 | 4+15=19 | 3+16=19 | 2+17=19 | 1+18=19 | |
|---|---|---|---|---|---|---|---|---|---|
| 10+9=19 | | | | | | | | | 1 |
| 11+8=19 | | 9+6=15 | 8+7=15 | 7+8=15 | 6+9=15 | 5+10=15 | 4+11=15 | | 2 |
| 12+7 =19 | | 10+5=15 | | | | | 5+12=17 | | 3 |
| 13+6=19 | 12+5=17 | 11+4=15 | | 9 | 8 | 7 | 6+13=19 | | 4 |
| | | 12+3=15 | | 10 | | | | | 5 |
| | 14+1=15 | 13+2=15 | | 11 | 10 | 9 | 8 | 7 | 6 |

图2-4-13 到达终点

后续的房间总距离均为19，等于备选的蓝色房间，不需要进行切换。最终，我们沿着紫色的路线到达了宝物所在的房间，完成了迷宫的探索。

在新的策略中，虽然我们仍旧走了一小段“冤枉路”，却也成功地阻止了我们在错误的道路上继续前行。对比贪婪最佳优先策略，这种策略似乎更具“智能”。在人工智能领域中，这种策略思想被称为A星搜索算法（或写作“A*搜索算法”），它也是启发式搜索中的一种。

接下来，我们继续在第二个迷宫（见图2-4-14）中，验证A星搜索算法是否可以让我们避免进入死循环的陷阱。

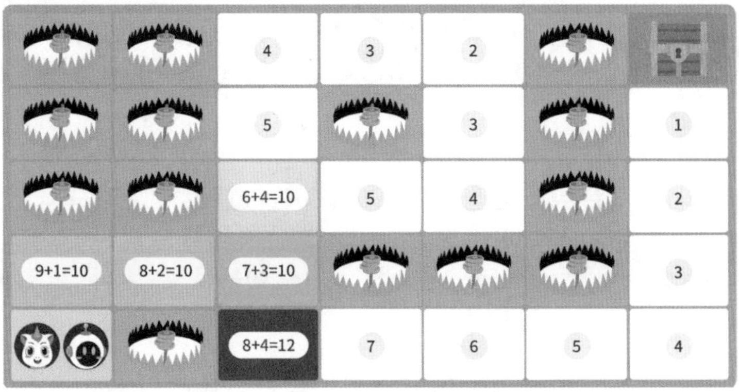

| | | 4 | 3 | 2 | | |
|---|---|---|---|---|---|---|
| | | 5 | | 3 | | 1 |
| | | 6+4=10 | 5 | 4 | | 2 |
| 9+1=10 | 8+2=10 | 7+3=10 | | | | 3 |
| | | 8+4=12 | 7 | 6 | 5 | 4 |

图2-4-14 验证A星搜索算法

如图2-4-15所示，如当我们到达绿色房间时，面临着2个选择：黄色房间的总距离为10，紫色房间的总距离为12，我们选择黄色房间进入并继续探索，将紫色房间作为备选。

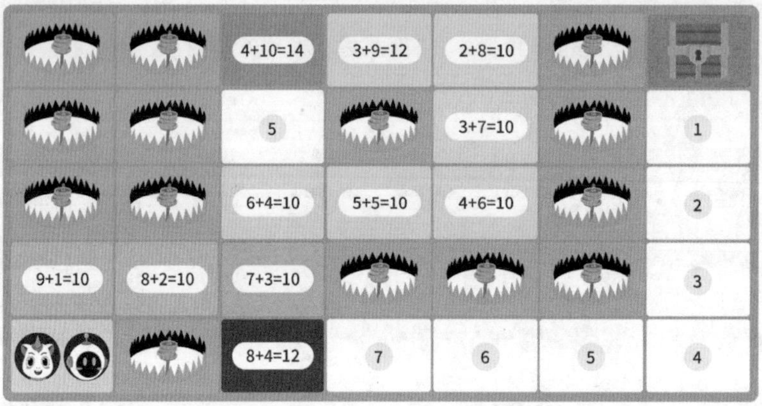

| | | 4+10=14 | 3+9=12 | 2+8=10 | | |
|---|---|---|---|---|---|---|
| | | 5 | | 3+7=10 | | 1 |
| | | 6+4=10 | 5+5=10 | 4+6=10 | | 2 |
| 9+1=10 | 8+2=10 | 7+3=10 | | | | 3 |
| | | 8+4=12 | 7 | 6 | 5 | 4 |

图2-4-15　切换路线

沿着黄色路线前行，可以发现蓝色房间的总距离14大于备选的紫色房间的12，我们立刻回到紫色房间，将蓝色房间设为备选，并继续探索。

如图2-4-16所示，后续路线中，房间的总距离均等于12，小于备选的蓝色房间，最终我们顺利地沿着紫色的路线到达了宝物所在的房间。采用A星策略进行寻路搜索时，无限循环的死路会导致已走距离不断增大，因此，房间的总距离最终一定会大于我们的备选房间，从而及时地跳出循环。

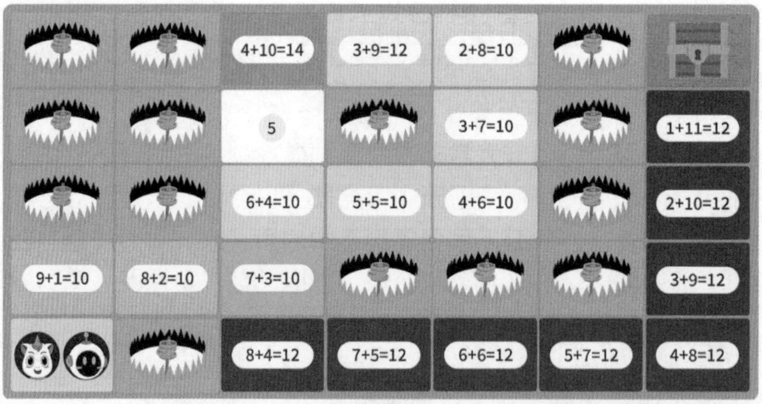

| | | 4+10=14 | 3+9=12 | 2+8=10 | | |
|---|---|---|---|---|---|---|
| | | 5 | | 3+7=10 | | 1+11=12 |
| | | 6+4=10 | 5+5=10 | 4+6=10 | | 2+10=12 |
| 9+1=10 | 8+2=10 | 7+3=10 | | | | 3+9=12 |
| | | 8+4=12 | 7+5=12 | 6+6=12 | 5+7=12 | 4+8=12 |

图2-4-16　到达终点

虽然A星策略非常适合用于迷宫探索，但在探索过程中，不仅需要记录所有备选房间的总距离，并且为了能够回到备选房间，还需要记录探索路线。如果迷宫的规模更大，例如由1000个房间构成，探索过程中就需要记录海量的信息。此时，只靠人脑就很难按照这个策略来有效地推理了。

但对于机器来说，记忆和计算恰恰是它们的专长。我们只需要将A星策略编写为程序，就能让机器帮助我们完成自动寻路的任务。

## 2.4.2　A星搜索算法的程序实现

虽然我们已经大致了解了A星策略的核心思想，但为了编写程序，我们还需要从算法的角度重新梳理A星搜索算法，将它拆解为特定的几个步骤。

（1）进入待进入房间（第一个待进入房间是入口）；

（2）将所在房间记录到“已搜索房间”中；

（3）检查房间内有没有宝物，如果有就终止搜索，否则继续搜索；

（4）探测所有相邻房间，如果房间没有陷阱，不在“已搜索房间”中，也不在“备选房间”中，那么把它们记录为“相邻房间”；

（5）在“相邻房间”和“备选房间”中，找出总距离最短的房间，作为待进入房间；

（6）将“相邻房间”添加到“备选房间”中，并从备选房间中删除待进入房间，回到第1步。

### 本节准备工作

下载本章中的“迷宫寻路”项目文件夹，确认文件夹中有下列文件（见图2-4-17）。

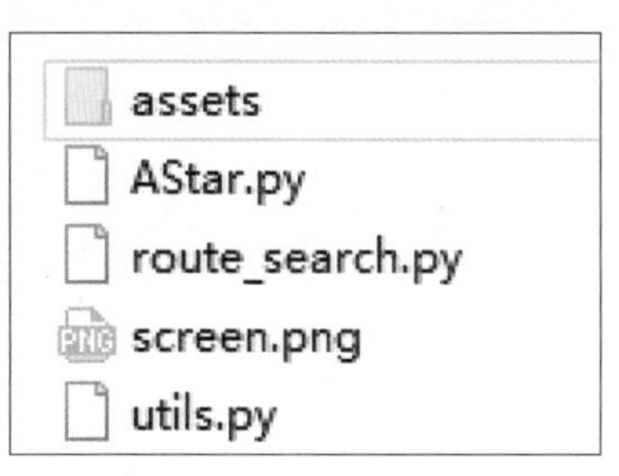


图2-4-17　“迷宫寻路”项目所需文件

其中，“assets”文件夹中有可视化本项目所需的图片材料。

为了最终能取得较好的可视化效果，项目中使用了Python的游戏编程第三方库pygame，请在编程前安装：按win键打开开始菜单，输入anaconda，右键单击“Anaconda Prompt（Anaconda3）”，选择“以管理员身份运行”，在弹出的窗口中输入pip install pygame，出现Successfully installed pygame-2.1.2，就表示安装成功了（见图2-4-18）。

图2-4-18　安装pygame

为了编程时更容易设定迷宫尺寸和入口、宝物、陷阱的位置等信息，可以在迷宫地图上建立一个坐标系。

如图2-4-19所示，在建立坐标系后，迷宫中的每一个房间的位置都可以用($x$, $y$)这样的一组坐标数字来表示，例如入口房间是(0, 6)，而宝物房间是(9, 0)。

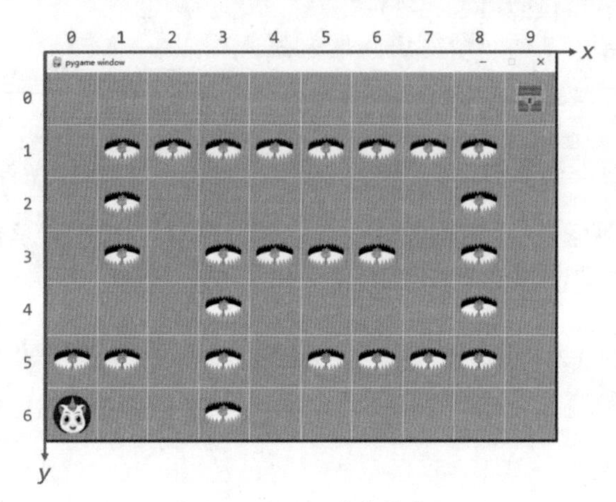


图2-4-19　迷宫坐标系

打开“AStar.py”程序文件，在程序中写好该迷宫的大小和各个位置信息，如程序2-4-1所示。

**程序 2-4-1**

```
map_size = (10, 7)  # 迷宫尺寸
entry = (0, 6)  # 入口位置
target = (9, 0)  # 宝物位置
# 所有陷阱的位置
traps = [(0, 5), (1, 1), (1, 2), (1, 3), (1, 5),
         (2, 1), (3, 1), (3, 3), (3, 4), (3, 5),
         (3, 6), (4, 1), (4, 3), (5, 1), (5, 3),
         (5, 5), (6, 1), (6, 3), (6, 5), (7, 1),
         (7, 5), (8, 1), (8, 2), (8, 3), (8, 4), (8, 5)]
```

接下来，按照前面梳理的A星搜索算法的思路，逐步地编写程序，如程序2-4-2所示。

**程序 2-4-2**

```
from utils import Node, neighbour_rooms, get_best_room
searched = []  # 已搜索房间
candidates = []  # 备选房间
#  先进入入口房间
room = Node(entry, target)  # 不断重复循环，直到搜索到宝物
```

```
while True:
    #  将当前房间添加到已搜索房间中
    searched.append(room)
    #  如果当前房间有宝物，则结束搜索
    if room.pos == target:
        break
    #  找到与当前房间相邻的所有既不在已搜索房间中，也不在备选房间中的无陷阱房间
    neighbours = neighbour_rooms(room, searched, candidates, map_size, target,
                                 traps)
    #  在这些房间和之前记录的备选房间中，找到并进入已走距离和预估距离之和最小的房间
    room = get_best_room(candidates, neighbours)
    #  将除了已进入房间的可选房间加入备选房间
    candidates += neighbours
    candidates.remove(room)
```

**编程小知识**

在Python编程中，使用while True:可以创建无限循环结构，它可以使后面所有缩进的程序语句不断重复运行。

在任意的循环结构中，使用break可以立刻结束循环。

所有列表中的数据都是按照顺序排列的，从头开始按0、1、2……的顺序编号。例如，a = [1, 3, 5]，则a[1]可得到第二个数据3。

列表在创建后可以自由地增加数据。例如，a = [1, 3, 5]，使用a.append(2)可以在列表的最后加上一个新数据2，使列表变为[1, 3, 5, 2]。又如，再使用a += [4, 6]，可以将另一个列表[4, 6]的数据都加入a的最后，使列表变为[1, 3, 5, 2, 4, 6]。

列表也可以删除其中的数据。例如，a = [1, 3, 5]，使用a.remove(3)可以删除其中的数据3，使列表变为[1, 5]。

结束搜索后，我们可以从最后到达的终点开始，反过来推算出从入口到宝物的最短路线，并依次打印路线中的房间位置，如程序2-4-3所示。

**程序2-4-3**

```
from utils import min_route
#  计算走过的最短路线
route = min_route(room)  #  打印路线中的每个房间的位置
for room in route:
    print(room.pos)
```

运行程序，得到如下结果。

```
(0, 6)
(1, 6)
(2, 6)
……
(8, 0)
(9, 0)
```

逐个与坐标图比对，和我们在上一小节中人工分析出的最佳路线完全一致！

为了能更清晰地看出路线，还可以利用Python编程的可视化工具，显示出迷宫的图像和走迷宫的过程。修改程序的最后一部分，如程序2-4-4所示。

**程序2-4-4**

```
from utils import min_route, Game
#  计算走过的最短路线
route = min_route(room)
#  可视化显示寻找到的路线
game = Game(map_size, entry, target, traps)
for room in route:
    game.run(room.pos)
```

运行程序，成功找到宝物的效果如图2-4-20所示！

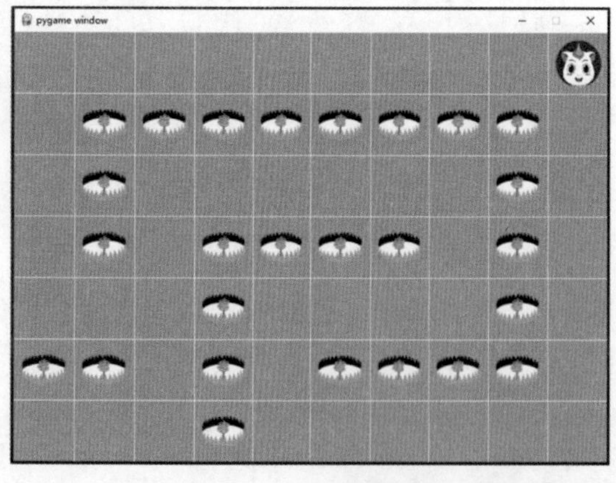


图2-4-20　找到宝物

试一试

尝试修改程序，用程序创建如图2-4-21所示的迷宫，并用A星搜索算法找到最短路线。

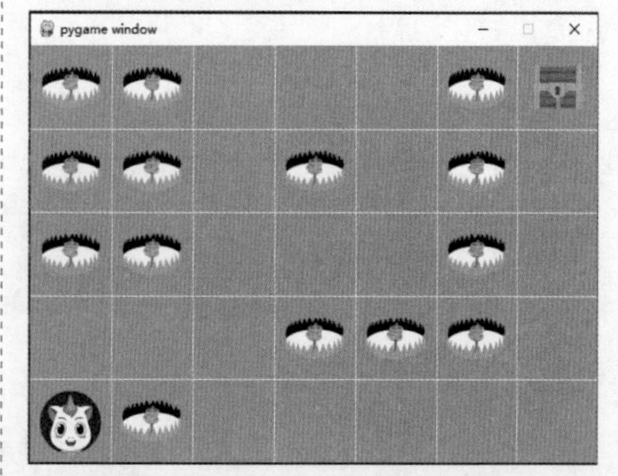


图2-4-21　改变陷阱位置

## 拓展阅读——启发式搜索算法的应用

不管是贪婪最佳优先搜索算法还是A星搜索算法，它们都是我们受探测器的启发而设计出来的，因此都属于启发式搜索算法。

启发式搜索算法在游戏领域常用于NPC（非玩家角色）的移动路线计算。例如，在经典游戏吃豆人中（见图2-4-22），怪物就是采用类似方法实时地搜索出与玩家位置之间的最短路线，并沿着路线追逐玩家的。

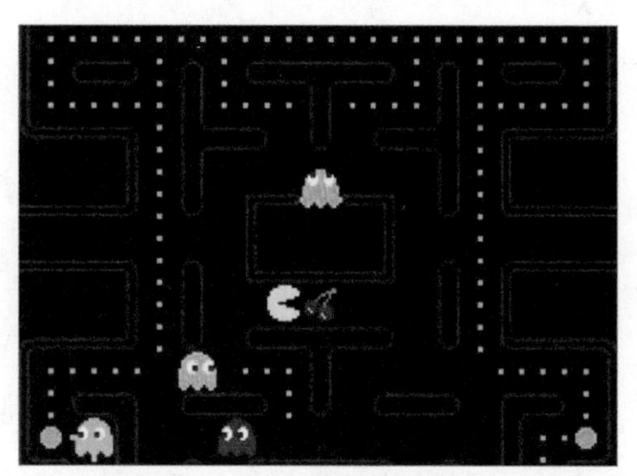

图2-4-22　经典游戏吃豆人

除了游戏这样的虚拟领域，基于启发式搜索算法的人工智能在现实场景中也能发挥重要的作用。例如，在导航系统中，我们只需要输入目的地，导航系统就能运用搜索算法，寻找出最短的路线。

还有，如图2-4-23所示，扫地机器人在电量不足时，会从当前位置搜索出距离充电器位置的最短路线，以便快速地回到充电口进行充电。

图2-4-23　扫地机器人“回家”模式

## 本节小结

◆ 搜索是符号主义人工智能解决问题的基本方法之一，而启发式搜索是一种在已知信息的引导下，提升搜索效率的方法，常被用于解决生活中的寻路问题。

◆ 贪婪最佳优先搜索算法是启发式搜索算法的一种，它的核心思想是每一步都选择当前判断的最优选项。该方法在解决较简单的问题时效率很高，但在复杂的问题上可能无法找到整个问题的最优解，还可能引起死循环而无法找到任何解。

◆ A星搜索算法（A*搜索算法）是另一种启发式搜索算法，它通过记录搜索的过程，确保能够处在最优的搜索路线上。A星搜索算法在效率较高的同时，保证一定可以找到问题的最优解。

## 章末思考与实践

1. 幻幻的朋友家中被盗，幻幻和小H前去调查。经过侦查，小H锁定了4名嫌疑人，并发现了如下 5条线索。

- 线索1：A与B中至少有1个人作案。
- 线索2：B与C中至少有1个人作案。
- 线索3：C与D中至少有1个人作案。
- 线索4：A与C中至少有1个人与此案无关。
- 线索5：B与D中至少有1个人与此案无关。

试着利用归结演绎推理，先将5条线索信息用符号表示，再从中找出A 、B 、C 、D中的盗窃犯。

2. 表2-4-1所示是某地区房屋面积与房屋总价的数据，请尝试运用第三节中介绍的方法，编写程序找出它们之间的关系，并预测出购买120m$^2$的房子需要花费多少钱。

表2-4-1　房屋面积与总价

| 房屋编号 | 房屋面积/m$^2$ | 房屋总价/万元 |
| --- | --- | --- |
| 1 | 45 | 154 |
| 2 | 60 | 255 |
| 3 | 73 | 200 |
| 4 | 85 | 220 |
| 5 | 55 | 134 |
| 6 | 65 | 230 |
| 7 | 92 | 253 |
| 8 | 122 | 310 |
| 9 | 107 | 298 |
| 10 | 130 | 340 |

提示：本例中，所有数据可以自己手动以列表的形式输入程序中，可以参考程序2-4-5。

**程序 2-4-5**

```
# x表示面积数据
x = [45, 60, 73, 85, 55, 65, 92, 122, 107, 130]
# y表示总价数据
y = [154, 255, 200, 220, 134, 230, 253, 310, 298, 340]
```

3. 在迷宫寻路问题中，如果我们没有可以探测宝物距离的探测器，你是否可以想到寻找宝物的策略呢？试着把你的想法记录下来，并描述为清晰的算法步骤！

4. 数据主义是近年来兴起的一种新思想，它认为整个宇宙都是由数据组成的。数据主义将包括人类在内的许多生物的行为也视为算法，并认为生物也和人工智能一样，可以看作由数据和算法组成，生命的意义就在于怎样设计算法，对生命中的数据进行处理。请说说你怎样看待数据主义的观念？人类与机器在处理问题时有什么不同？

# 第三章　会学习的人工智能

## 本章探讨的问题：

- 什么是感知机？它和人类神经细胞的关系是什么？
- 什么是权重？什么是激活函数？怎样确定权重的数值大小？
- 什么是机器学习？机器学习的主要策略是什么？
- 怎样运用感知机解决线性二分类问题？
- 什么是人工神经网络？它和感知机有什么不同？
- 怎样运用人工神经网络解决多分类问题？
- 计算机怎样存储和读取图像数据？
- 怎样运用人工神经网络进行图像识别？
- 什么是卷积神经网络？为什么它适合处理图像识别问题？
- 什么是深度学习？它与人工神经网络、人工智能、机器学习的关系是什么？

# 第一节　从神经细胞到感知机

## 3.1.1　感知机

科学研究表明，不同种类企鹅的喙（鸟嘴）的长度和厚度有所不同（见图 3-1-1）。

图3-1-1　企鹅的喙

为了搞清楚企鹅喙的长度、厚度与企鹅种类的关系，科学家测量了很多企鹅的喙长和喙厚。以图3-1-2中的两种企鹅为例，左侧是阿德利企鹅（Adelie Penguin），右侧是巴布亚企鹅（Gentoo Penguin）。

图3-1-2　阿德利企鹅（左）和巴布亚企鹅（右）

表3-1-1、表3-1-2所示分别是阿德利企鹅和巴布亚企鹅的数据，表格的第三列数字代表喙长，第四列的数字代表喙厚，单位都是毫米（mm）。

表3-1-1　阿德利企鹅数据

| species | island | culmen_length_mm | culmen_depth_mm |
|---|---|---|---|
| Adelie | Dream | 37.2 | 18.1 |
| Adelie | Dream | 39.5 | 17.8 |
| Adelie | Dream | 40.9 | 18.9 |
| Adelie | Dream | 36.4 | 17 |
| Adelie | Dream | 39.2 | 21.1 |
| Adelie | Dream | 38.8 | 20 |
| Adelie | Dream | 42.2 | 18.5 |
| Adelie | Dream | 37.6 | 19.3 |
| Adelie | Dream | 39.8 | 19.1 |
| Adelie | Dream | 36.5 | 18 |

表3-1-2　巴布亚企鹅数据

| species | island | culmen_length_mm | culmen_depth_mm |
|---|---|---|---|
| Gentoo | Biscoe | 48.2 | 15.6 |
| Gentoo | Biscoe | 46.5 | 14.8 |
| Gentoo | Biscoe | 46.4 | 15 |
| Gentoo | Biscoe | 48.6 | 16 |
| Gentoo | Biscoe | 47.5 | 14.2 |
| Gentoo | Biscoe | 51.1 | 16.3 |
| Gentoo | Biscoe | 45.2 | 13.8 |
| Gentoo | Biscoe | 45.2 | 16.4 |
| Gentoo | Biscoe | 49.1 | 14.5 |
| Gentoo | Biscoe | 52.5 | 15.6 |

想一想

观察表3-1-1、表3-1-2中的数据，你知道怎么根据喙长和喙厚区分阿德利企鹅和巴布亚企鹅吗？

仔细观察数据发现，阿德利企鹅的喙好像短一些、厚一些，但一下子也看不出来要“多短”“多厚”才是阿德利企鹅。

我们在第二章中了解到的人工智能系统都是按照人类设定好的策略（算法）来解决问题的，例如我们把垃圾的分类规则“教给”人工智能，它就能进行分类；我们“告诉”人工智能一种走迷宫的策略，它就能快速地找到走出迷宫的路线。

实际上，人工智能系统可以更高级，即使没有设定好的策略，它也可以通过学习，“自己”找出解决问题的方法。

要介绍人工智能系统的这个高级技能，得从几十年前的故事说起。在1950年前后，人工智能这个名词刚刚诞生，一部分科学家认为，要让机器拥有人类的智能，就应该从人类智慧的核心——神经系统中寻找灵感。而神经系统最基本的组成部分就是神经元细胞，也叫神经元。如图3-1-3所示，神经元可以分为细胞体、树突、轴突、突触等几部分。神经元的主要功能在于传递神经信号，人类眼睛看到物体、耳朵听到声音，大脑指挥身体运动，都离不开神经信号在神经元之间的传递。

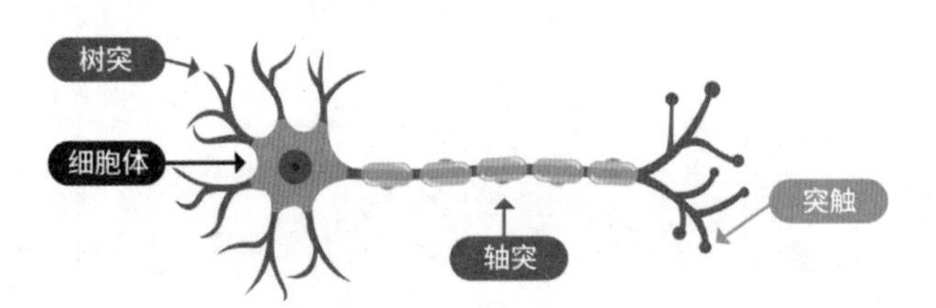


图3-1-3　神经元

如图3-1-4所示，神经元的细胞体可以对神经信号进行处理，处理后的神经信号经过轴突传递到突触，再通过大量的突触传递给其他相邻神经元的树突。

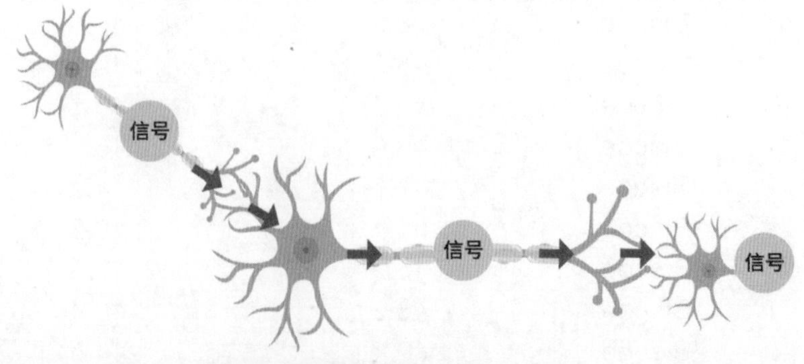


图3-1-4　神经信号的传递

对一个神经元来说，它可以同时接收多个突触传递来的神经信号，不同突触和树突的连接方式不同，传递信号的强度也不同。神经元的细胞体根据这些信号总的强度决定是否向其他神经元传递神经信号。

假设某神经元同时接收到3个信号（称为输入信号），信号传递的过程可以用图3-1-5表示。

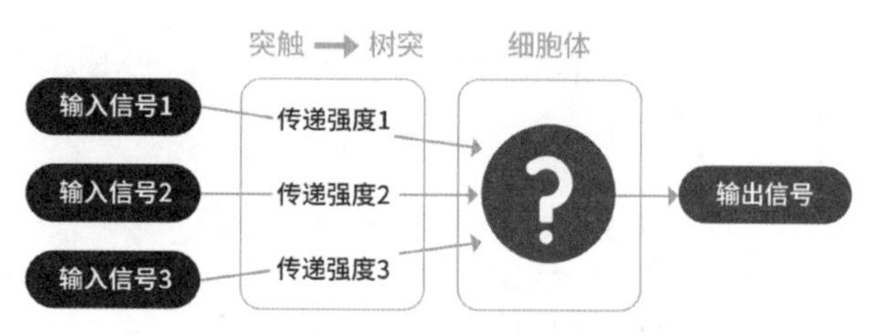


图3-1-5　信号传递的过程

对于计算机来说，它不可能像人类一样拥有真正的神经元，当然也就没有真正的神经信号。但我们可以让计算机模拟神经信号的传递过程。

以企鹅问题为例，企鹅的喙长和喙厚是输入信号，它们可以各自以一定的“强度”进行传递，我们根据最终接收到“总信号”的强度，确认神经信号的输出情况，区分企鹅的种类。

由于喙长、喙厚都是数字，这里的“传递强度”可以用两个数字分别乘以另一个数字来表示，我们把这个数字称为权重或权重参数。权重越小，相应的信号传递就越弱，反之则越强。

图3-1-6中“？”的部分代表细胞体，它的工作方式则可以这样简单理解：如果将两路“信号”加起来之后大于某个数值，那么就输出为A类别（阿德利企鹅），否则输出为B类别（巴布亚企鹅）。

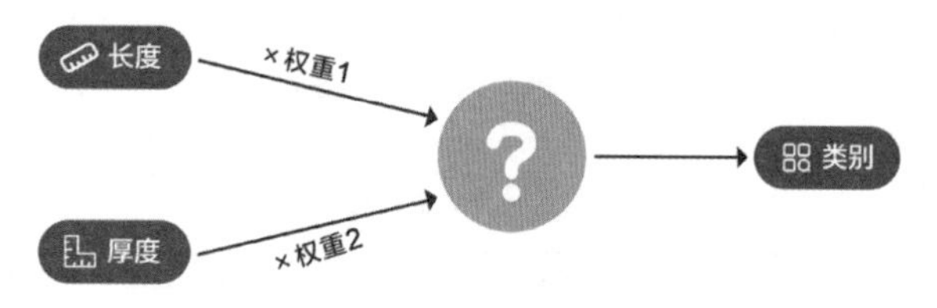


图3-1-6　模拟企鹅分类过程

假设我们把A类别的输出结果比作神经信号的“激活”，这里“？”部分的作用就是判断“细胞体”是否“激活”的信号，可称作激活函数。

如果我们用$x_1$代表喙长、$x_2$代表喙厚、$w_1$代表权重1、$w_2$代表权重2，则可以列出公式（3-1）：

$$y=\begin{cases}1, w_1x_1+w_2x_2>t\\-1, w_1x_1+w_2x_2<t\end{cases} \tag{3-1}$$

公式（3-1）中，$y$只有两种可能的结果：1或-1，其中1代表阿德利企鹅，-1代表巴布亚企鹅。我们还可以在公式的不等式中，把$t$移动到左边，用$b$代表$-t$，则可以改写为公式（3-2）：

$$y=\begin{cases}1, w_1x_1+w_2x_2+b>0 \\ -1, w_1x_1+w_2x_2+b<0\end{cases} \quad (3-2)$$

很显然，这里的数字$b$越大，则神经信号越容易被激活，我们把$b$称作偏置，它常常也被算作是权重的一种。

有了这个公式，我们的目的就很明确了：找到一组数字$w_1$、$w_2$和$b$，确保把所有阿德利企鹅的喙长和喙厚代入公式计算结果都大于0，而把巴布亚企鹅的数据代入公式计算结果都小于0。只要能成功找到公式中的参数$w_1$、$w_2$和$b$的值，对于任何一只新的企鹅，只要测量它的喙长和喙厚，再次用公式计算，就能预测出它的种类！

这种模拟人类神经元结构解决分类问题的思路被称作感知机（perceptron）。

## 3.1.2 感知机的程序实现——基于暴力搜索

**本节准备工作**

下载本章中的“企鹅分类”文件夹，确认文件夹中有如图3-1-7所示的文件。

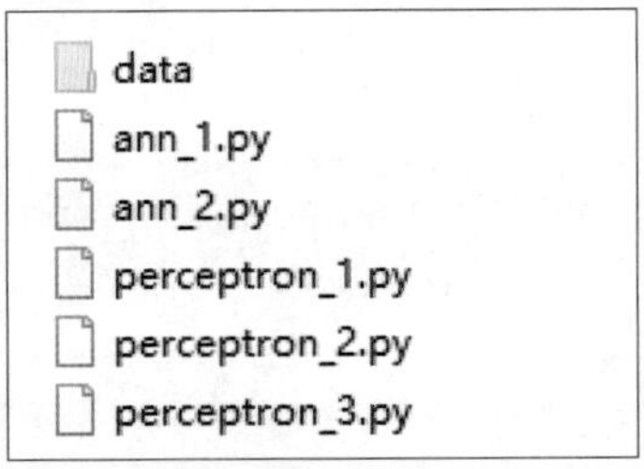

data
ann_1.py
ann_2.py
perceptron_1.py
perceptron_2.py
perceptron_3.py

图3-1-7 “企鹅分类”项目所需文件

其中，“data”文件夹中应有如图3-1-8所示的企鹅数据文件。

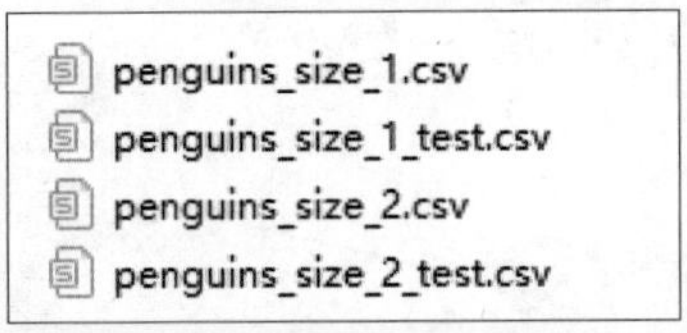

penguins_size_1.csv
penguins_size_1_test.csv
penguins_size_2.csv
penguins_size_2_test.csv

图3-1-8 企鹅数据文件

我们已经预先准备了121只阿德利企鹅、98只巴布亚企鹅的数据，并把它们保存在“data/penguins_size_1.csv”文件中，可以借助Python中的数据处理库Pandas快速地读取这种格式文件的数据。首先打开“perceptron_1.py”文件，写入程序3-1-1。

**程序3-1-1**

```
import pandas as pd
# 从数据文件中读取全部数据
```

```
data = pd.read_csv("data/penguins_size_1.csv")
# x1: 所有喙长的数据
x1 = data["culmen_length_mm"]
# x2: 所有喙高的数据
x2 = data["culmen_depth_mm"]
# x: 所有企鹅的种类，用1表示阿德利企鹅，-1表示巴布亚企鹅
y = data["species"].map({"Adelie": 1, "Gentoo": -1})
```

接下来，应当想办法让程序搜寻能对企鹅进行正确分类的数字组合$w_1$、$w_2$和$b$。在此之前，为了验证某组数字$w_1$、$w_2$和$b$是否能进行正确的分类，可以定义程序3-1-2所示的函数。

**程序 3-1-2**

```
y = data["species"].map({"Adelie": 1, "Gentoo": -1})
# 找到所有分错类别的企鹅
def get_errors(w1, w2, b):
    errors = []  # 记录所有错误分类的数据编号
    # 遍历所有的企鹅编号
    for i in range(len(y)):
        length = x1[i]  # 喙长
        depth = x2[i]  # 喙高
        class_ = y[i]  # 企鹅种类
        predict = length * w1 + depth * w2 + b  # 计算"激活信号"强度
        # 错误的情况有两种：信号值不大于0且实际的种类是1，信号值不小于0且实际的种类是-1
        if predict <= 0 and class_ == 1 or predict >= 0 and class_ == -1:
            errors.append(i)
    return errors
```

有了这个函数，我们可以按照程序3-1-3，先设定一个“暴力”的搜索策略：在一定范围内、以一定的间隔搜索全部的$w_1$、$w_2$和$b$的组合，直到能完全完成正确的分类。

**程序 3-1-3**

```
def search():
    import numpy as np
    # 在-5 ~ 5的数值范围内搜索w1、w2、b的所有组合，每步按0.1的间距搜索
    for w1 in np.arange(-5, 5, 0.1):
        for w2 in np.arange(-5, 5, 0.1):
            for b in np.arange(-5, 5, 0.1):
                # 如果错误分类的数量为0
                errors = get_errors(w1, w2, b)
```

```
            if len(errors) == 0:
                # 获取这组数值，保留1位小数，结束搜索
                return round(w1, 1), round(w2, 1), round(b, 1)
w1, w2, b = search()
print(w1, w2, b)
```

运行程序，经过些许的时间后得到了如下结果。

```
-2.1 4.9 4.5
```

这说明，当$w_1$是-2.1、$w_2$是4.9，$b$是4.5时，就能用前面的公式完成对两种企鹅的分类鉴别。

但暴力搜索有一个明显的问题：速度太慢。如果企鹅的数据更多或$w_1$、$w_2$、$b$的搜索数值范围更大，则不可能在短时间内完成任务。除了暴力搜索，还有没有更好的找寻权重数值的策略呢？

### 3.1.3 感知机的实现优化——更“聪明”的学习策略

人类在学习新技能时，往往能够从过去的“错误”经验中吸取教训，不断调整自己做事的方式，从而逐渐走上正确的、成功的道路，这就是试错学习法。例如，厨师研究如何做出美味的菜肴，就需要不断地尝试各色调味品的用量，从“不够好吃”的经验中逐渐调整，从而找到让食物更好吃的秘方。

**想一想**

在你的日常生活中，是否运用过这种试错学习法？你是怎样从错误中不断学习和成长的？

对人工智能来说，这可能也是一种好的策略。例如，在企鹅分类问题中，当我们尝试着用一组权重数值测试时，发现有一些企鹅的分类是错误的，就可以像厨师微调调味品的用量一样，让每个权重数值稍稍变化一点，使得新的计算结果更符合正确分类。

因此，依照这个策略，我们可以让程序每次随机地从某次测试的结果中找到一个错误分类数据，对参数值进行适当调整，让新的数据更可能对这只企鹅进行正确分类，依次不断进行，直到错误分类的数据数量为0。

现在，我们可以打开“perceptron_2.py”文件，先按照前一个程序的相同方式读取数据并设定好错误分类验证的函数，然后按照程序3-1-4重新编写搜索函数。

**程序3-1-4**

```
def search():
    import random
    w1, w2, b = 0, 0, 0  # 初始值设为0
```

```
    while True:
        errors = get_errors(w1, w2, b)  # 获取错误分类的企鹅编号
        if len(errors) == 0:  # 如果没有错误分类，则结束搜索
            return round(w1, 2), round(w2, 2), round(b, 2)
        i = random.choice(errors)  # 随机选择1个错误分类的企鹅编号i
        if y[i] > 0:
            w1 += 0.01 * x1[i]
            w2 += 0.01 * x2[i]
            b += 0.01
        else:
            w1 -= 0.01 * x1[i]
            w2 -= 0.01 * x2[i]
            b -= 0.01
w1, w2, b = search()
print(w1, w2, b)
```

我们根据一组数据看一下这个程序具体是怎么根据错误分类数据调整参数的。

当$w_1$ = -0.331 、$w_2$ = 0.95、$b$ = 0.03时，得到的错误数据编号列表errors为[133, 145, 175, 202, 208, 212]，随机选出其中一组数据：

Gentoo,Biscoe,44.4,17.3,219,5250,MALE

程序用$x_1$代表喙长，用$x_2$代表喙厚，用$y$代表企鹅种类。如果企鹅种类是阿德利企鹅，$y$的值为1；如果企鹅种类是巴布亚企鹅，$y$的值为-1。对于这组数据，$x_1$、$x_2$、$y$的值分别是44.4、17.3、-1，把$x_1$、$x_2$和参数值分别代入计算公式predict = $w_1x_1 + w_2x_2 + b$，计算出预测值为1.7686，根据公式（3-2），预测值$w_1x_1 + w_2x_2 + b > 0$时，$y$ = 1，对应阿德利企鹅，而正确预测结果应该是巴布亚企鹅。为了在这组数据上得到小于0的预测值，我们可以适当减小$w_1$、$w_2$和$b$的取值。

另外，在调整取值时，如果错误分类数据的$x_1$、$x_2$数值较大，则说明可能会“错得更多”，需要更多地调整$w_1$、$w_2$的数值。所以，我们可以采取如下调整策略。

$w_1$ -= 0.01 × $x1$

$w_2$ -= 0.01 × $x2$

$b$ -= 0.01

将$w_1$调低0.01 × $x_1$，$w_2$调低0.01 × $x_2$之后，再次计算预测值为-20.9479，预测值小于0，预测结果正确。

尝试运行程序，可以得到如下运行结果（由于有随机性，每次运行结果可能有所不同）。

```
-0.66 1.69 0.04
```

与上一个程序不同，这个程序的运行非常迅速！这说明我们成功找到了一种适合解决这类问题的策略。

这种根据随机找出的错误数据调整参数值，并且按照数值大小决定调整幅度的策略，称作随机梯度下降法（Stochastic Gradient Descent，SGD）。随机梯度下降法是一种让计算机程序不断试错，并自动地从错误经验中吸取教训、学习成长，快速寻找通向正确方向之路的经典方法。

因此，这类方法常被归类为“机器学习”方法，如图3-1-9所示，程序的学习过程被称为训练，而训练成果就是最终得到的权重数值组合，它们被称为模型。

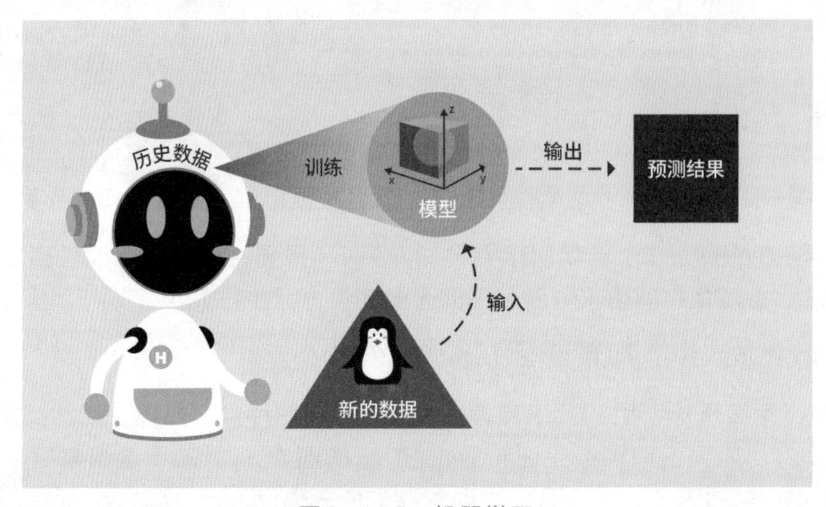


图3-1-9　机器学习

## 拓展阅读——机器学习的不同类型

在这个例子中，程序能从数据中学习的关键在于我们预先准备的数据已经标记好了所有企鹅喙的长度、厚度和企鹅种类的对应关系。这种学习依赖于人类预先采集的完整数据，被称为“监督学习”，它是最常见的机器学习类型。

有时，我们的数据并没有标记对应的关系（例如仅有一些企鹅喙的长度、厚度数据，但不知道每组数据对应的是什么企鹅），人工智能需要自行找出数据之间的分类关系，这种学习被称为“无监督学习”。

在现实问题中，监督学习需要耗费大量人力，无监督学习又很难有效进行，因此也常采用“半监督学习”，即标记好一部分数据，让人工智能自行对剩余的数据进行归类。

如果我们把喙的长度、厚度作为2个坐标轴，就可以将所有企鹅的数据点绘制在图3-1-10中。

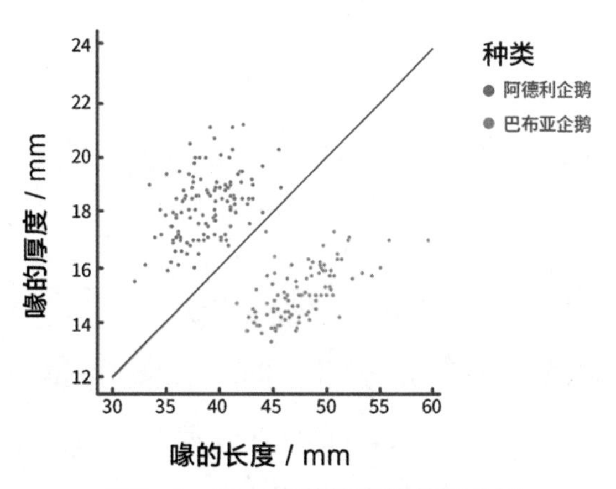


图3-1-10　企鹅的喙的数据分析

图3-1-10中的蓝色点代表阿德利企鹅，橙色点代表巴布亚企鹅。可以看出，我们此前所做的努力实际上就是为了找到这样的一条红色直线，将2种不同的数据分隔在线的两侧。

虽然现在的学习成果已经可以对我们准备好的200多只企鹅进行100%正确的分类了，但它是否真的能对其他的企鹅进行有效的分类呢？为了验证，我们额外准备了30只阿德利企鹅和25只巴布亚企鹅的数据，存放在文件“data/penguins_size_1_test.csv”中，编写程序3-1-5读取新的数据，试试看能否对这组数据进行正确的分类！

**程序3-1-5**

```
# 读取新的数据
data = pd.read_csv("data/penguins_size_1_test.csv")
x1_test = data["culmen_length_mm"]
x2_test = data["culmen_depth_mm"]
y_test = data["species"].map({"Adelie": 1, "Gentoo": -1})
errors = 0  # 错误计数
for i in range(len(y_test)):
    length = x1[i]  # 喙长度
    depth = x2[i]  # 喙厚度
    class_ = y[i]  # 企鹅种类
    predict = length * w1 + depth * w2 + b  # 信号强度
if predict <= 0 and class_ == 1 or predict >= 0 and class_ == -1:
    errors += 1
print(errors)
```

程序最终打印出错误分类的数量，而运行结果为0，说明完全没有错误！

## 本节小结

◆ 模仿人类神经元结构，利用对不同数据设置权重的方法，根据计算总和是否大于0，决定是否激活激活函数来解决分类问题的人工智能方法称为感知机（perceptron）。

◆ 用感知机解决问题的关键在于如何又快又好地找到一组合适的权重数值，从图像上看，就是要找到一条能区分2种不同类别数据的直线。

◆ 暴力搜索策略虽然看上去可行，但很可能因为计算时间过长而无法执行。

◆ 一种策略是机器学习：让计算机自动地从错误中吸取经验，快速学习，从而找到正确答案。

◆ 机器学习过程中，我们以降低分类错误率为目标，以随机梯度下降法为优化算法，成功地解决了企鹅分类的问题。

◆ 这个学习过程称为训练，训练的成果（一组权重数值）对新数据具备预测能力，称为表示输入和输出数据关系的模型。

◆ 整个学习过程，可以用图3-1-11所示的机器学习流程进行总结。

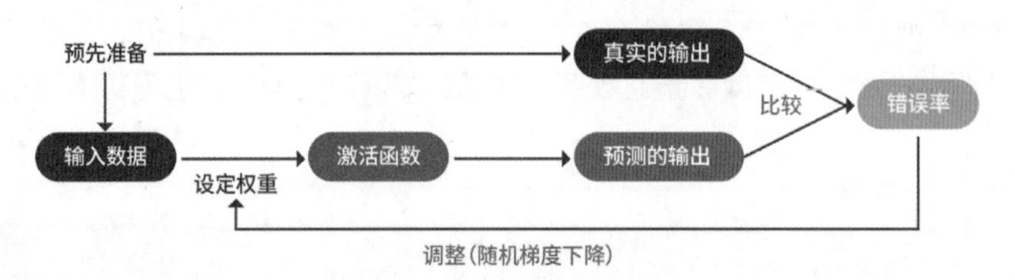


图3-1-11　机器学习流程

# 第二节　从感知机到神经网络

## 3.2.1　问题的困境与解决方案

### 本节准备工作

接下来的项目中使用了人工智能第三方库TensorFlow，请在编程前安装。

按Win键打开开始菜单，输入anaconda，右键单击“Anaconda Prompt（Anaconda3）”，选择“以管理员身份运行”。在弹出的窗口中输入pip install tensorflow==2.10.0，耐心等待安装（见图3-2-1）。

图3-2-1　安装TensorFlow

出现Successfully installed ……，就安装成功了（见图3-2-2）。

```
Successfully installed absl-py-1.2.0 astunparse-1.6.3 flatbuffers-22.9.24 gast-0.4.0 google-auth-oauthlib-0.4.6 google-pasta-0.2.0 keras-2.10.0 keras-preproc
essing-1.1.2 libclang-14.0.6 oauthlib-3.2.1 opt-einsum-3.3.0 requests-oauthlib-1.3.1 tensorboard-2.10.1 tensorboard-data-server-0.6.1 tensorboard-plugin-wit-
1.8.1 tensorflow-2.10.0 tensorflow-estimator-2.10.0 tensorflow-io-gcs-filesystem-0.27.0 termcolor-2.0.1

(base) C:\Users\HP>
```

图3-2-2　tensorflow安装成功

为了辨别新的企鹅种类，我们可以沿用上一节的方法，首先拿到一些帽带企鹅（Chinstrap Penguin，见图3-2-3）的数据（见表3-2-1）。

图3-2-3　帽带企鹅

表3-2-1　帽带企鹅数据

| species | island | culmen_length_mm | culmen_depth_mm |
|---|---|---|---|
| Chinstrap | Dream | 45.9 | 17.1 |
| Chinstrap | Dream | 50.5 | 19.6 |
| Chinstrap | Dream | 50.3 | 20 |
| Chinstrap | Dream | 58 | 17.8 |
| Chinstrap | Dream | 46.4 | 18.6 |
| Chinstrap | Dream | 49.2 | 18.2 |
| Chinstrap | Dream | 42.4 | 17.3 |
| Chinstrap | Dream | 48.5 | 17.5 |
| Chinstrap | Dream | 43.2 | 16.6 |
| Chinstrap | Dream | 50.6 | 19.4 |
| Chinstrap | Dream | 46.7 | 17.9 |
| Chinstrap | Dream | 52 | 19 |
| Chinstrap | Dream | 50.5 | 18.4 |

由于前面的方法只能对2种企鹅进行分类，我们先尝试对帽带企鹅和巴布亚企鹅这两种企鹅进行分类。在项目文件夹中，我们在“data/penguins_size_2.csv”文件中

增加了45只帽带企鹅的数据。打开程序文件“perceptron_3.py”，首先读取这个文件中的数据，读取时先排除不需要参与分类的阿德利企鹅，如程序3-2-1所示。

**程序 3-2-1**

```
import pandas as pd
# 从数据文件中读取全部数据，并先排除阿德利企鹅的数据
data = pd.read_csv("data/penguins_size_2.csv")
data = data[data["species"] != "Adelie"].reset_index()
x1 = data["culmen_length_mm"]
x2 = data["culmen_depth_mm"]
# 这里，用1表示新的帽带企鹅，-1表示巴布亚企鹅
y = data["species"].map({"Chinstrap": 1, "Gentoo": -1})
```

除了上面读取数据的部分，剩余的程序和上一节程序相同。尝试运行程序，结果发现，这个程序竟然一直无法结束！在程序运行过程中究竟发生了什么呢？为了搞清楚这件事，我们可以在搜索函数中，每次测试分类结果时，打印出错误分类的企鹅数量，如程序3-2-2所示。

**程序 3-2-2**

```
y = data["species"].map({"Chinstrap": 1, "Gentoo": -1})
# 找到所有分错类别的企鹅
def get_errors(w1, w2, b):...
def search():
    import random
    w1, w2, b = 0, 0, 0  # 初始值设为0
    while True:
        errors = get_errors(w1, w2, b)  # 获取错误分类的企鹅编号
        print(len(errors))  # 打印出错误分类的企鹅数量
        if len(errors) == 0:  # 如果没有错误分类，则结束搜索
            return round(w1, 2), round(w2, 2), round(b, 2)
        i = random.choice(errors)  # 随机选择1个错误分类的企鹅编号i
        if y[i] > 0:
            w1 += 0.01 * x1[i]
            w2 += 0.01 * x2[i]
            b += 0.01
        else:
            w1 -= 0.01 * x1[i]
            w2 -= 0.01 * x2[i]
            b -= 0.01
w1, w2, b = search()
print(w1, w2, b)
```

在运行结果中，可以看到程序不断地显示出忽大忽小的数字，但是始终无法达到0。这是为什么呢?

仿照此前的方法，还是将喙的长度和厚度作为2个坐标轴，用2种颜色的点将所有企鹅的数据画到图像中，可以得到如图3-2-4所示的分析结果。

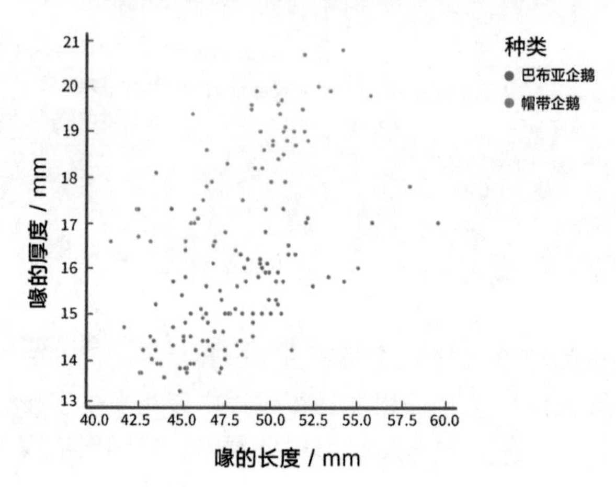


图3-2-4　企鹅的喙的数据分析

观察图3-2-4不难发现：在这个问题中，不存在一条能区分2个类别的直线！因此，无论“学习”花上多长时间，最终都不可能取得想要的结果！

在人工智能领域，我们将可以在图像上用直线进行区分的分类问题称为线性分类问题，将无法用直线进行区分的分类问题称为非线性分类问题。现实中，绝大多数复杂的分类问题是非线性分类问题。

那么，既然感知机对于非线性分类问题无能为力，还有没有其他方法呢?

就像从神经元中获得感知机的灵感，计算机科学家们把目光投向了人类的神经系统。在我们的身体里，神经元与神经元之间彼此联系在一起，组成了巨大的神经网络，信号的传递是在整个网络中进行的。神经信号在多个神经元之间的传递过程如图3-2-5所示。

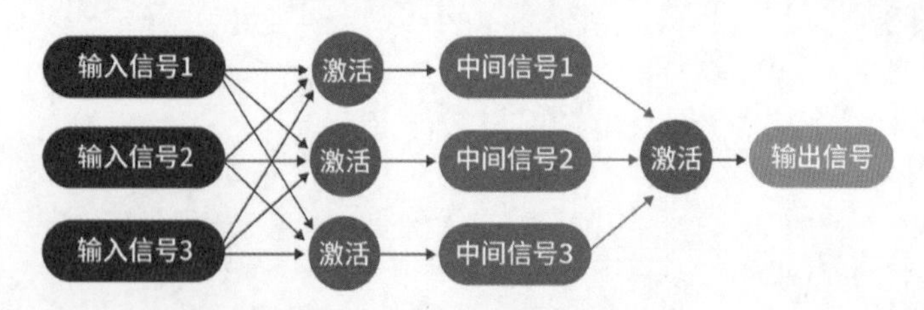


图3-2-5　人的神经网络

这是一个简单的神经网络结构，3组输入信号被分别传递到3个神经元中，得到激活后的3组新的信号（称为中间信号）。而这3组信号又作为输入信号被传递至1个新的神经元中，从而得到最终的输出信号。

在人工智能系统中，我们同样可以用数据的传递模拟出神经信号在神经网络中的传递过程（见图3-2-6）。

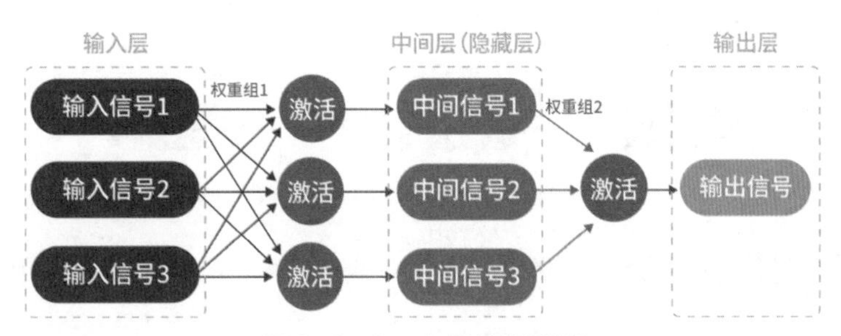


图3-2-6　人工神经网络

依照数据在传递过程中的先后顺序，可以划分为3个层次：输入层、中间层、输出层。而在具体问题中，我们通常只关心输入、输出数据之间的关系，过程中产生的中间数据并不是重点，因此中间层也可称为隐藏层。

在这个网络结构的层与层之间，可以通过多个权重参数和激活函数连接，它们决定了数据的传递和激活方式。而由于层与层之间连接的神经元数量不同，不同层连接的权重参数数量也可能不同。

这种用计算机模拟多组神经元分层连接构成网络的方法称为人工神经网络（Artificial Neural Network，ANN），在人工智能领域也可以简称为“神经网络”。人工神经网络由于神经元数量多，需要处理的数据量和训练时要调整的权重数量远远多于感知机。

## 拓展阅读——人工神经网络与解决非线性分类问题的其他机器学习方法

要解决非线性分类问题，除了可以使用人工神经网络，其实还有很多其他的解决策略，例如支持向量机（SVM）、K-近邻算法（KNN）等。

这些方法各自运用了不同的思路，但都能解决非线性分类问题，如图3-2-7所示，在问题的图像中寻找一条“曲线”，而不是直线进行类别的区分。

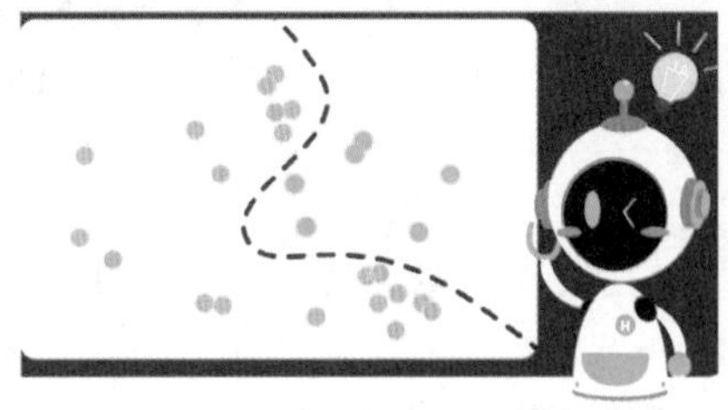

图3-2-7　用“曲线”分类

但是，相较于人工神经网络方法，SVM等方法往往还需要根据问题的不同对训练数据进行特定的变换和处理，这一过程称为特征工程（见图3-2-8）。同样使用SVM方法，不同问题的特征工程并不相同，需要依赖人类进行处理，耗费人力和时间，还与过去解决问题的经验有关，难以快速用于大量不同的新问题中。

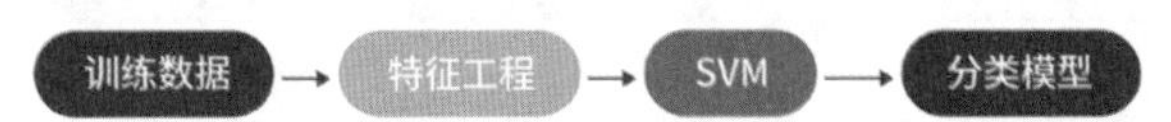


图3-2-8　用特征工程解决非线性分类问题

相比之下，人工神经网络只需要统一、简单地对训练数据进行一些预处理，就可以进行训练和学习，不需要进行复杂的分析，也不需要在特征工程上耗费额外的人力（见图3-2-9）。

训练数据 → 人工神经网络 → 分类模型

图3-2-9　用人工神经网络解决非线性分类问题

因此，人工神经网络被称为一种端到端的机器学习方法，几乎可以直接从原始数据中训练出模型。

## 3.2.2　运用人工神经网络完成分类

为了方便人工智能的研究者和学习者快速利用人工神经网络进行实验，计算机科学家把一些人工神经网络中常用的数学方法封装到了Python库中。

### 拓展阅读——与人工神经网络相关的开源库

人工神经网络是当代人工智能领域最重要的技术之一，无数新的人工智能项目都依赖人工神经网络的运算。因此，大量相关的研究者和从业者们开发了许多库，方便大家使用这一技术。作为一种前沿的技术，这些库大部分是开源的——可被所有人免费地获取和使用。其中较著名的库如下。

◆ Theano（见图3-2-10）

它是由蒙特利尔大学的研究者们最早于2007年开发的人工智能库，是早期人工神经网络运算相关的重要开源库，但随着大型科技公司介入这一领域，Theano的发展陷入了停滞。

theano

图3-2-10　Theano

◆ TensorFlow（见图3-2-11）

它是由谷歌大脑（Google Brain）团队开发的，并于2015年开源发布的人工智能库。功能全面、强大，在发布后的数年中成为行业内和研究领域使用率最高的库。

TensorFlow

图3-2-11　TensorFlow

◆ PyTorch（见图3-2-12）

它是由Facebook（脸书）旗下的人工智能研究实验室开发的，于2016年开源发布的人工智能库。PyTorch相较于TensorFlow，作为后起之秀，近年来受到了越来越多的关注，逐渐成为人工智能领域排名第一的选择。

PyTorch

图3-2-12　PyTorch

◆ Keras（见图3-2-13）

它是由谷歌工程师弗朗索瓦·肖莱（François Chollet）开发的人工智能增强库，最早于2015年开发，旨在进一步简化程序编写，打造“方便人类使用的人工智能”。Keras中提供了大量简单、易用的程序功能，但运算需要依赖TensorFlow或Theano等“底层”库作为“后端”的支持。

图3-2-13　Keras

◆ 飞桨（PaddlePaddle）（见图3-2-14）

它是由百度于2018年发布的开源人工智能框架库，除了能够进行人工智能相关的运算，还能提供相关的运算能力和技术支持，目前在中国相关领域市场占有率较高。

图3-2-14　百度PP飞桨

为了最快速地进行人工神经网络的实践，我们接下来使用TensorFlow + Keras的组合进行编程。Keras库要求我们将所有输入数据汇整在一起。此外，为了更好地进行分类，还可以用(1, 0)表示巴布亚企鹅，用(0, 1)表示帽带企鹅。这样，在“预测”一只新企鹅时，就可以用这2个数值依次表示企鹅是这2个种类的概率。

打开“ann_1.py”文件，首先编写数据的读取部分，如程序3-2-3所示，注意其中部分操作方式因Keras的特点发生了少许的变化。

**程序3-2-3**

```
import pandas as pd
from keras.utils import to_categorical
data = pd.read_csv("data/penguins_size_2.csv")
data = data[data["species"] != "Adelie"].reset_index()
# Keras中，需要将2组输入数据汇整到一起
x = data[["culmen_length_mm", "culmen_depth_mm"]]
# 数据y需要经过简单处理，变为以(1, 0)表示巴布亚企鹅，(0, 1)表示帽带企鹅
y = data["species"].map({"Gentoo": 0, "Chinstrap": 1})
y = to_categorical(y)
```

接下来，我们用Keras建立一个3层的神经网络（见程序3-2-4），中间层放置16个神经元。

**程序3-2-4**

```
from keras import models
from keras import layers
# 创建一个最基础的神经网络：神经网络逐层排列，信号仅按层的顺序依次传递
network = models.Sequential()
# 添加一个全连接的中间层（所有神经元接收所有信号），包含16个神经元
```

```
# 激活函数设定为relu函数，输入数据有2组
network.add(layers.Dense(16, activation='relu', input_shape=(2,)))
# 添加输出层，输出2组信号，分别表示是2种企鹅类别的可能性，激活函数为sigmoid函数
network.add(layers.Dense(2, activation='sigmoid'))
# 设置网络使用随机梯度下降法的优化方法：rmsprop方法，以降低分类误差作为目标，训练过程中观察分类准确率的变化
network.compile(optimizer='rmsprop',
                loss='binary_crossentropy', metrics=['accuracy'])
# 训练网络，持续150轮（即把所有数据都随机选取150次），每次随机选取32个数据以加速计算
network.fit(x, y, epochs=150, batch_size=32)
```

这个网络除了神经元数量较多，与简单的感知机模型相比主要还有以下区别。

激活函数根据层的不同选用了不同的激活方式；学习过程的策略在SGD基础上稍加优化，改为rmsprop方法。

这些区别都是为了让神经网络在训练过程中能够更好、更快地进行学习。

在程序中，我们需要设定训练的时长。通常，所有数据每被测试一遍，就称为训练了一个轮次（epoch）。上面的程序的轮次设定为150轮。运行程序，经过150轮的学习和计算，我们的神经网络成功地在这组数据上得到了90%以上的准确率。

```
Epoch 1/150
5/5 [==============================] - 0s 13ms/step - loss: 3.0061 - accuracy:
0.6447
Epoch 2/150
5/5 [==============================] - 0s 6ms/step - loss: 2.1434 - accuracy:
0.6447
......
Epoch 149/150
5/5 [==============================] - 0s 5ms/step - loss: 0.3038 - accuracy:
0.9276
Epoch 150/150
5/5 [==============================] - 0s 6ms/step - loss: 0.2934 - accuracy:
0.9342
```

但是，这个准确率只反映我们的模型在这100多只企鹅上的分类成功率，它对于从未见过的企鹅群又会有怎样的表现呢？我们另外准备了一些帽带企鹅的数据，加上第三章第一节中已经使用过的用于验证的数据（即文件“data/penguins_size_2_test.csv”中的数据）。

接着，我们编写程序3-2-5，尝试测试模型在这些数据上的分类表现。

**程序 3-2-5**

```
network.fit(x, y, epochs=150, batch_size=32)
# 读取新的企鹅数据
test_data = pd.read_csv("data/penguins_size_2_test.csv")
test_data = test_data[test_data["species"] != "Adelie"].reset_index()
x_test = test_data[["culmen_length_mm", "culmen_depth_mm"]]
y_test = test_data["species"].map({"Gentoo": 0, "Chinstrap": 1})
y_test = to_categorical(y_test)
# 打印出在这组数据上的总体预测准确率
print(network.evaluate(x_test, y_test)[1])
```

运行结果如下。

```
2/2 [==============================] - 0s 20ms/step - loss: 0.2205 - accuracy:
0.9744
0.9743589758872986
```

这个结果说明，我们的神经网络在新的数据上也做到了97.4%的分类准确率，也就是在39只新企鹅中仅有1只分类错误。

运用神经网络解决问题时，通常将作为模型训练基础、人工智能学习依据的数据称为训练数据，随着模型的学习训练，它应当有能力在这些数据上取得很好的表现。

但是，我们让人工智能模型学习的目的并不是为了在训练数据上表现完美，而是需要让它获得一种在新的数据上也能进行良好预测的能力，这种能力被称为泛化能力（见图3-2-15）。为了衡量泛化能力的强弱，在训练结束后应当再准备一些新数据进行验证，这些数据可被称为测试数据。人工智能模型只有在测试数据上表现优秀，才能说明它是好的人工智能模型。

图3-2-15　泛化能力

这件事其实并不难理解。例如，在学习数学时，我们会在平时做很多练习题，来巩固学过的数学知识，只要学习足够努力，大多数同学可以将做过的旧练习题做对。但是，会做旧练习题本身并不是进行练习的目的，我们的目的是能在考试中解答出此前没有见

过的新题目，在生活中解决没有遇到过的新问题，只有这样才能说明我们学习的数学知识具备了泛化能力。

现在，我们在新的企鹅分类问题上已经得到了一个具备一定泛化能力的模型，假如在企鹅馆中遇到了一只新企鹅，要怎样利用模型来预测它的类别呢？以这只企鹅的喙的长度为50mm、厚度为20mm为例，可编写程序3-2-6进行预测。

**程序 3-2-6**

```
network.fit(x, y, epochs=150, batch_size=32)
print(network.predict([(50, 20)]))
```

可得到运行结果。

```
1/1 [==============================] - 0s 30ms/step
[[0.09747943 0.8933483]]
```

这个结果说明，它有89.3%的可能性是帽带企鹅。

### 3.2.3 运用人工神经网络进行多分类

尽管不是100%准确，但人工神经网络看上去的确有能力以很高的准确率解决非线性分类问题。不过，现在的程序还只能对巴布亚企鹅和帽带企鹅进行分类，如果企鹅馆中同时有3种不同的企鹅，我们还需要针对阿德利企鹅和帽带企鹅再次训练一个分类的模型，并将每只企鹅的数据放进所有模型中，才能判断企鹅更可能是哪个种类。

其实，在神经网络中，最终的输出数据可以不只有1 ~ 2个，我们可以简单设计一个神经网络输出3个数据，一次性对3种企鹅种类进行分类！

打开程序文件“ann_2.py”，重新读取数据，这次不再需要预先排除阿德利企鹅。并且，由于类别变为3个，我们可以用(1, 0, 0)，(0, 1, 0)，(0, 0, 1)分别表示巴布亚企鹅、帽带企鹅、阿德利企鹅（见程序3-2-7）。

**程序 3-2-7**

```
import pandas as pd
from keras.utils import to_categorical
data = pd.read_csv("data/penguins_size_2.csv")
x = data[["culmen_length_mm", "culmen_depth_mm"]]
# 增加阿德利企鹅，并转换为用3个0或1的数字表示类别
y = data["species"].map({"Gentoo": 0, "Chinstrap": 1, "Adelie": 2})
y = to_categorical(y)
```

继续编写程序3-2-8，创建一个新的神经网络结构，与前一个网络的结构几乎相同，仅输出部分略有差异。

**程序 3-2-8**

```
y = to_categorical(y)
from keras import models
from keras import layers
network = models.Sequential()
network.add(layers.Dense(16, activation='relu', input_shape=(2,)))
# 输出数据为3组，依次表示3种企鹅种类的概率，多分类问题的激活函数稍有不同
network.add(layers.Dense(3, activation='softmax'))
# 多分类的误差计算方式稍有不同
network.compile(optimizer='rmsprop',
                loss='categorical_crossentropy', metrics=['accuracy'])
network.fit(x, y, epochs=150, batch_size=32)
```

经过又一个150轮的学习和计算，最终得到了以下结果。

```
……
Epoch 148/150
9/9 [==============================] - 0s 6ms/step - loss: 0.1943 - accuracy:
0.9487
Epoch 149/150
9/9 [==============================] - 0s 6ms/step - loss: 0.1933 - accuracy:
0.9414
Epoch 150/150
9/9 [==============================] - 0s 7ms/step - loss: 0.1966 - accuracy:
0.9377
```

模型在训练数据上的分类准确率能达到94% ~ 95%。不过，为了验证模型效果，我们仍然要编写程序3-2-9引入测试数据。

**程序 3-2-9**

```
network.fit(x, y, epochs=150, batch_size=32)
test_data = pd.read_csv("data/penguins_size_2_test.csv")
x_test = test_data[["culmen_length_mm", "culmen_depth_mm"]]
y_test = test_data["species"].map({"Gentoo": 0, "Chinstrap": 1, "Adelie": 2})
y_test = to_categorical(y_test)
print(network.evaluate(x_test, y_test)[1])
```

验证结果如下。

```
3/3 [==============================] - 0s 9ms/step - loss: 0.1313 - accuracy:
1.0000
1.0
```

模型在测试数据（69只企鹅）中做到了100%的分类准确率（实际上由于算法存在随机性，并不一定每次都能达到100%）。

对于前面提到的那只喙的长度为50mm、厚度为20mm的企鹅，用这个模型可以直接通过程序3-2-10在3个类别中给出预测。

**程序 3-2-10**

```
print(network.evaluate(x_test, y_test)[1])
print(network.predict([(50, 20)]))
```

结果如下。

```
1/1 [==============================] - 0s 30ms/step
[[0.01235969 0.719764  0.26787636]]
```

这说明，它是帽带企鹅的可能性最大，达到72%，其次是阿德利企鹅，有26.8%的可能性，而它是巴布亚企鹅的概率只有1.2%。

### 拓展阅读——损失值、损失函数与反向传播

在前面的程序中，我们每次设定好神经网络的结构后，会使用network.fit(x, y, epochs, batch_size)函数训练人工智能模型。其中，epochs代表训练的轮次，batch_size代表每次随机选择的数据数量。那么，在训练过程中，它是怎样保证学习得越来越好，分类准确率越来越高的呢？

这就需要对网络设置函数network.compile()进行简单的分析。我们已经知道，这个函数的参数optimizer代表网络的学习方法，常用的rmsprop方法是随机梯度下降法（SGD）的进一步优化；metrics则代表训练过程中要关注的信息，accuracy表示准确率；最后还有一个loss表示的究竟是什么呢？

如果观察仔细，我们应当可以发现，在二分类和多分类问题中，loss中写入的东西是不同的，每次运行程序后，除了会显示每一轮结束后分类的准确率，还会显示loss的数值。

其实，loss代表的是损失值，它表示我们的模型目前在训练数据上预测的结果和真实结果之间的差距。因此，这个损失值越小越好。

为了综合考虑分类预测的误差，而不是仅仅考虑准确率，可以用交叉熵误差进行计算。对二分类问题，计算方法名为“binary_crossentropy”，在多分类（超过2个类别）问题中，名为“categorical_crossentropy”，这也是network.compile()函数的参数loss需要设定的内容。

为了使损失值随着训练不断下降，我们可以对所有权重参数分别进行增加或减少的调整，每完成一次神经网络的预测，选择能使损失值下降的调整方法。但是，这种计算方式过于烦琐，需要耗费大量计算机运算时间。

在这个问题上，计算机科学家在1970年设计了反向传播（Back-Propagation，BP）算法。如果将神经网络从输入到输出的传递方向称为正向或前向，那么从输出到输入就称为反向。反向传播算法正是从输出部分开始，逆向逐层更新权重数值，整个更新过程只需要对网络反向传播一次，不再需要大量重复进行前向传播，使得短时间内完成神经网络的训练成为了可能。

## 本节小结

◆ 人工神经网络是一种模拟人类神经网络信号在多个神经元间传递过程的人工智能方法，简称神经网络。

◆ 根据数据的层次关系，神经网络中的数据常分为输入层、中间层（或隐藏层）、输出层。

◆ 相比于仅模拟单个神经元的感知机，神经网络能够处理复杂的非线性分类问题。

◆ 神经网络模型中的权重数量很多，因此它的计算量较大，可使用Keras等库加快计算速度，简化程序编写。

◆ 使用神经网络，不仅可以解决二分类问题，还能一次性解决多分类问题。

◆ 根据问题的不同，可以采用不同的方式计算预测误差，使用不同的机器学习优化算法，在层与层之间运用不同的激活函数，能够更快、更好地训练出模型。

◆ 运用神经网络解决问题时，注意必须区分好训练数据和测试数据。

◆ 神经网络从训练数据中学习，但我们的目标是提高它在未学习过的测试数据上的预测准确率，这样才能说明学习成果是有用的，具备泛化能力。

◆ 神经网络的训练目标是得到一个包含大量权重（参数）数据的模型。

# 第三节　运用神经网络进行简单的图像识别

## 3.3.1　纯黑白图像和灰度图像的数据特点

人工智能百战百胜的秘诀是可以准确、快速地识别我们出拳的手势，并在我们的眼睛和头脑还没反应过来时快速给出能获胜的手势。要做到这件事，最关键的一步是让人工智能具备对3种不同手势进行识别和分类的能力。

在前两个小节中，人工智能根据企鹅喙的长度和厚度对企鹅进行了分类。在这个问题中，长度和厚度都是用数字来描述的，它们很显然都是计算机适合处理的数据，能够使用它们进行神经网络的训练。

但是，人工智能或计算机要观察人类的手势，只能通过摄像头给我们的手拍照，得到一张手的图片。那么，一张照片或图片，在计算机看来是怎样的呢？

以图3-3-1这张最简单的黑白图片为例，计算机要表示这张图片，只需要如图3-3-2所示用数字1代表白色，数字0代表黑色就可以了。

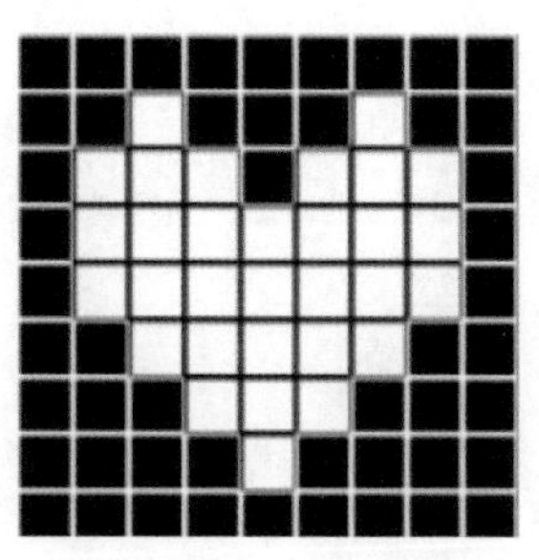

图3-3-1　黑白图片

```
0 0 0 0 0 0 0 0 0
0 0 1 0 0 0 1 0 0
0 1 1 1 0 1 1 1 0
0 1 1 1 1 1 1 1 0
0 1 1 1 1 1 1 1 0
0 0 1 1 1 1 1 0 0
0 0 0 1 1 1 0 0 0
0 0 0 0 1 0 0 0 0
0 0 0 0 0 0 0 0 0
```

图3-3-2　计算机眼中的图片

这样，计算机就用一组1和0的数字成功表示了一张黑白图像。在这个例子中，我们把图像拆分为多个小方块区域(例如图3-3-1中有9×9，共81个小区域)，可称作像素，然后在每个像素区域用一个数字表示黑（0）或白（1）。

对于稍微复杂一些的图像（见图3-3-3）来说，它不仅有纯黑、纯白，还有深浅的区别，这种图像称为灰度图像。这里的灰度表示黑、白的程度。计算机常用0 ~ 255的数字表示灰度，数字越大越白，越小则越黑。

图3-3-3　灰度图像

因此，在计算机看来，一张灰度图像也是数据，只不过这种数据由多个表示灰度的数字组合而成。相比于前面企鹅喙的长度和厚度，图像数据依然是一些数字，只不过数字的数量会多一些。

## 3.3.2 训练识别“石头剪刀布”的神经网络模型

**本节准备工作**

下载本章中的“石头剪刀布”文件夹，确认文件夹中有图3-3-4所示的文件。

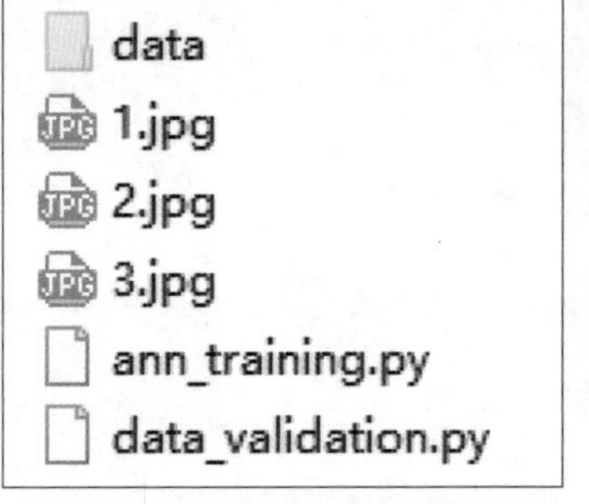


图3-3-4 “石头剪刀布”项目所需文件

其中，“data”文件夹中有“train_images”和“test_images”两个文件夹，分别按照石头（rock）、剪刀（scissor）、布（paper）分为3类，整理出了上千张手势的图片。

接下来的项目中使用了计算机视觉第三方库OpenCV，请在编程前安装。

按Win键打开开始菜单，输入anaconda，右键单击“Anaconda Prompt(Anaconda3)”，选择“以管理员身份运行”。在弹出的窗口中输入pip install opencv-python==4.6.0.66，耐心等待安装。

出现Successfully installed opencv-python-4.6.0.66，就安装成功了（见图3-3-5）。

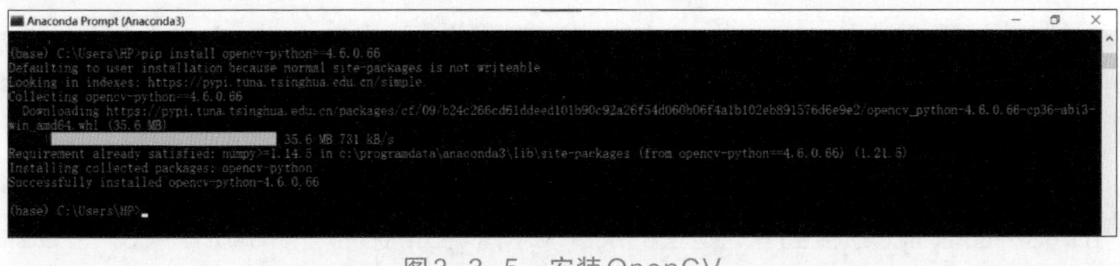


图3-3-5 安装OpenCV

为了让人工智能模型能够识别石头、剪刀、布这些手势图像的特点，我们收集了406张石头、422张剪刀、431张布的灰度图像，分门别类地存放在“data/train_iamges”文件夹中。

图3-3-6 是文件夹中3张典型的手势图像，这些图像中手的角度、大小都略有不同，但都用白色表示皮肤的区域，黑色表示图像中的其他部分。每张图片都有240 × 195 = 46800个像素。

图3-3-6　石头、剪刀、布手势的灰度图像

在文件夹中，所有“石头”的图片在名为“rock”的子文件夹中；所有“剪刀”的图片在名为“scissor”的子文件夹中；所有“布”的图片在名为“paper”的子文件夹中。

在企鹅案例中，每只企鹅有喙的长度和厚度2个数据。而在石头、剪刀、布识别中，每张图像都有46800个数据。为了方便神经网络进行计算，我们可以先创建一个函数，一次性地读取文件夹中全部图像的数据和类别，并将它们存储好。

打开“ann_training.py”程序文件，写入程序3-3-1。

**程序3-3-1**

```
import os
import numpy as np
from keras.utils import load_img, img_to_array, to_categorical
# 将3个类别的文件夹名字与数字0~2对应
classes = {"rock": 0, "scissor": 1, "paper": 2}
# 获取数据函数，参数分别表示图像文件的存储位置和类别对应关系
def get_data(root_path, classes):
    # 建立存储2组数据的容器，分别表示所有图像数据和它们对应的类别
    images, labels = [], []
    # 依次获取3个文件夹名称
    for c in classes:
        # 找到文件夹中的所有图片文件
        for file in os.listdir(os.path.join(root_path, c)):
            # 按照灰度图像模式载入文件中的数据并存储起来
            img = load_img(os.path.join(root_path, c, file),
                                                color_mode="grayscale")
            img = img_to_array(img)
            images.append(img)
            # 将表示图像类别的数字存储到列表labels中。
            labels.append(classes[c])
    # 将数据按照一组46800个数字的方式来存储
    images = np.array(images).reshape(len(images), 240 * 195)
    images = images / 255  # 将0~255的整数转换为0~1的小数
    # 转换类别的表示方法，(1, 0, 0)为石头，(0, 1, 0)为剪刀，(0,0, 1)为布
    labels = to_categorical(labels)
    return images, labels
```

这个处理过程看似比较复杂，总结起来主要是做了这么几件事。

◆ 找到文件夹中的所有图片文件，同时获得图像数据和类别信息，将它们分别放入2个容器中，作为本例的输入和输出数据。

◆ 图像数据读取后，将每张图像的数据都以一组46800个数字的方式来存储。

◆ 把每个数字除以255，这样原来用0 ~ 255的整数代表灰度，现在用0 ~ 1的小数代表灰度。这个操作技巧在神经网络中被称为归一化，它可以让神经网络的学习过程更加顺利。

◆ 用3个1或0的数字组合代表3个类别，3个数字依次代表石头、剪刀、布的概率。

运用这个函数，编写程序3-3-2，快速地从文件夹中读取文件中全部的图像数据，并同时获取每张图片对应的类别数据。

**程序 3-3-2**

```
    return images, labels
train_path = "data/train_images"  # 设定图像文件夹的位置
train_images, train_labels = get_data(train_path, classes)  # 获取数据
```

有了数据，下一步就是用Keras创建神经网络的结构，如程序3-3-3所示。

**程序 3-3-3**

```
train_images, train_labels = get_data(train_path, classes)  # 获取数据
from keras import models
from keras import layers
network = models.Sequential()  # 创建网络模型
# 建立隐藏层，注意每个数据都有240×195 = 46800个数字
network.add(layers.Dense(512, activation="relu", input_shape=(240 * 195,)))
# 建立输出层，分为3个类别
network.add(layers.Dense(3, activation="softmax"))
# 配置模型，设置学习方法和计算误差的方法
network.compile(optimizer='rmsprop', loss='categorical_crossentropy',
                metrics=['accuracy'])
# 开始训练模型，持续50轮次，每次随机选择32组数据
network.fit(train_images, train_labels, epochs=50, batch_size=32)
```

相比于上一节，由于数据的数量明显增加，我们在隐藏层设置了512个神经元。尝试运行程序，稍微花了一点时间后，得到了下面的结果。

```
……
Epoch 49/50
40/40 [==============================] - 2s 52ms/step - loss: 0.0000e+00 -
```

```
accuracy: 1.0000
Epoch 50/50
40/40 [==============================] - 2s 52ms/step - loss: 0.0000e+00 -
accuracy: 1.0000
```

100%的准确率，简直完美。但是，如同上一节所说，只有这个模型在没有见过的图片上也能有强大的表现才能说明它真的很优秀。

为了做泛化能力的验证，我们在“data/test_images”文件夹中另外准备了102张石头、105张剪刀、108张布的灰度图片。编写程序3-3-4载入这些图片，评估测试模型在其中的表现。

**程序3-3-4**

```
network.fit(train_images, train_labels, epochs=50, batch_size=32)
# 读取用于测试模型预测能力的数据
test_path = "data/test_images"
test_images, test_labels = get_data(test_path, classes)
# 评估模型在测试数据上的表现
print(network.evaluate(test_images, test_labels)[1])
```

运行程序，结果如下。

```
10/10 [==============================] - 0s 17ms/step - loss: 1.2973 -
accuracy: 0.9175
0.9174603223800659
```

这说明，在300多张测试数据图片中，模型的分类成功率同样能够达到90%以上！

## 3.3.3 更好的模型

为什么模型在训练数据上能够达到100%的准确率，但在测试数据上却只有90%呢？这10%左右的差距到底为什么产生？是不是我们训练的时间（50轮次）还不够长呢？

为了搞清楚这个问题，我们通过编写程序3-3-5，让模型在训练过程中每一轮次结束后都验证它在测试数据上的效果。修改network.fit()函数的设置，增加一个名为validation_data的参数，设定为测试数据。

**程序3-3-5**

```
# 开始训练模型，持续50轮次，每次随机选择32组数据
# network.fit(train_images, train_labels, epochs=50, batch_size=32)
# 读取用于测试模型预测能力的数据
test_path = "data/test_images"
test_images, test_labels = get_data(test_path, classes)
```

```
# 训练网络，每轮都进行测试数据的验证
network.fit(train_images, train_labels, epochs=50,
            batch_size=32, validation_data=(test_images, test_labels))
# 评估模型在测试数据上的表现
# print(network.evaluate(test_images, test_labels)[1])
```

程序的运行结果如下。

```
......
Epoch 49/50
40/40 [==============================] - 2s 55ms/step - loss: 0.0000e+00 -
accuracy: 1.0000 - val_loss: 1.1907 - val_accuracy: 0.9238
Epoch 50/50
40/40 [==============================] - 2s 56ms/step - loss: 0.0000e+00 -
accuracy: 1.0000 - val_loss: 1.1892 - val_accuracy: 0.9238
```

这一次的运行过程除了能够记录每一轮次在训练数据上的准确率，还额外在“val_accuracy”里记录了在测试数据上的准确率。

为了更加直观地看出变化的规律，我们试着将每一轮模型在训练数据和测试数据上的预测准确率汇总起来，绘制成折线图，如图3-3-7所示。

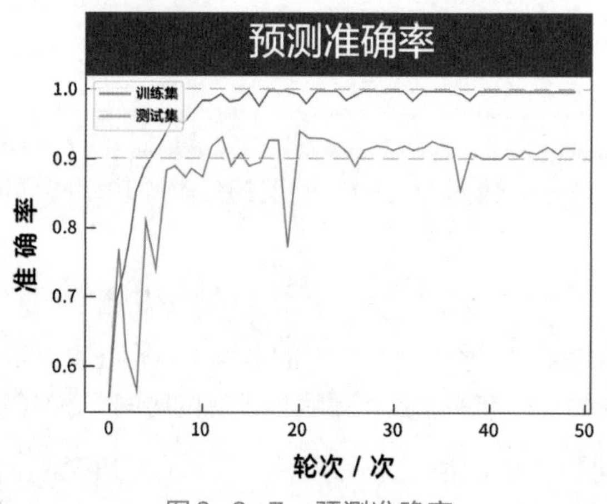


图3-3-7　预测准确率

图3-3-7中的蓝色线条代表训练数据准确率的变化，橙色线条则代表测试数据准确率的变化。仔细观察这张图，可以得到以下结论。

◆ 在训练数据上，准确率越来越高，在15 ~ 25轮次就能达到100%左右。

◆ 在测试数据上，准确率一开始可以快速提高，但在15 ~ 25轮次达到90%左右后，就无法继续提高了，后续甚至还略有下降。

在这个案例，以及大部分神经网络的训练过程中，随着训练轮次的增加，模型会越

来越贴近训练数据，也可称作是拟合得越来越好。但是，上面的分析表明，这种好很可能只是一种假象。

我们训练模型的目的是从已知到未知，通过获得泛化能力来更好地预测新的数据。因此，无论在训练数据上表现得多么的好，如果在测试数据上的表现不好，那很显然就没有意义了。

这个现象很容易理解，例如我们在学习写作文时，如果只是机械地对各种不同的作文主题的范文背得滚瓜烂熟、一字不差，当碰到新的主题时，不一定就能写出好的文章。要取得最好的效果，应该适当地背一些关键的内容，找到范文的共同特点，将这些经验吸收为自己的东西。

分析模型的整个训练过程，如果训练轮次太少，模型显然还很稚嫩，无论在训练数据还是测试数据上，表现都很一般，此时模型的状态称为欠拟合；如果训练轮次太多，也可能导致泛化能力不升反降，就称为过拟合。为了得到更好的模型，我们要做的关键工作就是找到两者之间的平衡点，使训练量既不过少，也不过多（见图3-3-8）。

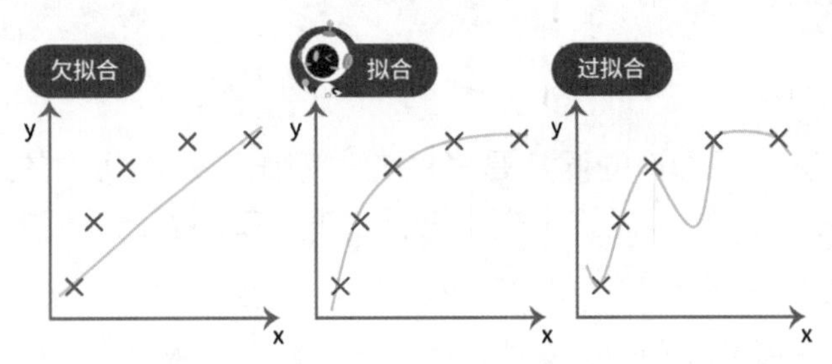


图3-3-8　欠拟合、拟合和过拟合

在运用神经网络解决问题的过程中，不仅训练的轮次多少对成果好坏影响很大，网络的层次结构、每一层神经元的数量、使用的激活函数等，也可能影响模型的效果。但是，这些数据的设定往往没有一个规范的标准，而是要依赖我们过去的经验，在不同类型的问题上有不同的倾向，或是像我们刚才确定训练轮次那样，不断改变数值，在多次训练后通过验证分析好坏。

不同于神经网络训练过程中自动调整的权重参数，训练轮次、神经元数量等这些超越训练过程本身，但又可能影响训练效果的参数被称为超参数。超参数的选择既是运用好神经网络的关键，也是难点，人工智能领域的科学家们正在不断致力于寻找能够更轻松地确定最佳超参数的方法。

但无论如何，作为一门用于解决现实问题的技术，衡量人工智能好坏的唯一标准是它能否更好地解决问题，因此超参数的调整离不开测试数据验证的反馈与分析。

根据对以上石头、剪刀、布数据验证的分析，编写程序3-3-6，选择25轮次作为训练目标。并且，在训练结束后，还能将模型存储为文件，方便随时使用学习成果，而不必反复地进行训练。

**程序 3-3-6**

```
test_images, test_labels = get_data(test_path, classes)
# 调整为25轮次
network.fit(train_images, train_labels, epochs=25,
        batch_size=32, validation_data=(test_images, test_labels))
# 将训练成果存储为模型文件
network.save("hand_gesture_ann.h5")
```

有了这个比较靠谱的模型，接下来我们可以尝试用模型对随手拍的手部图片进行预测（图3-3-9所示为项目文件夹中的3张图片文件，你也可以自己用手机拍一张图片放到文件夹中）!

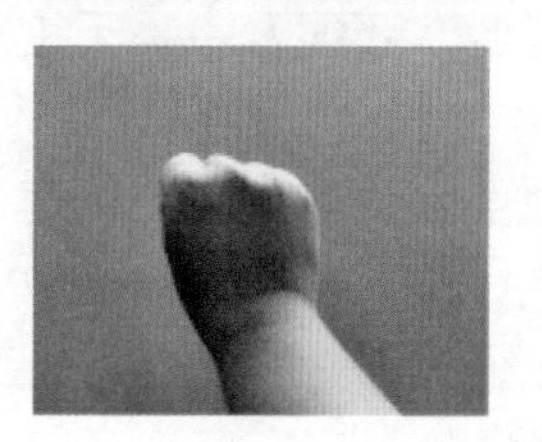

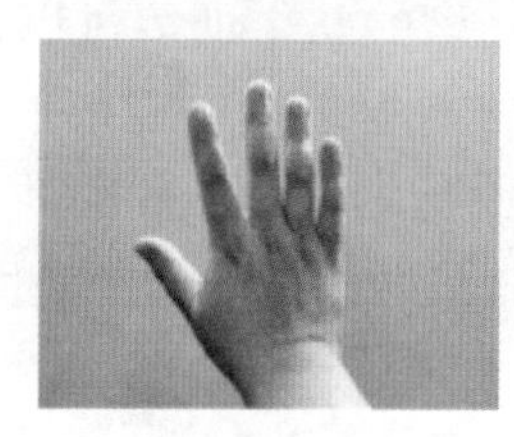

图3-3-9　石头、剪刀、布手势照片

通常我们用手机、相机拍的照片是彩色的，相比训练数据中的图片也要更大一些（意味着像素数量更多）。要运用这个模型进行预测，就必须把我们拍的照片改为与文件夹中图像相同的大小，并且转换成灰度图像。

打开“data_validation.py”文件，我们已经在文件中预先写好了程序3-3-7所示的图像处理函数，它借助图像处理库OpenCV将一张图片放大或缩小至240像素 × 195像素的大小，并转换为灰度图像后进行存储。转换时，程序可以根据颜色的特点，识别出皮肤所在的区域，将这一区域转换为白色，而把其他区域转换为黑色。

**程序 3-3-7**

```
import cv2  # 导入图像处理库OpenCV
# 图像处理函数，参数分别为原始图片位置，转换后的图片存储位置
def image_transfer(dir, tar):
    img = cv2.imread(dir)  # 读取图像数据
    img = cv2.resize(img, (240, 195))  # 转换为240像素×195像素的大小
    # 确认皮肤的颜色范围，将这部分替换为白色，其他部分替换为黑色
    img = cv2.cvtColor(img, cv2.COLOR_BGR2HSV)
    skin_lower = (0, 30, 30)
    skin_upper = (17, 255, 255)
    img = cv2.inRange(img, skin_lower, skin_upper)
    cv2.imwrite(tar, img)  # 将转换后的图像存储为文件
```

以图3-3-9中的3张图片为例，编写程序3-3-8对它们分别调用函数进行转换的处理。

**程序 3-3-8**

```
    cv2.imwrite(tar, img)  # 将转换后的图像存储为文件
image_transfer("1.jpg", "1_gray.jpg")
image_transfer("2.jpg", "2_gray.jpg")
image_transfer("3.jpg", "3_gray.jpg")
```

转换后，文件夹中多出了3张符合要求的灰度图像（见图3-3-10）。

图3-3-10　转换为灰度图像

继续编写程序3-3-9，以其中的“剪刀”图像为例，载入前面存储好的模型文件来进行预测。

**程序 3-3-9**

```
image_transfer("3.jpg", "3_gray.jpg")
import numpy as np
from keras import models
from keras.utils import load_img, img_to_array
network = models.load_model("hand_gesture_ann.h5")  # 载入训练好的模型文件
img = load_img("2_gray.jpg", color_mode="grayscale")  # 以灰度图像模式载入"剪刀"图片
img = img_to_array(img)  # 转换图像数据模式
img = img.reshape((240 * 195,))  # 将图像数据转换为46800个数据
img = img / 255  # 将0～255的整数转换为0～1的小数
# 运用模型进行预测
print(network.predict(np.array([img])))
```

运行结果如下。

```
1/1 [==============================] - 0s 68ms/step
[[2.0064971e-11 9.9999714e-01 2.8139741e-06]]
```

这里的“e-11”可以理解为把数字的小数点向左移动11位，“e-01”是向左移动1位。因此，这个结果说明，模型预测这张图片有99.9997%的概率是“剪刀”。

## 拓展阅读 —— OpenCV、HSV 颜色空间与皮肤颜色的识别

在上面的示例程序中，我们利用了著名的开源图像处理库OpenCV（见图3-3-11）进行图像处理。OpenCV库最早由英特尔公司于1999年发起，名字的含义是“开源计算机视觉库”。在几十年的发展过程中，OpenCV在面部识别、手势识别、目标识别、增强现实（AR）等人工智能问题上都能发挥重要的作用。

图3-3-11　OpenCV

为了正确识别出皮肤的区域，我们需要引入HSV颜色空间的概念。HSV是一种符合人眼颜色认知的颜色描述方法，它包含颜色的3个重要属性：色相（Hue）、饱和度（Saturation）、亮度（Value）（见图3-3-12）。使用这3种属性描绘颜色的方法最早于1978年由计算机科学家Alvy Ray Smith提出。

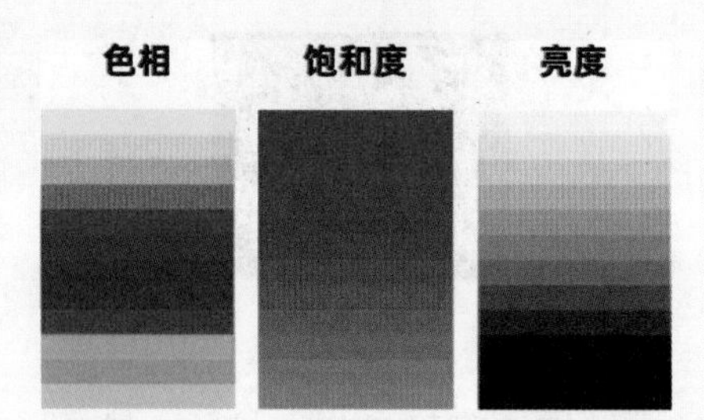


图3-3-12　色相、饱和度和亮度

色相（H）是颜色最基本的属性，代表颜色的种类。

饱和度（S）代表颜色的纯度或鲜艳程度。颜色的饱和度越高，则色彩越纯正。

亮度（V）代表颜色的明亮程度。亮度越大则颜色越亮，否则越暗。

一般来说，人类皮肤的颜色如果用HSV颜色空间来表示，则色相数值在0 ~ 17范围内，饱和度、亮度数值在30~255范围内。如果图像中没有相似物体的干扰，我们就可以划定一个区间，让程序自动检测在这个区间内的像素点，再把它们标记为1（白色），把不在这个区间内的像素点标记为0（黑色）。这个过程叫作图像的二值化处理（把原本的彩色图像变为只有黑白色的图像）。

## 本节小结

◆ 图像在计算机中被拆分为多个横、竖紧密排列的小方块区域，称为像素。不同图像横、竖方向上的像素数量可能不同。

◆ 纯黑白图像中，常用数字1代表白色，数字0代表黑色。

◆ 灰度图像中，灰度指黑白的程度，越大则越白，越小则越黑。灰度图像常用0~255的整数代表每个像素的灰度大小。

◆ 任何图片、照片在计算机中，都是以一组数字的形式来表示的，因此图像也是数据。

◆ 使用神经网络对图像进行识别，需要先准备好大量相同大小的图片，预先分好类别。

◆ 读取图像数据时，需要将数据转换为一组数字，并把数字除以255，变为0 ~ 1范围内的小数，完成归一化。

◆ 数据越复杂，神经元的数量越多，训练时要观察模型在测试数据上的表现。

◆ 模型训练不够称为欠拟合，训练过多称为过拟合，两者都不好。我们应该根据模型在测试数据上的表现找平衡点。

◆ 训练轮次、神经元数量等，在神经网络中被称为超参数，确定超参数是神经网络训练中的关键和难点。

# 第四节　运用神经网络进行复杂的图像识别

## 3.4.1　彩色图像数据

在第二章中，我们制作了一个简易的垃圾分类程序。实际上，无论是我们扔垃圾时想确认垃圾的类别，还是垃圾处理站同时对大量垃圾进行分类处理，一个一个地输入垃圾名称都是一件非常麻烦的事情。在现实中，更实用的人工智能系统可以做到看一看就认出它属于哪个类别（见图3-4-1）。

图3-4-1　辨认垃圾

和上一小节相同，看一看在人工智能系统中实际上就是通过摄像头采集垃圾的图像数据。简便起见，在解决这个问题时，我们暂且只进行厨余垃圾和可回收垃圾的二分类。

## 本节准备工作

下载本章中的“垃圾图像分类”文件夹，确认文件夹中有以下文件（见图3-4-2）。

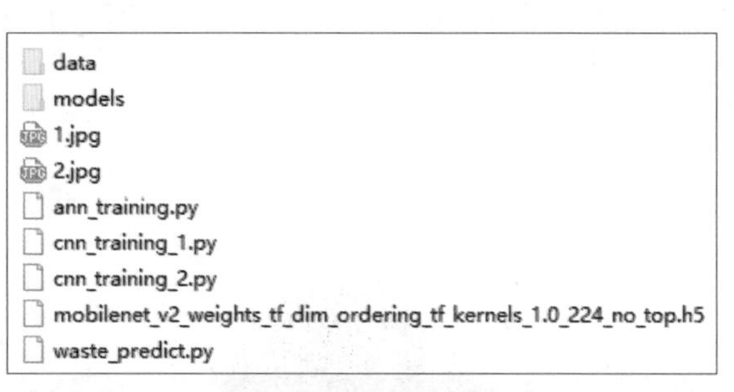


图3-4-2　“垃圾图像分类”项目所需文件

其中，“data”文件夹中存放着“train_images”和“test_images”两个文件夹，分为厨余垃圾（O）、可回收垃圾（R）两类，共包含数万张各式的垃圾图片；“models”文件夹中则有预先训练过的模型文件。

在这个问题中，我们共准备了12565张厨余垃圾、9999张可回收垃圾的图片用于训练，另外还准备了1401张厨余垃圾、1112张可回收垃圾的图片用于测试。

图3-4-3所示是几张典型的图片，仔细观察、浏览这些图片，不难发现这个案例相比于石头剪刀布的问题，有以下的一些特点。

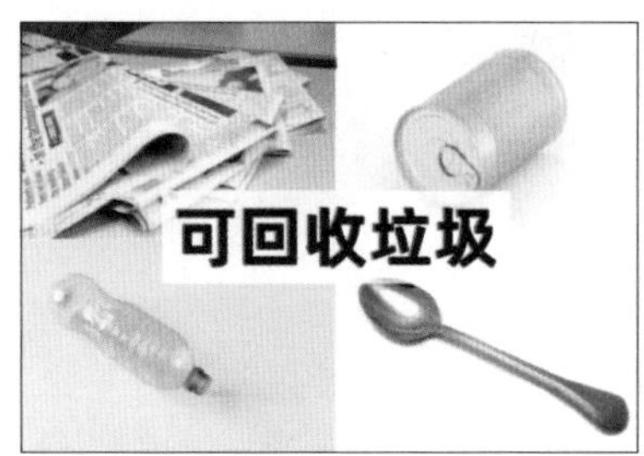

图3-4-3　可回收垃圾与厨余垃圾的图片示意

◆ 同类别中还有很多子类，同类别的物品看上去不一定相似。例如，报纸、易拉罐都是可回收垃圾。

◆ 图像中的颜色信息很可能有用，转换为灰度图像会丢失信息。例如，一个苹果图像如果转为灰度图像，可能会与网球很相似。

◆ 采集到的图像中，可能不只有一个物品，还有一些难以去除的背景等。实际生活中，采集到的图像不会像石头剪刀布案例中那么纯净，而垃圾的颜色很复杂，要去除背

景也困难很多。

◆ 采集到的图像大小（像素数量）可能不同。现实中，这么多图片不会由同一个人来拍摄，而不同人、不同设备拍摄的照片的大小自然可能有所不同。

◆ 用于训练和测试的图像数量远远多于上一个案例。

以上均表明这个问题比手势识别的问题复杂和困难。

对于上面第二点提到的颜色信息，为了保留图像中的彩色，我们需要简单了解颜色在计算机中是怎样表示的。

在自然界中，所有的颜色都可用图3-4-4所示的红、绿、蓝（RGB）三原色按比例混合起来组成。

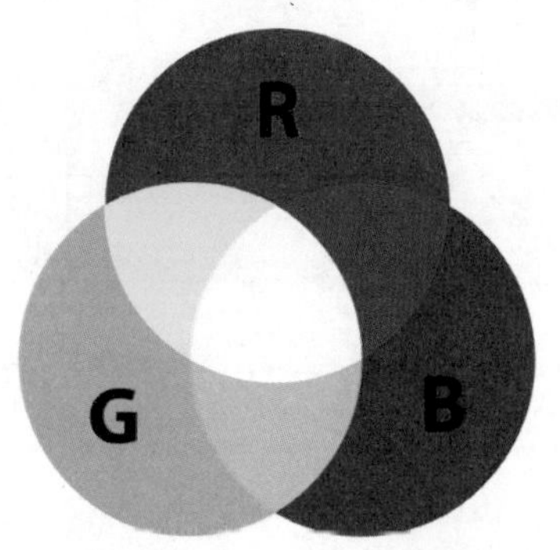


图3-4-4　RGB颜色

例如，红色和绿色混合可以组成黄色，绿色和蓝色混合可以组成青色。在计算机中，为了表示所有的颜色，常常使用0 ~ 255范围内的整数分别表示红、绿、蓝3种颜色所占比例。举例来说，(255, 0, 0)表示有最多的红色成分，完全没有绿色和蓝色，因此它表示正红色；(0, 255, 255)则表示没有红色成分，而绿色、蓝色都最多，因此它表示绿色和蓝色的混合色青色。

### 3.4.2　训练垃圾分类神经网络

由于这个案例中的图片文件实在太多，如果一次性读取全部文件中的图像数据，则可能会占满计算机的存储空间。但在人工智能问题中，用几万张图片训练模型是很常见的。Keras针对此类问题内置了一个可以先快速读取大量图片数据基本信息，训练过程中再逐个读取详细图片数据信息的方法，避免出现存储空间不足的问题。

打开“ann_training.py”文件，写入用于读取图片文件数据的程序，如程序3-4-1所示。

**程序 3-4-1**

```
from keras.utils import image_dataset_from_directory
# 参数依次为：文件夹位置、图像大小、以多少张图像为一组、共多少种类别、文件夹名称所代表的类别顺序
```

```
train_datagen = image_dataset_from_directory("data/train_images",
                                             image_size=(224, 224),
                                             batch_size=32,
                                             label_mode="binary",
                                             class_names=["O", "R"])
# 按同样的方法，也可以读取测试数据的图片信息
validation_datagen = image_dataset_from_directory("data/test_images",
                                                  image_size=(224, 224),
                                                  batch_size=32,
                                                  label_mode="binary",
                                                  class_names=["O", "R"])
```

这个方法不仅可以读取图片数据的信息，还能自动分类；同时，通过参数设定将所有图像放大或缩小至设定的统一大小（本例中是224像素 ×224像素），这解决了前面提到的图片大小不同的问题。

有了数据后，我们可以快速创建一个神经网络模型进行分类训练。需要注意的是，读取图片数据信息后，还没有将表示图像颜色的0 ~ 255的整数转换为0 ~ 1的小数（归一化）。因此，在设置网络时，还需要编写程序3-4-2完成数据归一化，并将所有图像数据，即224 × 224 × 3 = 150528个小数排成一组（在彩色图像中，每个像素上有3个数字）。

**程序 3-4-2**

```
validation_datagen = image_dataset_from_directory("data/test_images",
                                                  image_size=(224, 224),
                                                  batch_size=32,
                                                  label_mode="binary",
                                                  class_names=["O", "R"])
from keras import models
from keras import layers
network = models.Sequential()
# 首先将0 ~ 255范围内的数值变换为0 ~ 1范围内的小数
network.add(layers.Rescaling(scale=1. / 255, input_shape=(224, 224, 3)))
# 将所有数值依次顺序排列，共有224×224×3=150528个数字
network.add(layers.Flatten())
# 隐藏层放置512个神经元
network.add(layers.Dense(512, activation="relu"))
# 二分类问题，本例中我们用0 ~ 1的1个数字直接表示两种分类的可能性
network.add(layers.Dense(1, activation="sigmoid"))
network.compile(optimizer='rmsprop', loss='binary_crossentropy',
metrics=['accuracy'])
network.fit(train_datagen, epochs=50, validation_data=validation_datagen)
```

尝试训练模型。这个模型的数据量比上一个案例大得多（每张图片的数据信息更多、图片的数量也更多），每轮的训练时间明显增加（如果使用普通的笔记本计算机，每轮约需要数分钟时间），最终得到了下面的训练结果。

```
......
Epoch 48/50
706/706 [==============================] - 17s 24ms/step - loss: 0.4181 -
accuracy: 0.8228 - val_loss: 0.4201 - val_accuracy: 0.8707
Epoch 49/50
706/706 [==============================] - 18s 25ms/step - loss: 0.3964 -
accuracy: 0.8280 - val_loss: 0.6103 - val_accuracy: 0.8575
Epoch 50/50
706/706 [==============================] - 18s 25ms/step - loss: 0.3974 -
accuracy: 0.8316 - val_loss: 0.4502 - val_accuracy: 0.8627
```

汇总50轮次的训练情况，如图3-4-5所示。

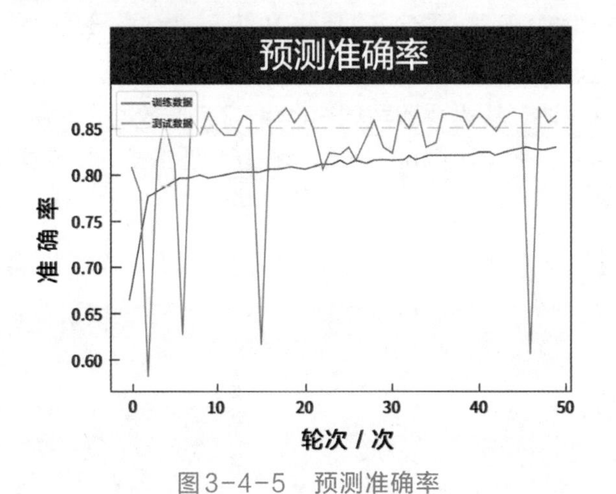


图3-4-5　预测准确率

观察图3-4-5中橙色线条，它代表测试数据准确率的变化，可以分析出，模型最终在测试数据上的预测准确率能达到85%左右，但波动很大、不太稳定。而且，模型在10～20轮次之后，准确率就很难进一步提升了。因此，对这个神经网络来说，欠拟合和过拟合的平衡点应该在15轮次左右。

### 3.4.3　神经网络的优化——卷积神经网络

从以上的训练过程可以看出，与石头剪刀布的问题相比，垃圾分类问题的复杂度和难度有所提升，基于简单神经网络结构的模型分类准确率会有所下降。

想一想

回顾我们解决垃圾分类问题的全过程，你能否发现什么考虑不全的地方吗?

为了进一步研究图像识别的特点，我们回到这张最简单的黑白图像。

以图3-4-6为例，按我们之前的数据操作方法，会将所有81个像素的数据排成一组，全部连接到下一层的神经元上。

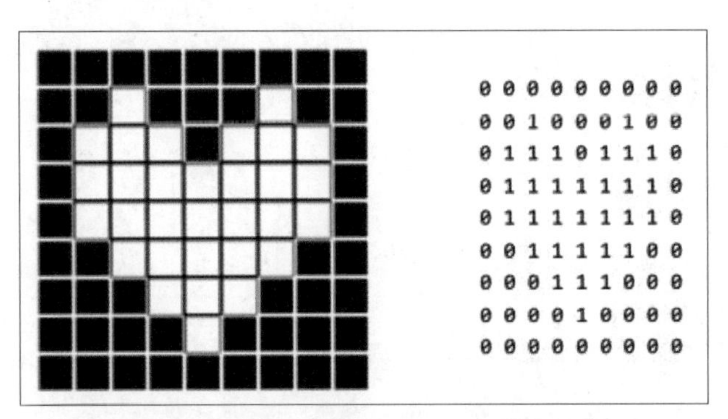


图3-4-6　计算机眼中的黑白图像

但是，如果我们仔细思考，会发现这种简单的操作忽略了这些数字在图像中上下左右的排列方式，而排列方式对图像的识别是很重要的！以我们人类的经验来说，对一张图片的识别，不单要观察某些颜色的像素有多少，还要观察它们在哪里，怎样排列。例如图3-4-7所示，同样是红色，如果像素组成一个圆形，可能是一个苹果，但如果组成一个三角形，就有可能是一颗草莓。

图3-4-7　像素点的排列组合

神经网络每一层的每一个神经元都需要对传递来的所有数据乘上一个权重参数，因此，神经网络似乎必须对所有的数据平等对待，没有办法分辨出不同数据在图像上的位置关系。

为了能够让神经网络在处理数据时，仍然能保留好图像中像素排列的位置信息，计算机科学家又一次尝试从人类身上寻找灵感。

人类可以用眼睛进行图像的识别。我们的眼睛能看到东西，需要整个视觉系统的工作。如图3-4-8所示，以人眼识别一只猫为例，在人类的视觉系统中，大量的视神经细胞各自负责一块区域，可以对照射到这个区域内的光线做出反应。不同的视神经细胞负责的区域有一定的重叠，越相近的细胞观察的区域范围也越接近。此外，还有一部分相对复杂的视神经细胞负责监视大片的区域，把握这片区域整体、全局的情况，但对局部细节不敏感。最后，这些视神经细胞组成的网络将不同区域的神经信号组合后传递给大脑，在脑中形成完整的视觉图像。

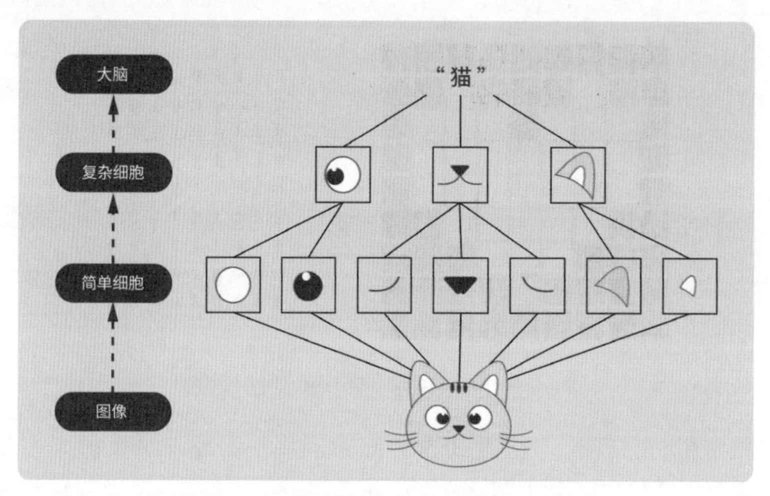


图3-4-8　人类进行图像识别的过程

仿照这一原理，计算机科学家在20世纪80年代提出可以用卷积运算模拟视神经细胞，对图像中的一系列小区域依次进行组合运算，再采用池化操作提取运算中的最大值，模拟神经细胞对这个区域中的光线做出反应。

随着运算的进行，更深层次的运算覆盖原始图像中更大的区域，从而模拟复杂神经细胞对图像全局的感知。

在神经网络中进行卷积运算的是卷积层，进行池化处理的是池化层。我们可以在神经网络中连续放置多个卷积层和池化层，让神经网络层次大幅加深。再将所有数据全部连接到常规的全连接层，方便最终模型输出结果。

图3-4-9所示是按这个思路搭建的一个简单人工神经网络，这种用到卷积运算，搭建了卷积层的神经网络被称为卷积神经网络（Convolutional Neural Networks，CNN）。

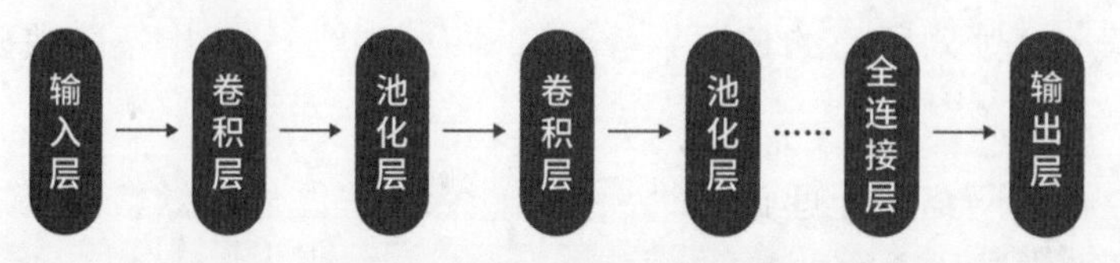


图3-4-9　卷积神经网络

运用Keras，我们可以方便快捷地创建一个简易的卷积神经网络。打开“cnn_training_1.py”程序文件，数据读取部分和程序3-4-1一致，对搭建神经网络的部分按照程序3-4-3进行修改。

**程序 3-4-3**

```
from keras import models
from keras import layers
network = models.Sequential()
network.add(layers.Rescaling(scale=1. / 255, input_shape=(224, 224, 3)))
# 卷积层1：32个神经元，每个"小区域"的大小为3×3
network.add(layers.Conv2D(32, (3, 3), activation="relu"))
network.add(layers.MaxPooling2D((2, 2)))  # 池化层1
network.add(layers.Conv2D(64, (3, 3), activation="relu"))  # 卷积层2
network.add(layers.MaxPooling2D((2, 2)))  # 池化层2
network.add(layers.Conv2D(128, (3, 3), activation="relu"))  # 卷积层3
network.add(layers.Flatten())  # 将数据重新排成一组
network.add(layers.Dense(256, activation="relu"))  # 全连接层
network.add(layers.Dropout(0.5))  # 随机删除一些数据，避免过拟合
network.add(layers.Dense(64, activation="relu"))  # 第二个全连接层
network.add(layers.Dropout(0.5))
network.add(layers.Dense(1, activation="sigmoid"))
network.compile(optimizer="rmsprop", loss="binary_crossentropy",
metrics=["accuracy"])
# 训练网络
network.fit(train_datagen, epochs=25, validation_data=validation_datagen)
```

在这个网络中，除了输入、输出和数据变换的操作，还有3个卷积层和2个全连接层，层次加深但神经元的总数相比上一个网络并没有明显增加。运行程序进行训练，这次设定的训练轮次只有上一个网络的一半，但训练所花费的时间要稍长一些，得到如下结果。

```
......
Epoch 23/25
706/706 [==============================] - 25s 36ms/step - loss: 0.3221 -
accuracy: 0.9029 - val_loss: 0.6073 - val_accuracy: 0.8480
Epoch 24/25
706/706 [==============================] - 26s 36ms/step - loss: 0.3499 -
accuracy: 0.9000 - val_loss: 1.3462 - val_accuracy: 0.7736
Epoch 25/25
706/706 [==============================] - 26s 36ms/step - loss: 0.3656 -
accuracy: 0.8969 - val_loss: 0.5300 - val_accuracy: 0.8671
```

汇总25轮次的训练情况，如图3-4-10所示。

观察橙色折线，这个模型在测试数据上的训练效果在第5轮次左右可以达到最好，准确率大约为87.5%，可靠性也相对有所提升。

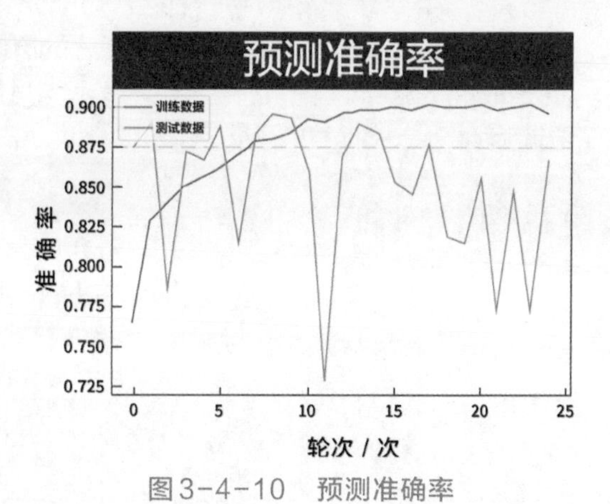


图3-4-10　预测准确率

### 3.4.4　站在前人的肩膀上

2010年，美籍华裔学者李飞飞在人工智能领域发起了一项名为ImageNet的图像分类挑战赛（见图3-4-11），要求参赛人工智能运用1400余万张分好类的高清图像，完成1000种不同物品的分类任务。

图3-4-11　图像分类

图像分类非常细致，通常以top-5错误率（真实类别在预测类别中排名前5之外才算是错误）来衡量模型的效果。

从图3-4-12中可以看出，在挑战赛设立之初的人工智能模型只能做到26%左右的错误率，到了2012年，一个名为AlexNet的卷积神经网络模型一举将错误率降低了10%左右。

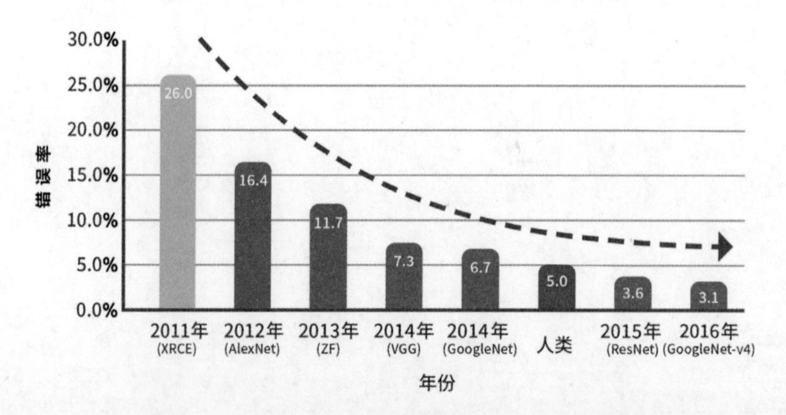


图3-4-12　ImageNet挑战赛top-5错误率

AlexNet成功秘诀在于较深的网络层次（5个卷积层、2个池化层、3个全连接层）。但深层次的网络，加上庞大的数据量，需要消耗巨大的计算资源（购买强大的计算机、花费大量的时间）。

AlexNet的研究者运用GPU（图形处理单元）辅助运算，极大地缩减了运算时间。作为对比，要在ImageNet数据上训练AlexNet模型，使用当时最强大的CPU（中央处理器）需要花费约43天时间，而使用最强大的GPU则只需要6天左右！

AlexNet的成功启发了人们进一步尝试加深神经网络。到2015年，当时在微软工作的中国学者孙剑团队提出ResNet网络，使模型错误率下降至3.6%，超越了普通人类水平（约5%）。

ResNet有多种不同层次的版本，其中效果最好，也是最深层的模型达到了152层。但作为代价，训练ResNet成本十分高，即使在由64个芯片组成的超级芯片上，只训练到正确率93%的水平也需要2周左右，仅计算设备租用的费用就能达到上万元。

## 拓展阅读——CPU、GPU与TPU

中央处理器（Central Processing Unit，CPU）如图3-4-13所示，是电子计算机等电子设备的核心组成部分，它是机器智能的“大脑”，能够处理机器中的各种数据，执行程序的指令，快速、准确地完成大量的运算。

图3-4-13　中央处理器

图形处理单元（Graphics Processing Unit，GPU）如图3-4-14所示，常被称为显卡，是一种专门在电子设备中执行绘图运算、完成复杂图像显示的处理器。在早期的电子设备中，通常只用CPU就可以完成绘图等计算任务。但是，从2000年左右开始，随着3D游戏等的出现，电子设备要显示的图像越来越复杂，CPU开始“分身乏术”，于是出现了GPU来完成相关的计算工作。

图3-4-14　图形处理单元

相较于CPU，GPU在大量张量运算上效率明显更高，因此GPU被大量地用于神经网络的训练中。

随着技术的进一步发展，普通的GPU也很难满足复杂神经网络的训练需求，一些科技公司开始研发专门用于神经网络训练的处理器。谷歌研发的处理器称为张量处理器（Tensor Processing Unit，TPU），如图3-4-15所示，从名字中就可以看出，它是专门用于执行深度学习所需的张量运算的。

图3-4-15　张量处理器

相比于高端GPU数百甚至上千美元的售价，由谷歌提供的TPU云端租用服务每小时就需要花费数百美元之多。因此，现代人工智能的计算是非常昂贵的。

即便如此，人类还是义无反顾地投入了加深神经网络的浪潮中。以深度神经网络为核心的机器学习也被冠以深度学习（见图3-4-16）的名字，开始走入大众的视野。

图3-4-16　深度学习

虽然深度学习呈现出模型巨大、训练时间长、计算费用高昂等问题，却并不妨碍谷歌、Facebook、微软、百度、腾讯等国内外科技公司在这一领域不断精进，让深度学习不仅能胜任图像识别问题，还能在语音识别、机器翻译、文字创作、策略游戏等更广泛的人工智能问题上取得重要突破。

回到图像识别问题中，深度卷积神经网络是一种特别适合解决图像识别问题的方法，它应当有着表现得更好的潜力。既然有大量的模型已经在ImageNet这样庞大的图像数据上取得了成功，我们能否直接运用前人训练好的图像识别模型来识别垃圾种类呢？很遗憾，ImageNet中并没有分出“厨余垃圾”“可回收垃圾”这样的类别。

但十分巧妙的一点是，我们仍旧可以站在前人的肩膀上，从前人训练好的模型中保留必要的经验，较轻易地迁移到新问题上。

为了简化运算，我们选用一个超轻型的图像识别模型——MobileNetV2。MobileNetV2共有53层，但每一层神经元数量不多，因此计算负担相对较小。它在ImageNet上能够达到超过90%的Top-5正确率（即预测结果的前5名中，有90%以上的可能性包含正确答案）。

**本部分的准备工作**

Keras内置了MobileNetV2模型的相关使用方法，但模型结构和已训练好的权重参数等数据文件需要联网下载。如果你的网络环境与谷歌服务器连接不畅，请将此前已经下载好的项目文件夹中的“mobilenet_v2_weights_tf_dim_ordering_tf_kernels_1.0_224_no_top.h5”文件复制到Keras存储模型文件的文件夹中。

在Windows操作系统下，这个文件夹为“C:\Users\你的用户名\.keras\models”；而在macOS操作系统下，为“/Users/你的用户名/.keras/models”。如果找不到文件夹，可能需要先让操作系统显示隐藏文件夹，或直接跳转到这个位置。

已在ImageNet上训练过的MobileNetV2显然是个“见多识广”的人工智能，它对于视觉问题已经形成了独到的见解。因此，我们可以尝试直接载入训练好的MobileNetV2模型。但由于问题不同，载入模型时可以单独拿掉输出前的最后一层，运用这个垃圾分类问题的数据重新进行这一层的训练。

打开“cnn_training_2.py”程序文件，数据读取部分与此前的程序保持一致，重新编写神经网络搭建的部分，得到程序3-4-4。

**程序3-4-4**

```
......
from keras import models
from keras import layers
from keras.Applications import MobileNetV2  # 导入MobileNetV2模型
# 载入在ImageNet上预训练好的MobileNetV2模型，并将模型中的所有层冻结
mobilenet_v2 = MobileNetV2(weights="imagenet", include_top=False,
                           input_shape=(224, 224, 3))
for layer in mobilenet_v2.layers:
    layer.trainable = False
# 创建网络，除了对数据归一化层和最后的输出层，主体部分就是MobileNetV2
network = models.Sequential()
network.add(layers.Rescaling(scale=1. / 255, input_shape=(224, 224, 3)))
network.add(mobilenet_v2)
network.add(layers.Flatten())
network.add(layers.Dense(1, activation="sigmoid"))
network.compile(optimizer="rmsprop", loss="binary_crossentropy",
               metrics=["accuracy"])
network.fit(train_datagen, epochs=25, validation_data=validation_datagen)
```

这个模型中，只有最后的输出层是可以训练的，其他来自于MobileNetV2部分的权重参数，都固定不动(称为权重冻结)，从而能最大限度地保留来自MobileNetV2之前训练的经验。

尽管只有1层需要训练，但在MobileNetV2中仍要进行大量的运算，因此总的训练时间并不会明显减少。不过，相比于从头开始训练一个50多层的模型，我们已经大幅地节省了时间和成本。训练结果如下。

```
......
Epoch 23/25
706/706 [==============================] - 20s 29ms/step - loss: 0.0081 -
accuracy: 0.9989 - val_loss: 2.4084 - val_accuracy: 0.8981
Epoch 24/25
```

```
706/706 [==============================] - 21s 29ms/step - loss: 0.0054 -
accuracy: 0.9995 - val_loss: 2.2294 - val_accuracy: 0.9073
Epoch 25/25
706/706 [==============================] - 20s 29ms/step - loss: 0.0057 -
accuracy: 0.9996 - val_loss: 2.1424 - val_accuracy: 0.9105
```

汇总25轮次的训练情况如图3-4-17所示。

可以看出，这个网络在训练数据上能达到接近100%的准确率，只需要3～5个轮次，就可以在测试数据上达到很好的表现，准确率约为90%。

最后，我们将训练的成果投入实战，判断新的垃圾图片（见图3-4-18）的种类。

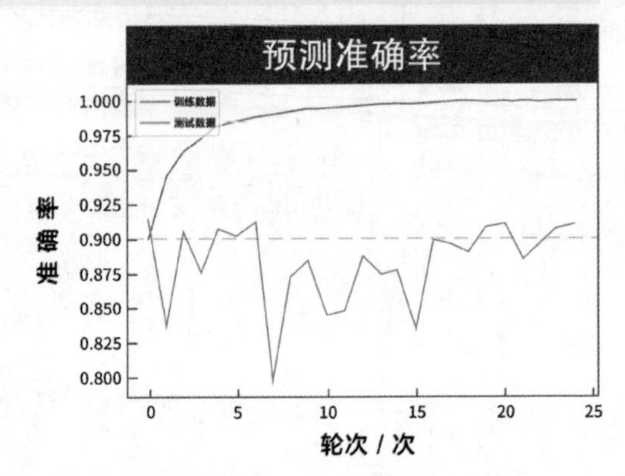


图3-4-17　预测准确率

图3-4-18　新的测试图片

首先，在文件中载入训练好的模型文件，再对新的测试图片文件进行简单处理，保证数据的存储方式与训练时的输入数据一致。

> 如果你没有足够的时间训练前面的模型，也可以直接使用项目文件夹中准备好的模型文件，它在MobileNetV2的基础上，经过3个轮次训练得到。

打开“waste_predict.py”程序文件，载入模型并对图像数据进行简单的处理（见程序3-4-5），完成预测。

**程序3-4-5**

```
import numpy as np
from keras import models
from keras.utils import load_img, img_to_array
# 载入模型文件
network = models.load_model("models/waste_classification_cnn.h5")
```

```
# 从文件中载入图像数据，转换为224像素×224像素大小
image = load_img("2.jpg", target_size=(224, 224))
image = img_to_array(image)  # 转换数据存储方式
predictions = network.predict(np.array([image]))  # 运用模型预测它的类别
print(predictions)
```

输出结果中，0表示厨余垃圾，1表示可回收垃圾。如果输出0.8就表明它有80%的可能性是可回收垃圾，20%的可能性是厨余垃圾。

以图3-4-18中右侧的塑料瓶图片为例，识别结果如下。

```
1/1 [==============================] - 0s 152ms/step
[[0.99872744]]
```

这表明，模型预测它99.9%是可回收垃圾！

通过几个简单案例的实践，我们初步认识到了深度学习在图像识别问题上的基本使用方法和价值。但要运用好深度学习，需要在以下3件事上做好准备。

◆ 数据。准备训练模型的数据，数量尽可能多，标记尽可能准确，还要有代表性。如果数据太少，人工智能学不会；如果数据不准确，人工智能可能会“误入歧途”。怎样理解代表性呢？以垃圾分类问题为例，如果可回收垃圾数据中只有塑料瓶，人工智能模型不能理解“易拉罐也是可回收垃圾”这件事。因此，我们采集的可回收垃圾图像应该包含尽可能多不同种类的可回收垃圾，以全面地代表这个类别。

◆ 算法。我们需要选择一个好的、适合问题的神经网络结构，设置合适的超参数。

◆ 算力。购买或租用性能强大的计算机，再根据问题的难度，花上一些或长或短的时间。

在现代人工智能系统，尤其是深度学习中，数据、算法、算力被并称为三要素，要实现优秀的人工智能，三者缺一不可。

## 本节小结

◆ 对于复杂的图像识别问题，需要先批量读取全部图像的信息，并将它们的大小调整成相同的。

◆ 使用和第三节相同的全连接神经网络也可以完成彩色图像的识别，但准确率和可靠性都一般。

◆ 卷积神经网络可以分层感知图像的局部、全局特征，在图像识别问题上的准确率和可靠性都有所提升。

◆ 已训练的神经网络模型，可以通过“解冻”部分层，在新问题上进行重新训练，同时保留模型中大部分“经验”，因此神经网络训练的成果是可以复制和迁移的。

◆ 深度学习是一种运用深度神经网络进行机器学习的人工智能技术，它是当代人工智能最重要的技术之一，在许多领域都取得了成功。

◆ 在深度学习领域，数据 、算法和算力是三大要素。

## 章末思考与实践

1. 一种关于深度学习的观点认为，现在的深度学习技术过于依赖强大的运算能力，只有拥有大量资金、大量计算设备的科技巨头公司才有能力进行大量的研究和实验。因此，如果人工智能继续这样发展，世界将会被这些公司所垄断，普通人不仅很难参与到人工智能的研究中，也很难鉴别技术中可能存在的问题。

但也有人提出，就像最早的电子计算机有一栋大楼那么大，只有顶尖科学家可以使用，而现在人人都能买得起，并能帮助每个人的学习、工作，人工智能技术作为一种前沿的技术，虽然现在非常昂贵，但随着时间的推移，一定也能变成服务全人类的重要技术。

关于这个问题，你是怎么看的？请说出你的观点。

2. 卷积神经网络既然是一种适合解决图像识别问题的工具，那么它是否也能很好地用于灰度图像的识别呢？尝试将卷积神经网络方法用于第三节的石头、剪刀、布识别案例，观察它的效果是否比全连接神经网络更好。

3. 我们在本章中深入探讨了训练轮次这个超参数对训练结果的影响，并尝试在每个问题中寻找最佳的超参数数值。那么，神经网络中每一层的神经元数量会给训练结果带来怎样的影响呢？尝试修改本章中几个案例的神经元数量，分析它对模型训练的影响，并分享你的分析结果。

4. 在你平时的生活中，还有哪些问题是分类问题？想一想是否能够运用神经网络解决？请筛选出一个合适的问题，采集并标注好必要的数据，尝试自己设计一个神经网络来解决它。

# 第四章　人工智能应用与实战

本章探讨的问题：

- 传统人工智能方法和深度学习方法怎样检测图像中的面部区域？
- 怎样运用神经网络解决常见的“视觉”问题？
- 计算机怎样存储和读取声音数据？
- 人类语音数据有怎样的特征？计算机怎样提取这些特征？
- 什么是循环神经网络？怎样运用循环神经网络解决常见的“语音”问题？
- 什么是自然语言处理？计算机如何存储和读取自然语言文本数据？
- 什么是 Seq2Seq 模型？怎样运用 Seq2Seq 模型解决常见的“语言”问题？
- 什么是强化学习？怎样运用强化学习让人工智能“学会”玩游戏？
- 什么是深度 Q 学习？它与传统强化学习相比有什么优势？
- 什么是生成对抗网络？怎样运用生成对抗网络生成仿造图像？

# 第一节 人工智能与视觉 ——实时人脸口罩检测

## 4.1.1 人脸检测的传统方法

人脸检测问题是一个人工智能由来已久的问题，检测需要快速 、准确地在图像中识别人脸。尽管“找到人脸”对人类来说似乎非常容易，但在人工智能领域，这个问题在过去一直困扰着计算机科学家们。

想一想

你是怎样从图像中辨认人脸的？试着举例人脸在形状、颜色等方面有哪些特点。

识别人脸的计算方法虽然在20世纪60年代就已经被提出，但其运算量太大，需要用到当时最强大的超级计算机来运行。随着计算方法的优化和计算机运算能力的发展，到21世纪初时，人们第一次成功将人脸检测系统部署到了相机这样的轻型设备中，实现了如“自动人像对焦”这样的功能。

这一技术突破最早可以追溯到2001年，Paul Viola和Michael Jones两位计算机科学家提出了一套有效的快速人脸检测方法，被称为哈尔特征检测（Haar-Like Features Detection）。

所谓的哈尔特征检测，即利用一种名为哈尔小波变换的数学运算，能够将人脸图像中不同区域的亮暗对比关系信息提取出来，从而辨认人脸上的关键特征。

人的眼球一般是深色的，眼窝略微下陷，因此眼部整体会比面颊颜色暗（见图4-1-1）；人的鼻子高耸，因此鼻子比两侧脸颊看上去亮；人的嘴唇颜色比周边的皮肤深，在图像上也就暗一些。诸如此类，人脸其实有许多部位具有明暗关系的特征。

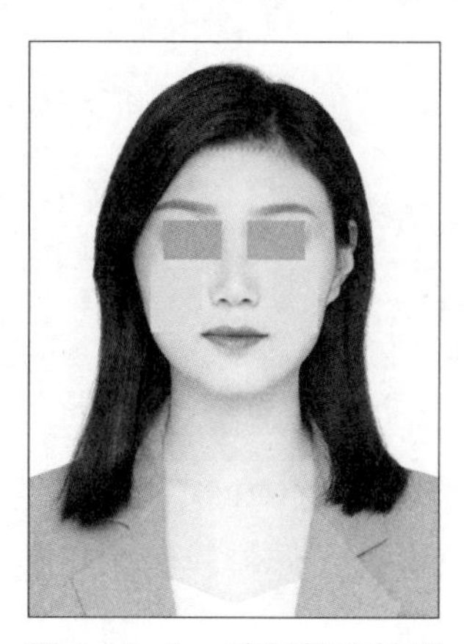

图4-1-1　哈尔特征检测

为了快速地识别图像特征，我们可以先将图像的尺寸缩小，再将彩色图像转换为灰度图像，从而节省计算量。哈尔特征检测会将面部处理成20像素×20像素的灰度图像，因此只有400个0～255的数值参与计算。

这个计算对人类来说太过复杂，但只要用上类似支持向量机（SVM）这样的传统机器学习模型，计算机就能轻松完成计算。

哈尔特征检测算法被提出后不久，Rainer Lienhart就将该检测方法写入了OpenCV库的基础包中，因此我们可以利用OpenCV实现快速的人脸检测。

## 本节准备工作

下载本章中的“1_人脸口罩检测”文件夹，确认文件夹中有图4-1-2所示的文件。

其中，“data”文件夹中存放着大量不同的人脸图片，“images”文件夹中有可供实验的示例图片，“models”文件夹中有本节需要用的.h5格式的模型文件。

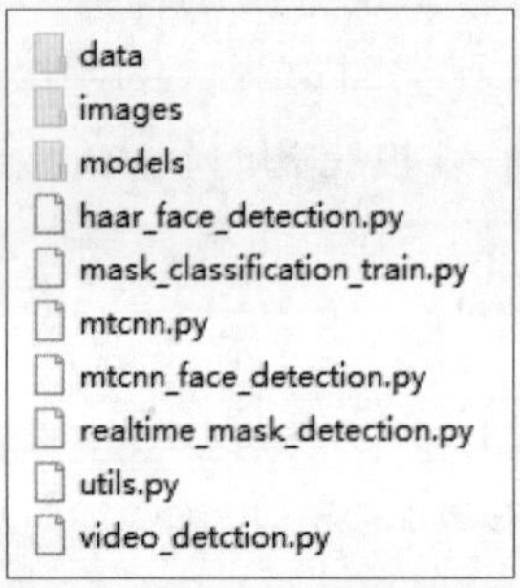

data
images
models
haar_face_detection.py
mask_classification_train.py
mtcnn.py
mtcnn_face_detection.py
realtime_mask_detection.py
utils.py
video_detction.py

图4-1-2 “人脸口罩检测”项目所需文件

打开“haar_face_detection.py”程序文件，如程序4-1-1所示，首先载入“images”文件夹中的人脸图片（你也可以换成自己拍摄的人脸图像），并将图像转换为灰度形式。

**程序4-1-1**

```
import cv2
#  读取图像文件
image = cv2.imread("images/face_example.jpeg")
#  将图像转换为灰度图
gray = cv2.cvtColor(image, cv2.COLOR_BGR2GRAY)
```

OpenCV库中内置了哈尔特征检测的模型文件，我们可以直接用它来实现人脸检测，如程序4-1-2所示。检测时，为了忽略掉一些较小的、容易被误判的图像区域，可以用参数设定一个最小的检测尺寸。

**程序4-1-2**

```
gray = cv2.cvtColor(image, cv2.COLOR_BGR2GRAY)
#  读取模型文件信息，创建分类器
face_cascade = cv2.CascadeClassifier(cv2.data.haarcascades +
                                     'haarcascade_frontalface_default.xml')
#  从灰度图像中检测人脸位置，设定最小检测尺寸为100像素×100像素
faces = face_cascade.detectMultiScale(gray, minSize=(100, 100),
                                      flags=cv2.CASCADE_SCALE_IMAGE)
```

上面程序的结果是检测出的人脸区域的所有位置和大小。通过程序4-1-3我们可以逐个确认，并用一个矩形框在图像上标注出来。

**程序 4-1-3**

```
faces = face_cascade.detectMultiScale(gray, minSize=(100, 100),
                                      flags=cv2.CASCADE_SCALE_IMAGE)
# 对于找到的所有人脸区域，绘制一个蓝色矩形框标注
for (left, top, width, height) in faces:
    cv2.rectangle(image, (left, top), (left + width, top + height),
                  (255, 0, 0), 2)
#  将标注好的图像保存为图片文件
cv2.imwrite("images/face_haar_detection.jpg", image)
```

这样，检测完成并标注好的图像（见图4-1-3）就被保存在项目的“images”文件夹中了。

图4-1-3　传统面部检测图像示例

## 4.1.2　用深度学习方法检测人脸

虽然运用像哈尔特征检测这样的传统方法已经可以较快速地在图像中识别出人脸，但对于较为复杂的情况，例如人脸方向不正、光线不够明亮、人脸戴着口罩等，就容易发生误判和漏判。

因此，要完成人脸口罩检测的任务，用哈尔特征检测来检测人脸的位置是不太合适的。在人脸检测问题上，深度学习是更好的方法。

2016年，中国科学院深圳先进技术研究院提出了一种用于人脸检测问题的多级神经网络模型，被称为MTCNN（Multi-Task Convolutional Neural Network，多任务卷积神经网络），它不仅能以很高的准确率检测出图像中的人脸位置，还能够标注出人脸上的5个关键特征点，包括眼球（2个关键特征点）、鼻尖（1个关键特征点）和嘴角（2个关键特征点）。

MTCNN模型的特点在于它由3层不同结构、不同功能的神经网络连接而成，共同完成人脸检测这个较复杂的任务。在训练模型之前，考虑到图像中人脸可大可小，MTCNN

会先将原始图像进行大小不同的尺寸变换，形成“图片金字塔”（见图4-1-4）。

图4-1-4　图片金字塔

第一层的P-Net（Proposal Network，提案网络），是一个结构较为简单的卷积神经网络，它的目标是得到可能是人脸所在位置的候选区域。

打开“mtcnn_face_detection.py”程序文件，我们仍然运用OpenCV来对图片文件进行读取操作，如程序4-1-4所示。

**程序4-1-4**

```
import cv2
image = cv2.imread('images/face_example.jpeg')
```

随后编写程序4-1-5，载入P-Net网络模型进行检测，检测前需要对图像数据进行预处理，以符合网络的数据要求。检测时，需要设定一个0 ~ 1的数值，被称为阈值，作为检测的标准。阈值越大，检测越严格，但有可能漏掉真正的人脸区域；阈值越小，检测越宽松，就有可能会有一些不是人脸的区域。

**程序4-1-5**

```
from mtcnn import MTCNN
#  载入模型
model = MTCNN()
#  对图像数据进行简单的预处理，以符合网络的数据要求
image_model = model.image_preprocessing(image)
#  运用P-Net模型进行候选人脸区域检测，阈值设为0.6
pnet_faces = model.detect_pnet(image_model, 0.6)
```

这段程序得到的检测数据pnet_faces中，除了人脸区域信息，还包含人脸特征点的信息。简便起见，通过程序4-1-6暂时只标注出区域。

**程序 4-1-6**

```
# 复制出新的图像，方便画框
image_pnet = image.copy()
#  标注出所有的候选区域
for face in pnet_faces:
    left, top, right, bottom = map(int, face[:4])
    cv2.rectangle(image_pnet, (left, top), (right, bottom), (255, 0, 0), 2)
cv2.imwrite("images/face_mtcnn_detection_pnet.jpg", image_pnet)
```

得到的标注图片如图4-1-5所示。可以看到，人脸所在区域被很多大大小小的矩形框标注，它们都是人脸的候选区域。

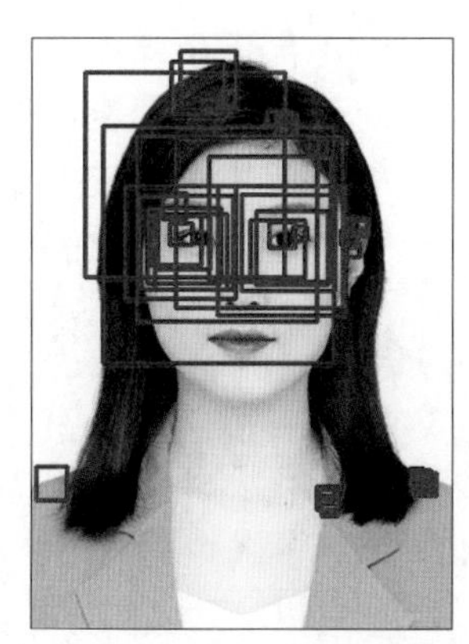

图4-1-5　人脸位置候选区域

第二层是R-Net（Refine Network，提炼网络），它是一个卷积神经网络，但包含一个全连接层，通过程序4-1-7对P-Net标注的候选区域进行进一步的检测和筛选，过滤一些不太可能是人脸的区域，并合并一些相邻的区域，最终得到的结果与P-Net相比有大幅度的优化。

**程序 4-1-7**

```
# 将P-Net检测得到的信息交给R-Net进一步处理
rnet_faces = model.detect_rnet(image_model, pnet_faces, 0.7)
image_rnet = image.copy()
for face in rnet_faces:
    left, top, right, bottom = map(int, face[:4])
    cv2.rectangle(image_rnet, (left, top), (right, bottom), (255, 0, 0), 2)
cv2.imwrite("images/face_mtcnn_detection_rnet.jpg", image_rnet)
```

最终运行结果如图4-1-6所示。对于质量较高的面部图像，到R-Net这一步的检测结果已经非常好了。

图4-1-6　用R-Net网络处理后的图片

第三层是O-Net（Output Network，输出网络），比较程序4-1-8和程序4-1-7可以看出，它的基本结构和R-Net几乎一样，只是卷积层的部分略微复杂一点，且在检测人脸区域的同时，对人脸上的一些特征点定位。O-Net在MTCNN中有强大的性能，它位于网络最后一层，需要处理的是R-Net传送来的干净、简单的数据，运算速度很快。

**程序 4-1-8**

```
#  最后一步：O-Net，在R-Net的基础上进一步优化
onet_faces = model.detect_onet(image_model, rnet_faces, 0.7)
image_onet = image.copy()
for face in onet_faces:
    left, top, right, bottom = map(int, face[:4])
    cv2.rectangle(image_onet, (left, top), (right, bottom), (255, 0, 0), 2)
    #  列表face中5组数据表示5个关键特征点的位置，可以将它们用小圆点标注出来
    for i in range(5, 15, 2):
        cv2.circle(image_onet, (int(face[i + 0]),
                   int(face[i + 1])), 3, (0, 255, 0), -1)
cv2.imwrite("images/face_mtcnn_detection_onet.jpg", image_onet)
```

这一步得到的图像如图4-1-7所示，不仅标注出了面部的区域，还标注了面部的5个关键特征点位置。

图4-1-7　经O-Net处理后的图片

## 4.1.3 图像分类

与传统机器学习方法相比，MTCNN方法运算量稍大，但在计算机性能已经显著提升的现在，基本能做到实时检测。同时，由于模型使用了大量的人脸图像数据进行训练，MTCNN方法的检测准确度与哈尔特征检测相比有很大的提升，类似对戴口罩的人脸进行分类这种情况也能够正确地完成检测。

接下来，为了完成口罩图像检测任务，我们只需对包含人脸区域的图像进行“戴口罩”“没戴好口罩”“没戴冂罩”这3种情况的分类训练。

在项目的“data”文件夹中，我们已经预先准备好了近9000张的人脸图片文件，并分为训练集和测试集，方便我们进行训练。

这里，我们运用与第三章第四节相同的方式载入数据和创建模型，利用预训练的MobileNetV2快速训练出一个强大的、针对新问题的图像识别模型。

打开“mask_classification_train.py”文件，首先导入必要的库文件，读取全部的图像数据，将所有图像转换为224像素×224像素的尺寸，并将图像数据按照“戴口罩”“没戴好口罩”“没戴口罩”3种类别顺序排列，如程序4-1-9所示。

**程序** 4-1-9

```
from keras.Applications import MobileNetV2
from keras import models
from keras import layers
from keras.utils import image_dataset_from_directory
train_datagen = image_dataset_from_directory('Data/train',
                                             image_size=(224, 224),
                                             batch_size=32,
                                             label_mode='categorical',
                                             class_names=['with_mask',
                                                          'mask_weared_
                                                          incorrect',
                                                          'without_mask'])
test_datagen = image_dataset_from_directory('Data/test',
                                            image_size=(224, 224),
                                            batch_size=32,
                                            label_mode='categorical',
                                            class_names=['with_mask',
                                                         'mask_weared_
                                                         incorrect',
                                                         'without_mask'])
```

准备好数据后，开始构建网络，如程序4-1-10所示，这个网络主要由预训练好的MobileNetV2模型构成，最后的输出层连接到3个神经元上，完成3种类别的分类。

**程序4-1-10**

```
# 载入预训练好的MobileNetV2模型，并将模型中的所有层冻结
mobilenet_v2 = MobileNetV2(weights='imagenet', include_top=False,
                           input_shape=(224, 224, 3))
for layer in mobilenet_v2.layers:
    layer.trainable = False
# 创建网络，先对数据归一化，然后将所有数据全连接到3个输出层的神经元上，完成分类
network = models.Sequential()
network.add(layers.Rescaling(scale=1. / 255, input_shape=(224, 224, 3)))
network.add(mobilenet_v2)
network.add(layers.Flatten())
network.add(layers.Dense(3, activation='softmax'))
# 配置网络，使用rmsprop方法进行训练，目标是减少分类错误，训练过程中观察准确率的变化
network.compile(optimizer="rmsprop", loss='categorical_crossentropy',
                metrics=['accuracy'])
```

开始模型训练（见程序4-1-11），注意观察在测试数据上的情况变化，确保不发生明显的过拟合。

**程序4-1-11**

```
# 开始训练，在训练过程中观察在测试数据上的情况
network.fit(train_datagen, epochs=10, validation_data=test_datagen)
```

经过10轮次的训练结果如下。

```
......
Epoch 8/10
225/225 [==============================] - 41s 182ms/step - loss: 0.0053 -
accuracy: 0.9993 - val_loss: 0.2313 - val_accuracy: 0.9861
Epoch 9/10
225/225 [==============================] - 41s 184ms/step - loss: 0.0074 -
accuracy: 0.9990 - val_loss: 0.1949 - val_accuracy: 0.9872
Epoch 10/10
225/225 [==============================] - 43s 192ms/step - loss: 0.0027 -
accuracy: 0.9997 - val_loss: 0.3007 - val_accuracy: 0.9855
```

观察图4-1-8发现，我们的模型在训练数据上的准确率接近100%，在测试数据上的准确率为98% ~ 99%。这个模型在口罩识别问题上达到非常高的准确率了。

最后，通过程序4-1-12，将训练完的模型存储为文件，方便后续直接使用。

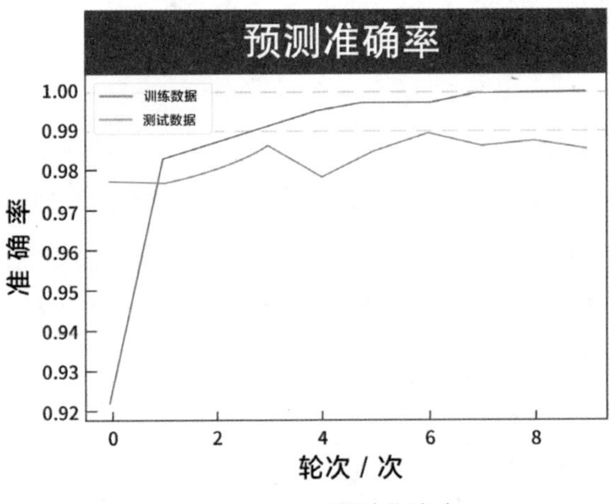


图4-1-8 预测准确率

**程序4-1-12**

```
# 保存模型文件
network.save("mask_classification_mobilenet_v2.h5")
```

**试一试**

尝试自己采集一张包含人脸的图像，先用MTCNN方法标记出人脸区域的轮廓，再使用训练好的模型判断是否戴好了口罩。

## 4.1.4 实时口罩检查系统

经过以上几个部分，我们已经掌握了在图像中找到人脸所在位置、对仅包含人脸的图像判定是否戴好了口罩的深度学习方法。要完成实时口罩检测系统，只需要按照如图4-1-9所示的步骤循环执行即可。

图4-1-9 口罩检测流程

整个系统中最关键的两部分是运用MTCNN完成人脸区域的检测和运用基于MobileNetV2的模型检测口罩是否戴好，其他部分的操作可以使用OpenCV库完成。

打开“realtime_mask_detection.py”程序文件。首先，用OpenCV库不断调用设备的摄像头获取最新的图像，以实现实时检测（注意，本部分的程序需要你的计算机有可用的摄像头，如果没有，可以用读取图片文件的操作来替代）。

运行程序4-1-13，可以看到计算机界面打开了一个新的预览窗口，窗口中显示摄像头拍到的最新图像（如果要退出程序，可以按下键盘的Q键）。

**程序4-1-13**

```
import cv2
# 调用设备的摄像头(0代表系统默认的摄像头)
cap = cv2.VideoCapture(0)
# 只要摄像头开启，就持续循环采集图像
while cap.isOpened():
    # 摄像头采集最新的图像数据
    frame = cap.read()
    # 对图像左右翻转，方便后续预览
    frame = cv2.flip(frame, 1)
    # 打开一个窗口，预览采集的图像
    cv2.imshow("Face Mask Detection", frame)
    # 设定按键盘Q键可以退出程序
    k = cv2.waitKey(5)
    if k == ord("q"):
        break
```

程序4-1-13中的frame代表最新采集到的图像，我们把这个图像数据“拿给”MTCNN来检测出人脸的区域。因此，可以在程序的循环部分之前，创建一个函数进行检测，如程序4-1-14所示。

**程序4-1-14**

```
from mtcnn import MTCNN
model = MTCNN()  # 创建模型
# 检测图像中人脸部区域的函数
def mtcnn_detection(image):
    # 图像预处理
    image_model = model.image_preprocessing(image)
    # 首先执行P-Net，如果没有得到任何结果，则直接结束
    pnet_faces = model.detect_pnet(image_model, 0.6)
    if len(pnet_faces) == 0:
        return []
    # 然后执行R-Net，如果没有得到任何结果，则直接结束
    rnet_faces = model.detect_rnet(image_model, pnet_faces, 0.7)
    if len(rnet_faces) == 0:
        return []
    # 最后执行O-Net，得到最终结果
```

```
    onet_faces = model.detect_onet(image_model, rnet_faces, 0.7)
    return onet_faces
# 调用设备的摄像头(0代表系统默认的摄像头)
cap = cv2.VideoCapture(0)
```

在程序循环中对frame进行以上检测，并用蓝色框实时地标注出人脸的区域，如程序4-1-15所示。

**程序 4-1-15**

```
while cap.isOpened():
    # 摄像头采集最近的图像数据
    _, frame = cap.read()
    # 对图像左右翻转，方便后续预览
    frame = cv2.flip(frame, 1)
    # 检测人脸区域，并用蓝色框标注出来
    faces = mtcnn_detection(frame)
    for face in faces:
        left, top, right, bottom = map(int, face[:4])
        cv2.rectangle(frame, (left, top), (right, bottom), (255, 0, 0), 2)
    # 打开一个窗口，预览采集到的图像
    cv2.imshow("Face Mask Detection", frame)
    # 设定按键盘Q键可以退出程序
    k = cv2.waitKey(5)
    if k == ord("q"):
        break
```

我们每一次采集图像都会使程序重新进行人脸检测，故这段程序对计算机的运算能力有一定要求。如果计算机性能较弱，预览图像时可能较为卡顿。

最后，通过程序4-1-16可以裁剪检测到的每一个人脸区域，用之前训练好的模型进行分类，根据判断结果标注出不同颜色的框（如果你没有完成上一部分的模型训练，也可以直接使用我们预训练好的模型文件："models"文件夹中的"mask_classification.h5"文件）。

**程序 4-1-16**

```
# 调用设备的摄像头(0代表系统默认的摄像头)
cap = cv2.VideoCapture(0)
# 只要摄像头开启，就持续循环采集最新的图像
from keras import models
import numpy as np
#  载入模型
```

```
network = models.load_model("mask_classification_mobilenet_v2.h5")
#  设定3个分类的标注颜色：戴好了是绿色、没戴好是黄色、没有戴是红色
mark_colors = {0: (0, 255, 0), 1: (0, 255, 255), 2: (0, 0, 255)}
while cap.isOpened():
    # 摄像头采集最新的图像数据
    _, frame = cap.read()
    # 对图像左右翻转，方便后续预览
    frame = cv2.flip(frame, 1)
    # 检测人脸，并用蓝色框标注出来
    faces = mtcnn_detection(frame)
    for face in faces:
        left, top, right, bottom = map(int, face[:4])
        # 按照检测出的范围裁剪出人脸区域
        face_img = frame[top:bottom, left: right]
        # 进行模型预测前，先将图像进行预处理，大小调整为224 × 224
        face_img = cv2.resize(cv2.cvtColor(face_img, cv2.COLOR_BGR2RGB),
                              (224, 224))
        # 运用模型进行预测
        prediction = network.predict(np.asarray([face_img]))
        # 获取预测到的类别，0、1、2依次代表戴好口罩、没戴好口罩、没戴口罩
        class_ = int(np.argmax(prediction[0]))
        # 按照前面设定好的颜色为不同类别进行标注
        cv2.rectangle(frame, (left, top), (right, bottom),
                      mark_colors[class_], 2)
    # 打开一个窗口，预览采集到的图像
    cv2.imshow("Face Mask Detection", frame)
```

**试一试**

尝试用以上程序进行口罩检测，观察程序是否能很好地区分出几种不同的情况。如果与预想的效果有一定出入，想一想问题可能发生在哪里？还可以怎样进一步优化？

## 拓展阅读——当代视觉人工智能的其他技术

近十年来人工智能的快速发展正是从视觉领域起步的，而以深度学习为核心的人工智能方法也被证明最适合处理与视觉、图像相关的任务。

如今，视觉型的人工智能系统不仅可以用来检测人脸位置，还在许许多多更加复杂的问题上展现出强大的能力。

### ◆ 目标检测

目标检测系统可以在图像中快速识别各种不同的物体及它们所在的位置。当前，在目标检测领域最著名的模型是Yolo（You only look once）模型，基于这一模型可以轻松完成又快又好的实时检测（见图4-1-10）。目标检测技术的应用非常广泛，例如搭载目标检测系统的车辆可以辨认出各种交通标志，确定行人和其他车辆所在的位置，成为自动驾驶中的关键一环。

图4-1-10　目标检测

图4-1-11　识别图像中的文字信息

### ◆ 文字识别

人工智能的视觉系统不仅可以辨认不同的物体，还能够准确地识别图像中的文字信息（见图4-1-11）。如今基于深度学习的文字识别人工智能系统，准确度相较于传统系统有了大幅度提升，可以帮助我们快速地实现纸质文档的电子化。生活中常见的车牌识别系统，也是文字识别技术的应用之一。

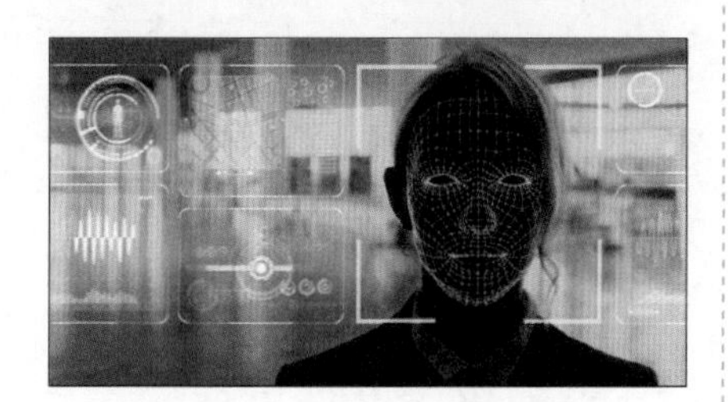

图4-1-12　人脸识别

### ◆ 人脸识别

人脸识别与人脸检测看上去相似，但检测只需要区分人脸和其他东西，识别却需要辨认出眼前这个人是谁，因此难度比检测要大许多。现实中的人脸识别系统基于庞大的人脸数据库训练而成，它可以将复杂的人脸图像数据转换成一组较简单的数值，使同一个人的这组数值尽量接近，通过将检测到的数值和数据库中已知的人脸数值进行对比来确认这个人的身份（见图4-1-12）。准确、高效的人脸识别系统在公共安全领域发挥了重大的作用，可以运用公共摄像头联网令罪犯无处可逃。在生活中，人脸解锁、人脸支付等功能的部署和应用也让我们的日常生活更加便利。

## 本节小结

◆ 人脸检测系统需要从图像中确认人脸所在的位置，传统的哈尔特征检测是一种快速有效的检测方法。

◆ 运用了深度学习的MTCNN方法可以比传统方法更加准确地检测人脸的位置，还能找到人脸上的一些关键点的位置。

◆ MTCNN方法模型的核心部分是卷积神经网络，分为P-Net、R-Net、O-Net 3层依次计算，用简单的网络做快速检测来节省运算量，用复杂的网络做精确检测来保证准确度。

◆ 在辨别口罩是否佩戴这样的问题上，直接运用MobileNetV2等现有模型进行训练是较为高效的方法。

◆ 实时口罩检测任务需要不断地从摄像头采集图像数据，再运用模型依次进行检测和分类，图像数据的采集和标注可以利用OpenCV库方便地完成。

# 第二节　人工智能与语音
# ——语音情绪识别

## 4.2.1　声音也是数据

到目前为止，我们用深度学习、神经网络处理的问题都是简单的数值问题（如用喙的长度和厚度给企鹅分类）和与图像相关的问题（如石头剪刀布、垃圾分类、人脸口罩检测等），它们在神经网络看来都是或简单或复杂的数据。而如果想用人工智能来处理与声音相关的问题，首先就要把声音也变成计算机能处理的数据。

如图4-2-1所示，声音的本质是一种振动。我们说话时，可以控制声带进行振动来发出声音；声音在传播过程中也可以带动周边的物品发生振动，特定的声音甚至能通过引发振动来震碎玻璃。

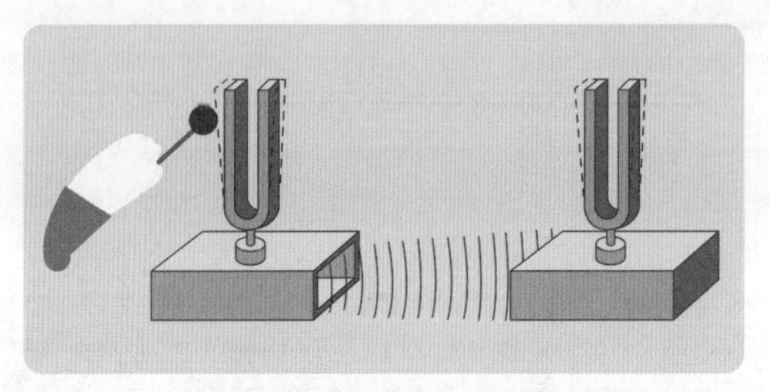

图4-2-1　声音的产生和传播

我们能听到声音，实际上是因为我们的耳朵能接收到声音传播过来的振动。而振动强度随着时间的变化，就形成了声音的特征（见图4-2-2），从而让我们能够辨认出不同种类的声音。

图4-2-2　声音的特征

因此，要用计算机来记录声音（见图4-2-3），就必须每隔一小段时间，用数字记录下这个时间点上声音的振动信息，由此组成一组数据，就能代表一段声音。记录时，间隔的时间越短，采样率就越高，声音保留的细节就越丰富；每个点的振动强度用越大的数值范围表示，位深就越大，声音就记录得越准确。

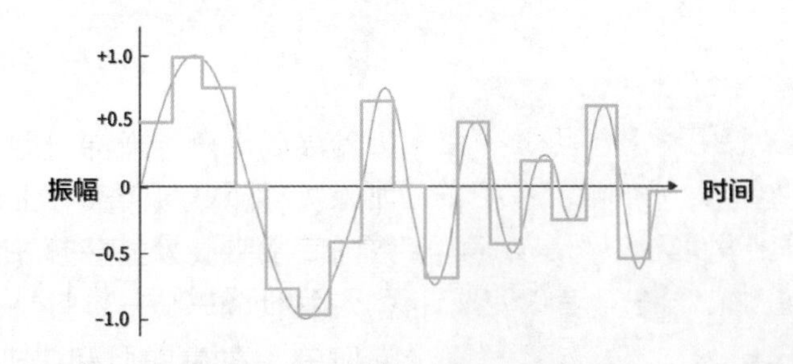


图4-2-3　用计算机记录声音

接下来，我们就编写程序来展示计算机的音频文件中存储的是怎样的信息。

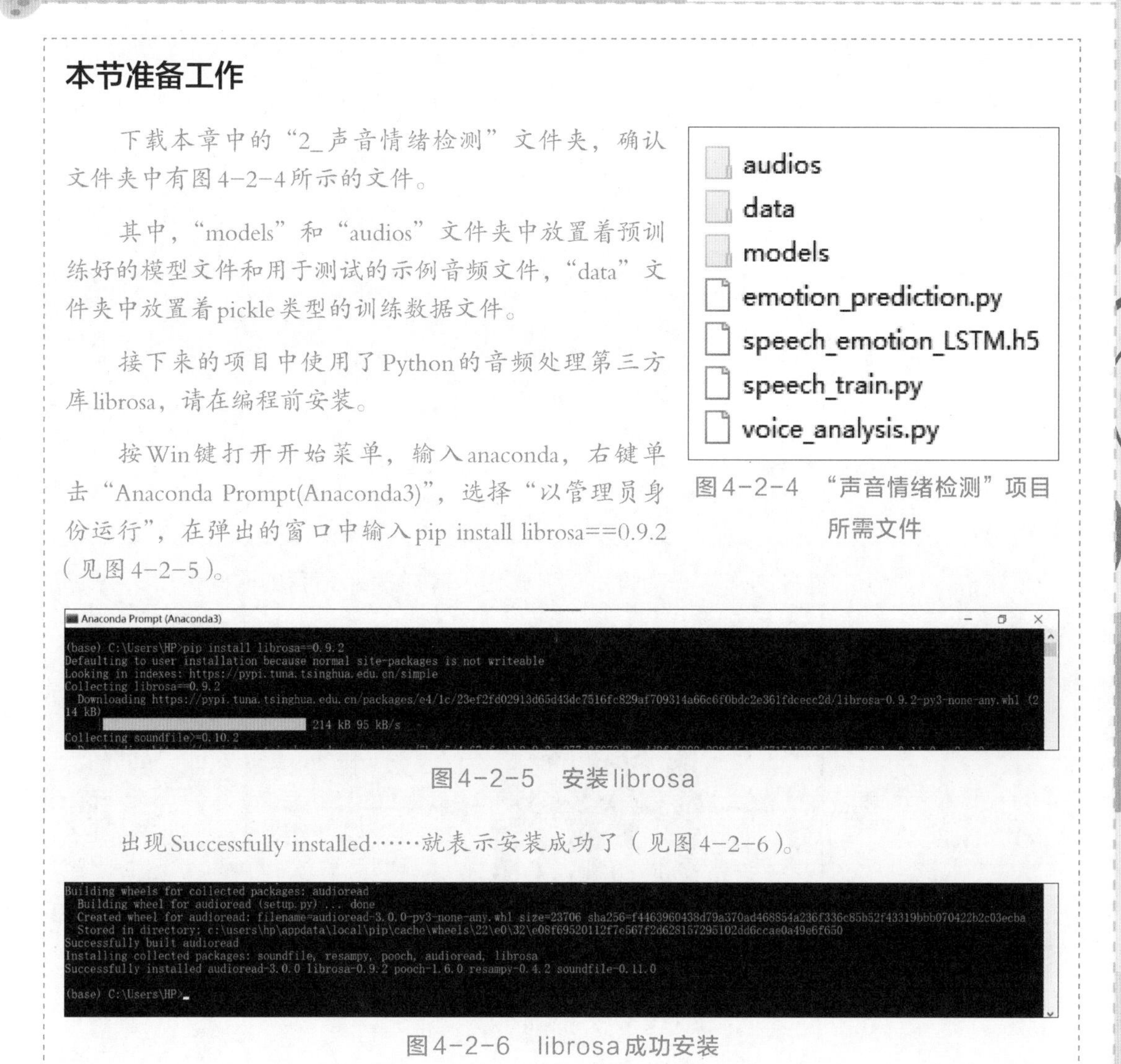

## 本节准备工作

下载本章中的“2_声音情绪检测”文件夹，确认文件夹中有图4-2-4所示的文件。



图4-2-4　“声音情绪检测”项目所需文件

其中，“models”和“audios”文件夹中放置着预训练好的模型文件和用于测试的示例音频文件，“data”文件夹中放置着pickle类型的训练数据文件。

接下来的项目中使用了Python的音频处理第三方库librosa，请在编程前安装。

按Win键打开开始菜单，输入anaconda，右键单击“Anaconda Prompt(Anaconda3)”，选择“以管理员身份运行”，在弹出的窗口中输入pip install librosa==0.9.2（见图4-2-5）。

```
Anaconda Prompt (Anaconda3)
(base) C:\Users\HP>pip install librosa==0.9.2
Defaulting to user installation because normal site-packages is not writeable
Looking in indexes: https://pypi.tuna.tsinghua.edu.cn/simple
Collecting librosa==0.9.2
  Downloading https://pypi.tuna.tsinghua.edu.cn/packages/e4/1c/23ef2fd02913d65d43dc7516fc829af709314a66c6f0bdc2e361fdcecc2d/librosa-0.9.2-py3-none-any.whl (214 kB)
     ████████████████ 214 kB 95 kB/s
Collecting soundfile>=0.10.2
```

图4-2-5　安装librosa

出现Successfully installed……就表示安装成功了（见图4-2-6）。

```
Building wheels for collected packages: audioread
  Building wheel for audioread (setup.py) ... done
  Created wheel for audioread: filename=audioread-3.0.0-py3-none-any.whl size=23706 sha256=f4463960438d79a370ad468854a236f336c85b52f43319bbb070422b2c03ecba
  Stored in directory: c:\users\hp\appdata\local\pip\cache\wheels\22\e0\32\e08f69520112f7e567f2d628157295102dd6ccae0a49e6f650
Successfully built audioread
Installing collected packages: soundfile, resampy, pooch, audioread, librosa
Successfully installed audioread-3.0.0 librosa-0.9.2 pooch-1.6.0 resampy-0.4.2 soundfile-0.11.0

(base) C:\Users\HP>
```

图4-2-6　librosa成功安装

在项目的“audios”文件夹中存放着一段简短的语音文件，使用音乐播放器可以听到其中的内容是一段说话声。我们可以利用Python的音频处理库librosa读取这个文件中的数据。打开“voice_analysis.py”程序文件，写入程序4-2-1。

**程序 4-2-1**

```
import librosa
# 读取音频文件，得到音频数据
signal, sample_rate = librosa.load("audios/voice_example.wav", sr=22050)
print(signal)
```

运行这段程序，librosa使用22050的采样率（即每秒声音对应22050个数据）读取音频文件，并得到了音频中的数据信息。观察打印出来的数据，可以看到，声音在计

算机中也保存为一组数字。

继续编写程序4-2-2，运用matplotlib库把这些数值绘制成一张图，从而能更清楚地看出数值大小的变化。

**程序4-2-2**

```
print(signal)
import matplotlib.pyplot as plt
import librosa.display
# 创建绘图，并将数据绘制成图形
plt.figure(figsize=(10, 4))
plt.title('Waveplot for voice', size=15)
librosa.display.waveshow(signal, sr=22050)
plt.show()
```

图4-2-7所示的这种图形被称为声音的波形图，横轴表示声音的时间位置，纵轴则表示振动的强度。

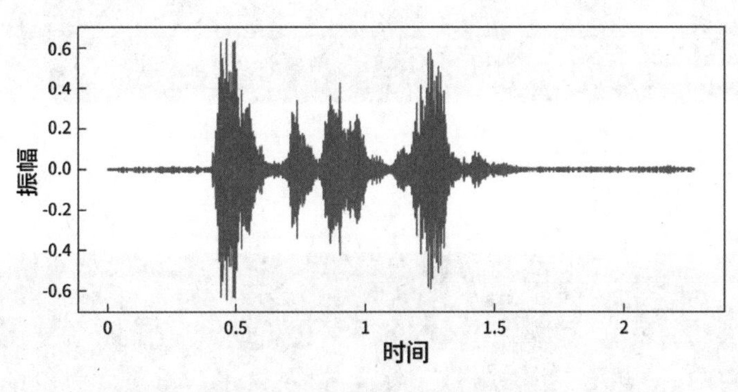


图4-2-7　声音的波形图/S

原始的声音文件本身就是一组数据，可以直接放到神经网络中训练。但是，在与人类语音相关的问题上，如果直接使用原始数据处理，不仅运算非常复杂，识别效果也不太好。

人类在听声音，尤其是听有意义的人类语音时，并不会关注全部的音频信息，而是会专注于其中一些明显的语音特征，更全局地分析。在计算机语音研究中，一种名为MFCCs（Mel-Frequency Cepstral Coefficients，梅尔频率倒谱系数）的数值被认为可以以非常接近人类听觉系统工作的方式提取声音中的语音特征信息。

MFCCs可以在原始的声音数据中经过一系列复杂的数学运算转换得到，其方法被内置在librosa库中。通过程序4-2-3得到MFCCs特征。

**程序 4-2-3**

```
librosa.display.waveshow(signal, sr=22050)
# plt.show()
# 运用librosa获取数据的MFCCs，可设定得到的特征数值数量为13个
mfcc = librosa.feature.mfcc(y=signal, sr=22050, n_mfcc=13, n_fft=2048,
                            hop_length=512)
print(mfcc.T)
```

如此得到的结果包含多组数值，每组数值由13个数字组成，代表大约0.02s时长的音频中的MFCCs特征。

对于我们示例的这个约2s的音频文件来说，就含有大约100组MFCCs特征数值，可以用总共约1300个数值表示，远远少于原始数据的约44000个数值。

## 4.2.2　训练语音的神经网络模型

为了运用神经网络辨认不同声音中蕴含的情绪，我们预先准备了7000多个已标记好情绪类型的声音文件，并把情绪归类为6类：厌恶、高兴、伤心、中性、恐惧、生气。

所有声音文件中的数据均经过librosa转换为MFCCs特征数据，被存储在项目的“data”文件夹中。打开“speech_train.py”程序文件，通过程序4-2-4读取数据。

**程序 4-2-4**

```
import pandas as pd
from keras.utils import pad_sequences, to_categorical
# 从文件中读取数据
data = pd.read_pickle("data/mfcc_data.pickle")
# 让所有音频数据的数据数量变为相同
mfcc = pad_sequences(data["mfcc"])
# 读取音频数据对应的情绪类型标记
labels = to_categorical(data["labels"])
```

读取的数据中，由于每一段音频的时长有所不同，每组数据的数值数量也有所不同。就像在处理图像问题时需要将所有图片的大小调整到同一尺寸，音频数据也需要被调整为相同的数值数量。

接下来，我们就应当开始搭建神经网络模型的结构了。对于语音问题，应该采用全连接的神经网络、卷积神经网络，还是其他的神经网络呢?

我们先来回顾一下之前使用过的网络结构。在企鹅分类问题中，喙的长度和厚度是相似的两类数据，只需要把它们同样地连接到下一层的全部神经元上就足够了；而在图像处理问题中，由于图像的不同像素的位置关系对于图像的识别很重要，全连接会丢失掉这一信息，因此更适合采用能够保留这一信息的卷积神经网络。

那么，语音问题相较于之前的问题，是否有什么特性呢？不难想到，音频数据的时间排列顺序对于语音识别可能有特殊的重要意义。举例来说，我们说“我到了”和“到我了”，可能只是把2段语音的特征数据的顺序进行调换，整个意思就完全不同了。

想一想

你还能举出与上述类似的调换语言顺序，意思就完全不同的例子吗？

为了最大程度地保留语音数据的时间顺序信息，我们可以重新构建数据之间的运算关系，让神经网络的运算在数据之间按时间顺序依次进行。这种神经网络结构被称为循环神经网络（Recurrent Neural Network，RNN）。

如图4-2-8所示，$t$个按时间排列的输入数据在RNN中会依次进行运算，中间的每一个运算都包含2个输入：这次运算对应的输入数据和上一次运算的输出数据。这样，在RNN中，每一次输出都包含了它前面的数据的影响，并且呈现出时间上的先后关系。在靠后的数据运算中，能够保留对前面所有数据的“记忆”。

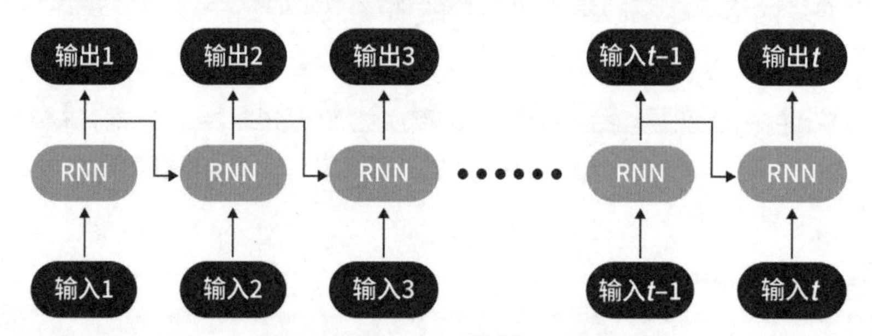


图4-2-8　循环神经网络

一个简单的RNN在处理较长的数据时，由于传递的层次太多，很难有办法保留较长期的记忆。这会导致RNN在处理稍长的句子时，无法“联想”起稍早前提到的信息。例如我们说“幻幻今天早上帮妈妈做了家务，妈妈很高兴，表扬了他”，RNN就很难把这个“他”和前面说过的“幻幻”联系到一起。

为了解决这个问题，可以在RNN的基础上稍做改造，变为长短期记忆（Long Short-Term Memory，LSTM）网络（见图4-2-9）。

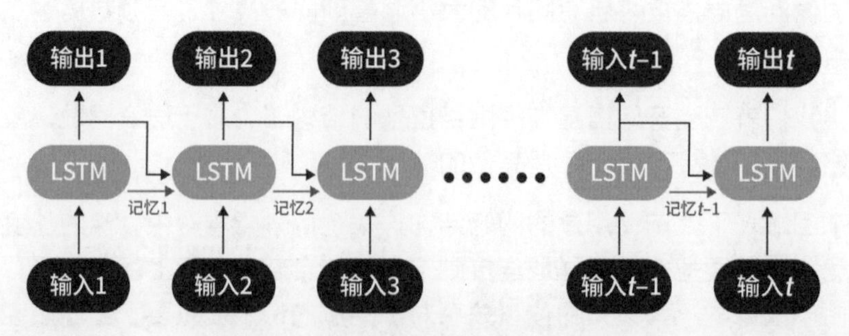


图4-2-9　长短期记忆网络

LSTM相较于简单的RNN，唯一的不同是在数据之间加入了独立的“记忆”数据，它保留了此前运算的经验，一边随着运算的进行注入新的“记忆”，一边适当地“遗忘”过去不重要的记忆。这样，LSTM既能很好地保留短期的记忆信息，又能留下长期的重要记忆。

回到语音识别的案例中，编写程序4-2-5，利用LSTM网络来构建模型结构。

**程序4-2-5**

```
labels = to_categorical(data["labels"])
from keras import models
from keras import layers
network = models.Sequential()
network.add(layers.LSTM(128, input_shape=(None, 13), return_sequences=True))
network.add(layers.LSTM(64))
network.add(layers.Dense(64, activation="relu"))
network.add(layers.Dropout(0.3))
network.add(layers.Dense(6, activation="softmax"))
network.compile(optimizer="rmsprop", loss="categorical_crossentropy",
                  metrics=["accuracy"])
```

这个网络包含2个LSTM网络层，1个全连接层，1个输出层。通过程序4-2-6训练网络。

**程序4-2-6**

```
network.fit(mfcc, labels, validation_split=0.2, batch_size=32, epochs=30)
```

由于这个项目的数据没有事先划分好训练数据和测试数据，我们可以在训练时用validation_split参数直接从全部数据中随机分出20%的数据进行实时测试。经过30轮次的训练，结果如下。

```
......
Epoch 28/30
187/187 [==============================] - 33s 179ms/step - loss: 0.9186 -
accuracy: 0.6565 - val_loss: 1.3063 - val_accuracy: 0.5406
Epoch 29/30
187/187 [==============================] - 33s 177ms/step - loss: 0.8762 -
accuracy: 0.6736 - val_loss: 1.4842 - val_accuracy: 0.5077
Epoch 30/30
187/187 [==============================] - 32s 172ms/step - loss: 0.8603 -
accuracy: 0.6788 - val_loss: 1.5567 - val_accuracy: 0.4963
```

这个模型在测试数据上能达到50%左右的分类准确率，对于通过语音进行情绪识别这个分辨难度较大的任务来说已经较为优秀。编写程序4-2-7将模型存储为文件。

**程序 4-2-7**

```
network.save("speech_emotion_LSTM.h5")
```

## 4.2.3 用模型判断声音的情绪

有了这个神经网络模型，我们就可以对音频文件进行情绪识别了。打开“emotion_prediction.py”程序文件，编写程序4-2-8，用相同的方法载入文件、获取MFCCs特征。

**程序 4-2-8**

```
import librosa
import np as np
from keras.utils import pad_sequences
# 读取音频文件数据并转换为MFCCs特征数据，进行数据的简单预处理
signal, sample_rate = librosa.load("audios/voice_example.wav", sr=22050)
mfcc = librosa.feature.mfcc(y=signal, sr=sample_rate, n_mfcc=13, n_fft=2048,
                            hop_length=512)
mfcc = pad_sequences([np.asarray(mfcc.T)])
```

编写程序4-2-9，用存储好的模型进行预测，并根据预测结果输出情绪类别（如果你在前一部分没有训练完成，也可以使用“models”文件夹中已经预训练过的模型文件“speech_emotion_LSTM_pre.h5”）。

**程序 4-2-9**

```
mfcc = pad_sequences([np.asarray(mfcc.T)])
from keras import models
# 首先设定好6个分类对应的情绪名称：厌恶、高兴、伤心、中性、恐惧、生气
labels = {0: "disgust", 1: "happy", 2: "sad", 3: "neutral", 4: "fear", 5:
"angry"}
# 载入模型文件，预测结果并得到预测概率最大的类别编号，打印出对应的情绪类别
network = models.load_model("speech_emotion_LSTM.h5")
index = int(np.argmax(network.predict(mfcc)[0]))
print(labels[index])
```

**试一试**

自己用计算机或手机带着情绪录制一段语音，注意存储成单声道的MP3或WAV格式。尝试用训练好的模型来预测，看看模型能否正确地判断出你的情绪。

## 拓展阅读——当代语音人工智能的其他技术

在图像领域取得成功后，基于深度学习的人工智能系统又在处理语音相关问题上取得了许多令人瞩目的成绩，并已经广泛地应用于生活中。

### ◆ 声纹识别

声纹识别是一种闻声辨人的身份识别技术（见图4-2-10），通过聆听声音来判断说话人的身份，与面部识别技术有一定的相似之处。声纹识别技术本身有着很长的发展历史，但直到引入深度学习后，识别率才有了明显的提升，这项技术才真正具备实践应用的价值。目前，声纹识别作为生物识别技术中的一个重要分支，在打击电信诈骗等只能获取语音的场合正发挥着独有的作用。

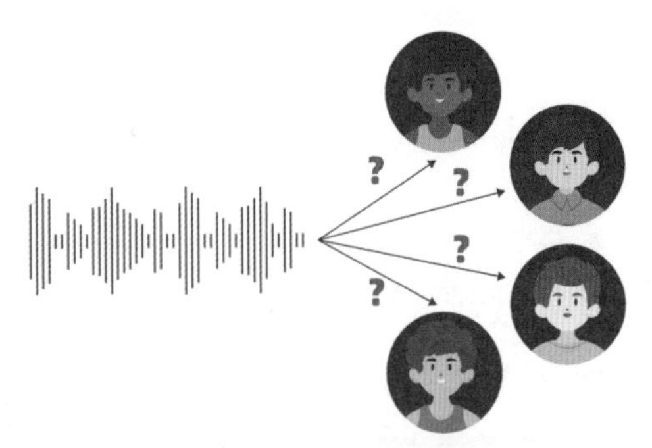


图4-2-10 声纹识别

### ◆ 语音识别

语音识别即语音转文字（Speech To Text，STT）技术是语音领域的关键技术，可以视为本节案例的超级加强版。语音识别要从语音数据中提取的不是情绪，而是具体的说话内容。在语音识别发展的历程中，隐马尔可夫模型是一个重要突破，基于这一模型第一次开发出了具备使用价值的语音识别系统。而在过去十年间，国内外的科技巨头公司都在将深度学习用于语音识别上投入了大量的精力，采集巨量的语音数据并花费巨资进行人工标注，力求得到尽可能完美的语音识别模型。现在，顶尖科技公司已经可以做到在主流语言的语音识别问题上达到约98%的准确率，并已大量应用于视频自动字幕、语音聊天等日常场景，如图4-2-11所示的微信语音转文字功能，为生活提供了极大的便利。

图4-2-11 微信语音转文字功能

### ◆ 语音合成

语音合成（见图4-2-12）即文字转语音（Text To Speech，TTS）技术可以看作是语音识别技术的反向技术，要将文本转换为机器合成的语音，目标是尽可能与人类的真实语音相似。用机械装置模拟人类说话的历史甚至比人工智能的历史更长，但在很长一段时间内都只能做到先由人类预先录制，再用机器按照一定的规则进行特殊处理后播放出来，听上去机械感十足，

图4-2-12 语音合成

无比生硬。在电影等艺术作品中，这种“机械音”常常是机器人的标志性声音。而在深度学习应用到语音合成领域后，合成质量有了飞跃式的提升，不仅可以用各种不同的音色合成流畅、自然的语音，还能用少量的录音数据模仿出人的语音特征。现在的语音合成技术被广泛用于视频配音、电话销售、车载导航等场景中，在语音方面，真实与虚拟的界限已经越来越模糊。

## 本节小结

◆ 声音的本质是一种振动，计算机存储声音的方法就是按照时间顺序用数字记录每个时间点上的振动强度。

◆ 声音的采样率越大，记录声音的时间间隔就越短，声音的细节就越丰富；声音的位深越大，记录每个时间点的声音所用的数值范围就越大，声音的记录就越准确。

◆ 语音通常是指人类说话的声音，语音的关键特征可以通过提取音频数据中的MFCCs数值来表示。将音频数据转换为MFCCs特征，可以在节省计算量的同时，提升语音任务的完成质量。

◆ 语音数据中，数据的时间顺序非常重要，而循环神经网络（RNN）能够保留数据的时间顺序特征，在每个时间点保留对前面时间点的记忆。

◆ 长短期记忆（LSTM）网络是对简单循环神经网络的改进，它可以有效地保留长期的重要记忆。LSTM非常擅长处理语音相关的问题。

# 第三节　人工智能与语言
# ——中英文短句翻译

## 4.3.1　文本也是数据

一个高级、完整的人工智能翻译系统可以自动地将人们说的话转换成对应的文字，再翻译成另一种语言，最后合成语音进行播放。其中，将语音转换为文字和将文字转换为语音的技术在上一节中已经介绍过了，但文字翻译工作就需要人工智能系统对人类语言含义有一定的理解。

人类使用的语言，也被称为自然语言。在人工智能领域，与自然语言相关的一系列问题被划分到了自然语言处理（Natural Language Processing，NLP）中。NLP从图灵时代开始就是人工智能的一个重要分支，而现在的NLP技术同样离不开深度学习的帮助。

在第二章中，我们已经知道，Python编程中的文本内容被称为字符串，它也是一种能够被计算机处理的数据。但如果我们想在文字数据上运用神经网络，就需要知道应当怎样把文字转换成数值。

我们使用的文字，无论是英文、中文还是其他语言，都是由特定的一些字符组成的，例如英文中的字母、中文中的汉字等。要用计算机来存储文字，只需要让所有字符都可以用一个特定的数字来表示，这个过程被称为文字编码（Encoding）。

文字编码可以有不同的规则，例如，我们既可以用1 ~ 26来表示字母a ~ z，也可以用97~122来表示。但为了方便使用计算机的人交流，大家需要约定一些共同的规则。Unicode就是这样一套通用的规则，在这个规则中，字母“a”用数字“97”表示，而汉字“我”用“25105”来表示。

Unicode编码覆盖了大多数的字符，但对于特定的自然语言任务，只需要用到部分编码，因此如果直接使用Unicode编码，将带来额外的计算量，而且Unicode编码中有很多对NLP无效的字符，这些字符还会干扰分析。在NLP中，通常需要根据问题相关的语料（即语言材料，可以看作是项目使用的数据集）重新进行字符编码。

## 本节准备工作

下载本章中的“3_机器翻译”文件夹，确认文件夹中有图4-3-1所示的文件。

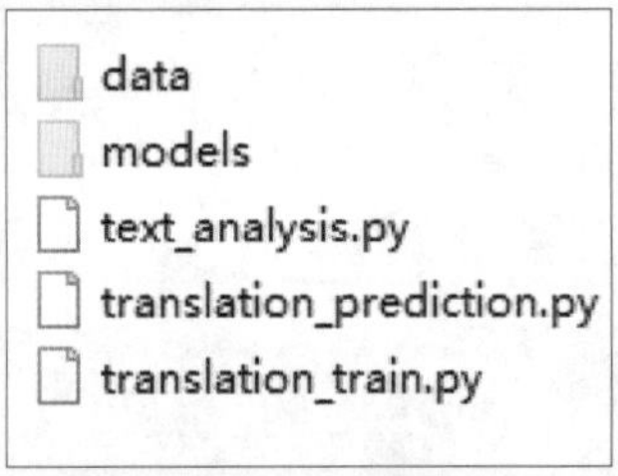

- data
- models
- text_analysis.py
- translation_prediction.py
- translation_train.py

图4-3-1 “机器翻译”项目所需文件

其中，“data”文件夹中有本项目必要的文本数据文件，“models”文件夹中有预先训练好的神经网络模型文件。

接下来的项目中使用了Python中用于中文分词的第三方库jieba，请在编程前安装。

按Win键打开开始菜单，输入anaconda，右键单击“Anaconda Prompt(Anaconda3)”，选择“以管理员身份运行”，在弹出的窗口中输入pip install jieba ==0.42.1，出现Successfully installed jieba-0.42.1，就表示安装成功了（见图4-3-2）。

图4-3-2 安装jieba

打开“text_analysis.py”程序文件，先通过程序4-3-1，用一句话作为我们的语料，试着了解一下如何对文字编码。

**程序 4-3-1**

```
import numpy as np
# 尝试先使用一句话充当语料
text = "I love learning deep learning"
# 找到语料中所有不重复的字符，组成一个列表
characters = list(set(text))
# 文本的整体长度
length = len(text)
# 不重复的字符数量
feature_length = len(characters)
# 创建数据，准备给文本编码
encoder = np.zeros((length, feature_length))
# 创建一个方便查询的字典（每个字符排在列表的第几位）
char_dict = {char: index for index, char in enumerate(characters)}
# 对文本中的所有字符进行编码
for char_index, char in enumerate(text):
    encoder[char_index, char_dict[char]] = 1
print(encoder)
```

以上程序的运行结果如下。

```
[[1. 0. 0. 0. 0. 0. 0. 0. 0. 0. 0. 0. 0.]
 [0. 0. 0. 0. 0. 0. 0. 0. 1. 0. 0. 0. 0.]
 [0. 0. 0. 0. 0. 0. 0. 0. 0. 0. 0. 1. 0.]
......
 [0. 0. 0. 0. 0. 0. 0. 0. 0. 0. 1. 0. 0.]
 [0. 0. 0. 0. 0. 0. 0. 0. 0. 0. 0. 0. 1.]
 [0. 0. 0. 1. 0. 0. 0. 0. 0. 0. 0. 0. 0.]]
```

这里共有29行数据，依次对应“I love learning deep learning”这句话中的所有字符（包括空格）。每行数据中有13个数值，这是因为我们的语料只包含13种不同的字符（12种字母和空格）。在这个编码中，我们用数字1出现的位置表示字符。这样，我们就可以成功对所有字符进行自动编码，并且得到一种神经网络非常擅长处理的数据形式。

对于英语文本来说，理解它的关键并不是字母，而是单词。要让人工智能更好地理解语言，需要通过程序4-3-2，将句子按照单词划分，对词进行编码。

在英语句子中，词与词之间一般以空格隔开，我们只需要按照空格拆分就可以了。

**程序 4-3-2**

```
import numpy as np
text = "I love learning deep learning"
# 按照空格拆分句子
text = text.split()
words = list(set(text))
length = len(text)
feature_length = len(words)
encoder = np.zeros((length, feature_length))
word_dict = {char: index for index, char in enumerate(words)}
for word_index, word in enumerate(text):
    encoder[word_index, word_dict[word]] = 1
print(encoder)
```

这样，我们就轻松地将字符编码转换为词编码，向着对语言的理解更近了一步。输出结果如下。

```
[[0. 0. 0. 1.]
 [0. 1. 0. 0.]
 [1. 0. 0. 0.]
 [0. 0. 1. 0.]
 [1. 0. 0. 0.]]
```

结果中，5个单词被编码成长度为4的数组，因为这句话中出现了相同的单词（learning）。

那我们怎么根据编码后的数据重新得到原始的文本内容呢？将编码数据还原为文本的操作称为解码（Decoding）。如程序4-3-3所示，就像我们翻阅字典一样，解码时只需要将编码值逐个对着编码表查询就可以了。

**程序 4-3-3**

```
print(encoder)
# 准备一个列表来存储解码后的所有词
output = []
# 依次查看每个词的编码
for code in encoder:
    # 获得1所在的编码位置
    word_index = np.argmax(code)
    # 找到这个位置对应的词
    word = words[word_index]
    # 存入列表
    output.append(word)
# 合并所有词并打印，词与词之间用空格隔开
```

```
print(" ".join(output))
```

通过以上步骤，我们就初步了解了对英文词编码和解码的基本方法。但是，中文与英文有所不同，中文的句子是完全连贯的，并不会用空格隔开不同的单词。如果想对中文的文本进行词编码，就必须将中文的句子按照词进行拆分，这个步骤被称为中文分词。

中文分词本身是自然语言处理领域的一个重要课题，在这个项目中，我们直接使用Python的中文分词库jieba完成分词，如程序4-3-4所示。

**程序 4-3-4**

```
print(" ".join(output))
import jieba
text = "我爱学习深度学习"
print(list(jieba.cut(text)))
```

结果如下。

```
['我', '爱', '学习', '深度', '学习']
```

Python程序自动将句子分成了5个中文词，后续只需要再对这些词进行与英文类似的编码操作就可以了。

**试一试**

试着将上面程序的中文句子仿照英文句子的方式进行编码。

在这些例子中，由于我们使用的语料非常小，用这种方法只能编码少量的几个词。在处理复杂问题时，只要我们预先准备足够大的语料，得到的词编码就能够应对更多不同的情况。

## 4.3.2 训练自然语言处理的神经网络

在这个项目的“data”文件夹中，存放着含有10000余条中英文对照文本的数据文件，所有文本都是短句子，且已经去除了标点符号（示例见表4-3-1）。我们可以先以这些数据为语料分别完成中文、英文的编码，再让神经网络试着解决翻译问题。

表 4-3-1　中英对照文本示例

| | inputs | targets |
|---|---|---|
| 0 | Hi | 嗨 |
| 1 | Hi | 你好 |
| 2 | Run | 你用跑的 |
| 3 | Wait | 等等 |
| 4 | Hello | 你好 |
| 5 | I try | 让我来 |
| 6 | I won | 我赢了 |
| 7 | Oh no | 不会吧 |
| 8 | Cheers | 干杯 |
| 9 | He ran | 他跑了 |
| 10 | Hop in | 跳进来 |

在开始处理数据之前，首先分析一下在这个项目中应当使用怎样的神经网络。自然语言与上一节的语音有一个显著的共同点——先后顺序很重要，因此LSTM等循环神经网络也非常适合自然语言处理。

但是，与上一节中语音识别并对情绪分类不同，

语言翻译的任务并不是文本分类，而是要将一种语言的文本转换为另一种语言的文本。在将英文翻译为中文的过程中，英文是原始语言，中文则称为目标语言，而这两种语言的文本都是先后顺序重要的序列数据。

在这类将序列数据转换为新的序列数据的问题中，以循环神经网络为基础的Seq2Seq（Sequence to Sequence，序列到序列）模型是一种简单有效的方法。

在Seq2Seq模型中，我们使用了2个不同的神经网络。第一个网络被称为编码器（Encoder），如图4-3-3所示，它的职责是将原始语言文本经过LSTM转换成一组状态值，即LSTM最后一个神经元的输出，它携带原句子中的所有有效信息。这个编码器虽然也是LSTM，但其使用方法与上一节的LSTM稍有不同，我们只关心最后一组输出状态，而前面过程中的所有输出是不需要保留的。

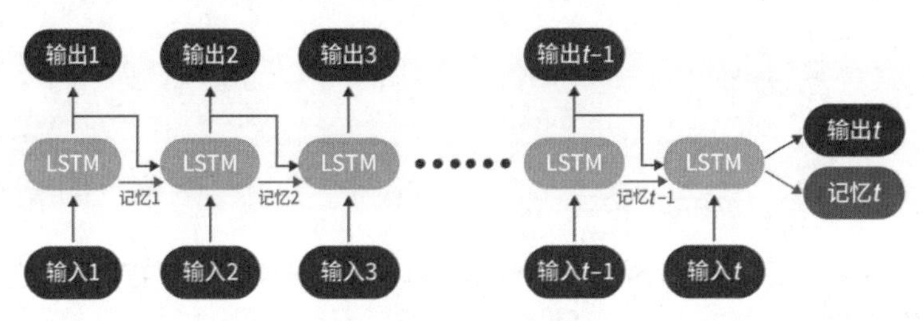


图4-3-3　编码器

第二个网络被称为解码器（Decoder），如图4-3-4所示，它从编码器输出的状态值开始，利用循环神经网络的结构，按顺序依次生成目标语言文本的字符。解码器的原型是一个文本生成器，它的输入数据是目标语言中的词，而每一个神经元对应的输出是输入词的后面一个词。例如，对于句子“我爱学习”，输入“我”，通过解码器得到“爱”，输入“爱”得到“学习”。

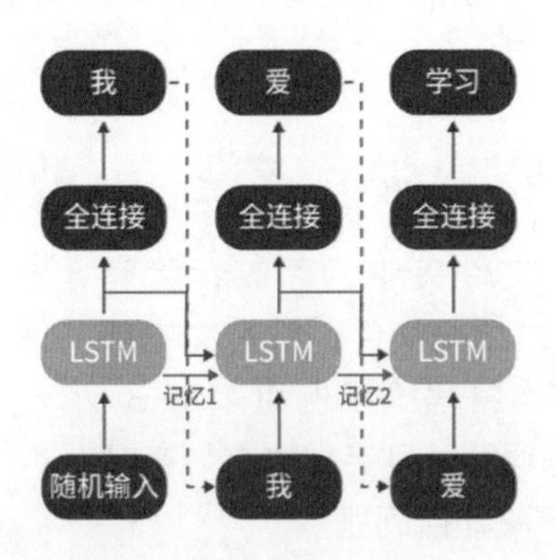


图4-3-4　解码器

这里，第一个输入值是随机的，如果能生成“我”字，就可以从网络中不断地得到后面的字，从而实现任意随机文本的生成。网络中增加的全连接层是为了能将LSTM输出的中间数值转换为词编码。

但是，在翻译问题中，我们想要的并不是随机生成的文本，而是要根据原始语言文本生成对应的目标语言文本。原始语言文本经过编码器转换后，已经可以用一组简单的状态值来表示，将它加入网络，就可以得到图4-3-5所示的编码器/解码器完整结构。

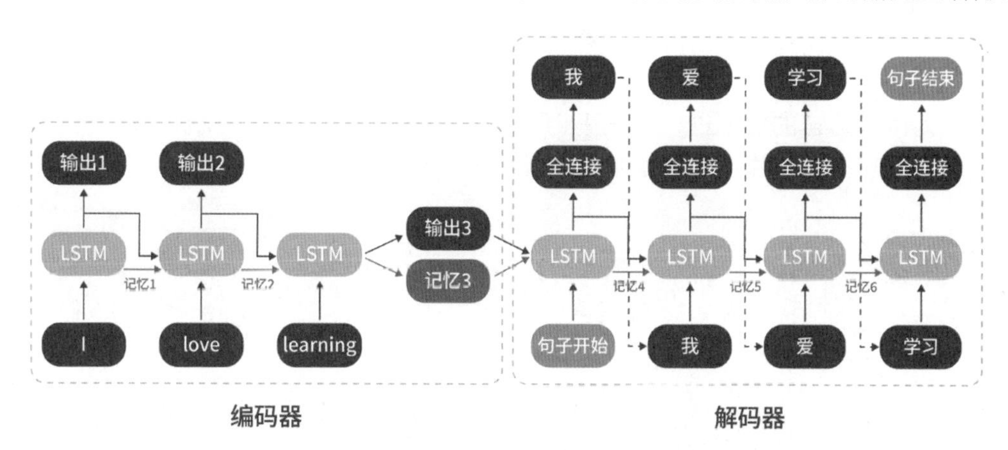


图4-3-5　完整结构

在这个结构中，我们将编码器网络的输出值传递到解码器网络开始的部分，用一个特殊符号作为句子开始的标记，期望能够得到目标语言（中文）的第一个词“我”。后面的推理步骤与文本生成一样，直到生成最后一个词后，我们希望网络可以自己得到句子结束的标记作为终止。

因此，如果要训练这个网络，它的输入数据应该包括编码器部分的英文句子（例如：I love learning）和解码器部分的中文句子（注意需要带有开始标记，例如<句子开始>我 爱 学习），而输出数据则是解码器部分的中文句子（需要带有结束标记，例如：我 爱 学习<句子结束>，它与输入的句子有1个词的错位）。

这样，在数据处理的阶段，我们就不仅要将英文、中文文本分别按词编码，还需在中文句子前后各加上一个标记，并生成2组词汇错位的数据。

打开“translation_train.py”程序文件，通过程序4-3-5对两种语言的文本按不同方式进行分词操作，并在中文句子的前、后加上一个特殊的开始、结束标记。

**程序4-3-5**

```
import jieba
import pandas as pd
# 读取文件中的全部数据
data = pd.read_csv("data/cmn_sim.csv")
# 对英文，按照空格进行分词
data["inputs_split"] = data["inputs"].apply(lambda x: x.split())
# 对中文，利用jieba进行分词，并在前后分别用<start>和<end>进行特殊标记
data["targets_split"] = data["targets"].apply(lambda x: ["<start>"] +
```

```
                                                        list(jieba.cut(x)) +
                                                        ["<end>"])
# 得到分词完毕的两组句子
input_texts = data["inputs_split"].values.tolist()
target_texts = data["targets_split"].values.tolist()
```

为了对两种语言的句子进行词编码，需要通过程序4-3-6分别统计这两种语言的语料中各出现了哪些词，并去除重复的词，得到两个用不同数字编号代表不同词的词汇表。

**程序 4-3-6**

```
target_texts = data["targets_split"].values.tolist()
# 汇总全部英文句子中出现的词
all_input_words = data["inputs_split"].sum()
# 留下所有不重复的词，按照词的出现次数排列顺序
input_words = sorted(set(data["inputs_split"].sum()),
                     key=lambda x: all_input_words.count(x))
# 对中文句子按同样方式得到所有不重复的词
all_target_words = data["targets_split"].sum()
target_words = sorted(set(data["targets_split"].sum()),
                     key=lambda x: all_target_words.count(x))
# 创建2个语言的词典，方便按词查询所有词在词汇表中的编号
input_dict = {word: index for index, word in enumerate(input_words)}
target_dict = {word: index for index, word in enumerate(target_words)}
```

在这部分处理中，我们尝试用词在语料中出现的次数来对所有词排序，使得高频率出现的词的位置能更接近一些，期望能少许地提升翻译的水平。

接下来，编写程序4-3-7，用相似的方法对所有句子中的词进行编码记录。

**程序 4-3-7**

```
target_dict = {word: index for index, word in enumerate(target_words)}
import numpy as np
# 计算两种语言各自最长的文本，这是一句话所需要使用的数据数量的上限
INPUT_LENGTH = max([len(i) for i in input_texts])
OUTPUT_LENGTH = max([len(i) for i in target_texts])
# 计算两种语言词汇表中词的数量，这是对一个词进行编码所需要使用的数据数量的上限
INPUT_FEATURE_LENGTH = len(input_words)
OUTPUT_FEATURE_LENGTH = len(target_words)
# 创建3组数据，分别准备作为编码器输入、解码器输入、解码器输出的数据，初始时所有数据都是0
encoder_input = np.zeros((10000, INPUT_LENGTH, INPUT_FEATURE_LENGTH))
decoder_input = np.zeros((10000, OUTPUT_LENGTH, OUTPUT_FEATURE_LENGTH))
```

```
decoder_output = np.zeros((10000, OUTPUT_LENGTH, OUTPUT_FEATURE_LENGTH))
# 对英文文本中的所有句子，逐个词进行编码，按照词汇表中的编号位置将0改为1
for seq_index, seq in enumerate(input_texts):
    for word_index, word in enumerate(seq):
        encoder_input[seq_index, word_index, input_dict[word]] = 1
# 对中文文本的句子也进行编码，得到两组数据
for seq_index, seq in enumerate(target_texts):
    for word_index, word in enumerate(seq):
        # 输入数据从"开始标记"一直编码到实际的最后一个词
        if word != "<end>":
            decoder_input[seq_index, word_index, target_dict[word]] = 1
        # 输出数据从实际的第一个词一直编码到"结束标记"
        if word != "<start>":
            decoder_output[seq_index, word_index - 1, target_dict[word]] = 1
```

这样，我们就完成了对文本数据的编码处理。接下来，编写程序4-3-8，按照前面讲解的思路，使用Keras创建Seq2Seq模型的结构。

**程序4-3-8**

```
        if word != "<start>":
            decoder_output[seq_index, word_index - 1, target_dict[word]] = 1
from keras import models
from keras import layers
# 第一部分：编码器，使用256个神经元的LSTM网络，只得到最后一组输出和记忆值
model_encoder_input = layers.Input(shape=(None, INPUT_FEATURE_LENGTH))
encoder = layers.LSTM(256, return_state=True)
_, encoder_h, encoder_c = encoder(model_encoder_input)
encoder_state = [encoder_h, encoder_c]
# 第二部分：解码器，以编码器的输出作为输入的一部分，包含LSTM和全连接2个层
model_decoder_input = layers.Input(shape=(None, OUTPUT_FEATURE_LENGTH))
decoder = layers.LSTM(256, return_sequences=True, return_state=True)
model_decoder_output, _, _ = decoder(model_decoder_input,
                                     initial_state=encoder_state)
decoder_dense = layers.Dense(OUTPUT_FEATURE_LENGTH, activation='softmax')
model_decoder_output = decoder_dense(model_decoder_output)
# 将2个网络结合起来，就组成了整体的网络
network = models.Model([model_encoder_input, model_decoder_input],
                       model_decoder_output)
```

最后，编写程序4-3-9，完成模型的训练配置，并开始训练。

**程序 4-3-9**

```
network.compile(optimizer='rmsprop', loss='categorical_crossentropy',
                metrics=["accuracy"])
network.fit([encoder_input, decoder_input], decoder_output,
           batch_size=16, epochs=100, validation_split=0.2)
```

需要注意的是，这个项目由于同时处理的数据量比较大，模型训练对计算机的内存要求比较高。如果你的计算机配置不足，可以尝试以下方法减少内存负担。

减少训练时每个训练批次的数据数量，也就是将network.fit的batch_size参数减小。减少两个LSTM网络的神经元数量，可以将256减少为128、64甚至32。

如果仍然无法正常运行，也可以直接使用提供的预先训练好的模型文件进行后面的翻译测试。

### 4.3.3 运用神经网络将英文翻译成中文

训练结束，我们就可以进行翻译测试了。这个网络有英文、中文两组输入，以错开1个词的中文作为输出。但是，在实际翻译时，我们拥有的只有原文（英文）的句子，并不能直接拿到对应的中文输入。

因此，在进行测试前，我们还需要编写程序4-3-10，将网络中编码器与解码器的组成单元分别提取出来，让网络逐个词地生成翻译文本。

**程序 4-3-10**

```
network.fit([encoder_input, decoder_input], decoder_output, batch_size=16,
           epochs=100, validation_split=0.2)
# 提取编码器的推理部分结构：从原文输入到状态输出
encoder_infer = models.Model(model_encoder_input, encoder_state)
# 解码器部分：首先建立2个状态值
decoder_state_input_h = layers.Input(shape=(256,))
decoder_state_input_c = layers.Input(shape=(256,))
decoder_state_input = [decoder_state_input_h, decoder_state_input_c]
# 解码器的LSTM部分可以根据输入数据和由编码器传递过来的状态值得到1个输出数据和2个继续传递的状态值
decoder_infer_output, decoder_infer_state_h, decoder_infer_state_c = decoder(
    model_decoder_input, initial_state=decoder_state_input)
decoder_infer_state = [decoder_infer_state_h, decoder_infer_state_c]
# 输出值要经过全连接层得到预测的"后面一个词"
decoder_infer_output = decoder_dense(decoder_infer_output)
# 提取出解码器推理部分结构：根据输入词和状态数据，得到"后面一个词"和下一步的状态值
```

```
decoder_infer = models.Model([model_decoder_input] + decoder_state_input,
                             [decoder_infer_output] + decoder_infer_state)
```

最后，编写程序4-3-11，将这两个单元分别存储为模型文件，方便翻译测试。

**程序 4-3-11**

```
decoder_infer = models.Model([model_decoder_input] + decoder_state_input,
                             [decoder_infer_output] + decoder_infer_state)
encoder_infer.save("machine_translation_encoder.h5")
decoder_infer.save("machine_translation_decoder.h5")
```

此外，为了避免每次测试时都要重新建立词汇表，也为了在实际翻译时使用和模型训练时相同的词汇表，还可以通过程序4-3-12将词汇表和一些相关的参数存储到文件中。

**程序 4-3-12**

```
decoder_infer.save("machine_translation_decoder.h5")
import pickle
DICT_DATA = input_words, target_words, (INPUT_LENGTH,
                                        INPUT_FEATURE_LENGTH,
                                        OUTPUT_LENGTH,
                                        OUTPUT_FEATURE_LENGTH)
# 建立文件，将数据写进文件
with open("dict_data.pickle", "wb") as fp:
    pickle.dump(DICT_DATA, fp)
```

现在，我们打开“translation_prediction.py”程序文件，开始测试翻译效果。编写程序4-3-13，从文件中读取词汇表，并根据词汇表，创建查询编号的“词典”。

**程序 4-3-13**

```
import pickle
with open("data/dict_data.pickle", "rb") as fp:
    data = pickle.load(fp)
input_words, target_words, (INPUT_LENGTH, INPUT_FEATURE_LENGTH, OUTPUT_LENGTH,
OUTPUT_FEATURE_LENGTH) = data
input_dict = {word: index for index, word in enumerate(input_words)}
target_dict = {word: index for index, word in enumerate(target_words)}
```

接下来，编写程序4-3-14，从存储好的模型文件中载入神经网络模型（如果你没有完成训练，可以在“models”文件夹中找到预先训练好的模型文件。请注意，如果使用了预训练模型，词汇表也需要读取“data”文件夹中的“dict_data.pickle”文件来创建）。

**程序 4-3-14**

```
target_dict = {word: index for index, word in enumerate(target_words)}
from keras import models
# 编码器部分
encoder_infer = models.load_model("machine_translation_encoder.h5")
# 解码器部分
decoder_infer = models.load_model("machine_translation_decoder.h5")
```

编写程序4-3-15开始测试，首先写一句简短的英文句子，按词进行拆分，并用词汇表完成编码。

**程序 4-3-15**

```
decoder_infer = models.load_model("models/machine_translation_decoder.h5")
import numpy as np
#用来测试的句子
seq = "It is amazing"
# 按照空格拆分进行分词
seq = seq.split()
# 对句子的每个词进行编码
text_encoder = np.zeros((1, INPUT_LENGTH, INPUT_FEATURE_LENGTH))
for word_index, word in enumerate(seq):
    text_encoder[0, word_index, input_dict[word]] = 1
```

编写程序4-3-16，将编码后的数据传递给编码器，得到一组状态值，做好解码前的数据准备。

**程序 4-3-16**

```
for word_index, word in enumerate(seq):
    text_encoder[0, word_index, input_dict[word]] = 1
# 首先，将编码后的数据传递给编码器网络，得到一组状态值
state = encoder_infer.predict(text_encoder)
# 接下来准备进入解码器，第一个"词"默认是开始标记"<start>"
predict_seq = np.zeros((1, 1, OUTPUT_FEATURE_LENGTH))
predict_seq[0, 0, target_dict["<start>"]] = 1
```

编写程序4-3-17，不断循环地调用解码器的网络进行推理，逐个词生成翻译后的文本，直到超过了最大的长度或预测出了结束标记。

**程序 4-3-17**

```
predict_seq[0, 0, target_dict["<start>"]] = 1
# 创建列表，存储翻译后句子中的所有词
```

```
output = []
# 逐个词进行预测
for i in range(OUTPUT_LENGTH):
    # 用解码器得到预测的后面一个词的编码和2个状态值
    out_infer, h, c = decoder_infer.predict([predict_seq] + state)
    # 编码中最大数值的编号对应预测词在词汇表中的编号
    word_index = np.argmax(out_infer[0, -1, :])
    # 对照词汇表，得到中文词
    word = target_words[word_index]
    # 如果得到的词是结束标记，则结束预测
    if word == "<end>":
        break
    # 将词添加到输出列表中，并将这个词的编码和状态值传递到下一个解码器单元
    output.append(word)
    state = [h, c]
    predict_seq = np.zeros((1, 1, OUTPUT_FEATURE_LENGTH))
    predict_seq[0, 0, word_index] = 1
# 输出翻译结果的句子
print("".join(output))
```

得到结果如下。

```
太神奇了
```

这样，我们就利用Seq2Seq网络训练出了一个非常简单的将英文短句翻译成中文短句的模型。但是，由于我们的网络结构非常简单，语料也仅有10000条，它既不能处理语料中不存在的单词，翻译的效果也不算太好。

**想一想**

在自然语言处理中，一种提升水平的方法是词编码时，就尽量使意思相似的词的编码相近。但是，创建语言的近义词库非常耗费人力，你能想到直接从语料中判断词汇之间意思是否相似的简便方法吗？

机器翻译是自然语言处理中的一个重要分支。Seq2Seq模型再进行优化，并运用较大的语料数据进行训练后，就能够取得不错的成绩。

2016年，谷歌提出了用于机器翻译的GNMT（Google Neural Machine Translation，谷歌神经机器翻译）模型，通过图4-3-6可以看出，在运算能力和庞大数据量的支持下，任意2种自然语言的互相翻译过程中它的表现能大幅度地超越基于人工辞典和短语的传统模型PBMT，已经非常接近人类翻译的水平。

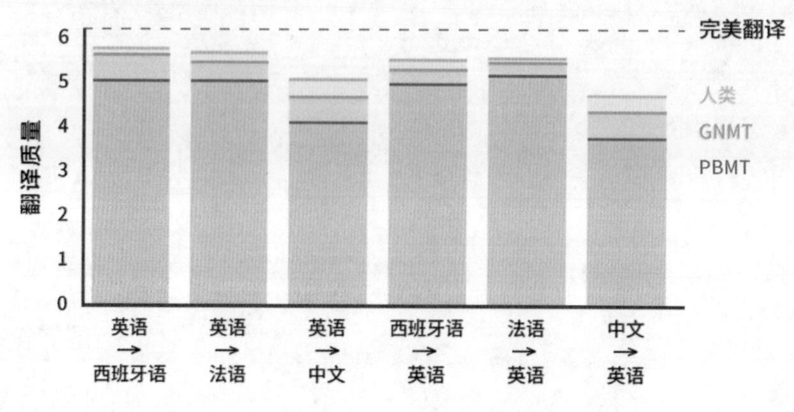


图4-3-6　GNMT模型

如今，机器翻译技术已经广泛应用于生活。利用翻译型手机或翻译笔等产品，走出国门与外国人交流互动不再是一件难事；高精准度的自动翻译系统，也可以帮助企业快速地把业务拓展到其他国家。

## 拓展阅读——当代自然语言处理技术的其他应用

一直以来，理解人类的语言都是人工智能发展的不懈追求，也与人工智能起源的图灵测试直接相关，因此自然语言处理在人工智能领域具有特殊的重要意义。从早期的ELIZA对话程序，到能够在电视节目中击败人类的Watson，自然语言处理的发展经历了多个阶段，在发展中不断进步。

除了能进行语言翻译，现在的自然语言处理人工智能还有很多其他的本领。

### ◆ 聊天机器人

聊天机器人（见图4-3-7）是一种能够与人类进行交流互动的人工智能，通常以在图灵测试中的得分作为衡量人工智能能力的标准。聊天机器人的问答过程也可以看作是一种序列到序列的问题，即从问的一句话到答的一句话。

近年来，运用深度学习技术制作的聊天机器人已经可以非常自然、流畅地与人类展开交流互动，谷歌、微软、三星等科技公司都在自己生产的设备上搭载了语音对话系统，而智能音箱等硬件产品正逐渐成为许多家庭的新成员。

图4-3-7　聊天机器人

### ◆ 知识图谱

自然语言处理的核心是对语言的理解，它不仅要在像机器翻译、聊天机器人这样的问题中，实现文字序列之间的准确转换，更应该对不同词的含义形成自己的理解，构建语言的知识网络。2012年，谷歌首次提出了“知识图谱”这一概念（见图4-3-8），期望能够建立起人类知识关系的网络，作为人工智能成长的重要“养分”。知识图谱系统可以更好地判断语言之间的关联，从而在网络搜索中更准确地判断用户的需求；而各类社交网站目前采用的推荐系统也运用了知识图谱的相关技术，可以基于对用户偏好的相似性判断给用户推送更精准的内容。

图4-3-8　知识图谱

## 本节小结

◆ 人类使用的语言称为自然语言，处理自然语言相关问题的人工智能属于自然语言处理（NLP）领域。

◆ 用人工智能处理自然语言，需要先把语言编码转换为数值，反过来把数值还原成语言文本的过程叫作解码。

◆ 在NLP中，一般以词为单位对语言编码，编码是基于预先准备的语言材料——语料来进行的。

◆ 中文句子的分词在NLP中是一个较为复杂的问题，Python库jieba可以实现中文分词。

◆ 自然语言问题与语音问题相似，数据顺序都很重要，因此，循环神经网络也适合处理自然语言问题。

◆ 机器翻译是将一种自然语言（原始语言）转换为另一种自然语言（目标语言）的任务，可以用Seq2Seq模型来解决。

◆ Seq2Seq模型包含编码器和解码器两个部分，都以循环神经网络为主体。

◆ 在机器翻译的Seq2Seq模型中，编码器负责把原始语言的各种句子转换为一组能表示语言含义的状态数据。

◆ 解码器可以根据状态值，从头开始逐个词生成预测的目标语言文本。

◆ 谷歌提出的GNMT模型是一种效果非常好的机器翻译模型，以它为基础的机器翻译系统能力非常接近人类的翻译水平。

# 第四节 人工智能与游戏——让 AI 成为游戏高手

## 4.4.1 强化学习与 Q 学习

在本书前面章节，我们已经运用基于神经网络的人工智能方法解决了视觉、语音、语言等问题。在这些问题中，我们基本是按照这样的步骤来实现人工智能的。

（1）准备好与问题相关的数据，包括模型输入数据和输出数据。例如，在机器翻译项目中，原始语言的文本是输入数据，对应的目标语言的文本是输出数据。

（2）根据问题的特点，建立合适的神经网络模型。例如，在图像问题中，通常采用卷积神经网络；在语音问题中，可以采用循环神经网络；在翻译等自然语言处理问题中，则可以采用Seq2Seq模型。

（3）运用准备好的数据对模型进行训练，目标是使得网络的预测尽可能接近输出数据，模型的好坏通常需在测试数据上评估。

在以上这些步骤中，最重要的预备工作是准备大量的输入数据，并且运用一些方法给这些输入数据标注。虽然烦琐，但在此前的几个项目中，还都可以想办法准备。那么，在“让AI玩游戏”这件事情上，我们能否同样准备好这样的数据呢？

对于游戏来说，输入数据是游戏的状态，输出数据是在这个状态下应当执行的游戏操作。为了提前准备数据，我们必须清楚游戏在不同的状态下分别采取哪种操作是最好的。但是，对于游戏玩得不好的人来说，要获取这样的数据是不可能的，即使请来了真正的游戏高手，我们训练出的人工智能也仅是对高手的模仿。

要解决这个问题，我们可以先思考一下人类是怎样学会玩简单的电子游戏的。以游戏《飞翔的小鸟》为例，游戏是按如下步骤进行的。

（1）打开游戏，了解这个游戏可以怎么操作：每次单击屏幕，小鸟会起飞，游戏的目标是控制小鸟穿越尽可能多的障碍物；一旦小鸟碰到障碍物或地面，游戏就结束了。

（2）试着操作，如果小鸟碰到障碍物，则游戏失败（惩罚），证明操作不合适；如果小鸟成功穿越障碍物得到分数（奖励），证明操作比较合适。

（3）不断重复（2）的步骤，玩家在头脑中形成什么时间做什么操作更好的经验，并在玩游戏的过程中不断修正，从而玩得越来越好。

显然，我们并不是先在头脑中预先想好什么时间做什么操作的，而是在玩游戏的过程中，通过奖励与惩罚的经验形成了操作策略。

**想一想**

这种方法不仅适用于电子游戏，也适用于其他的事情。例如，我们为了让自己好好学习，可以在学习时间达到标准后给自己一些奖励（吃大餐、买玩具），而在没有好好学习时给自己一些相应的惩罚，经过一段时间后就能自然形成好的学习习惯。

想一想，在你的生活经历中，能否找到其他类似的例子？

仿照这样的思路，我们可以让人工智能通过不断试玩，根据在游戏中的奖励与惩罚学会玩游戏的方法！

我们只需要根据奖励、惩罚的情况，不断更新人工智能对某种状态下应当怎样操作的经验，就能训练出一个足够强大的AI！可以看出，这种学习策略并不需要预先准备数据，而是通过试玩不停地获取游戏状态的数据，再根据不同操作带来的奖惩反馈探索出每种状态下的最佳操作。

这种学习机制被称为强化学习（Reinforcement Learning，RL），如图4-4-1所

示，它强调人工智能与所在环境（试玩的游戏就是一种环境）的互动，从环境中获得状态数据，并用操作的动作影响环境，以增加收益（奖励是正收益，惩罚则是负收益，因此也可以说是增加奖励、减少惩罚）为学习目标。

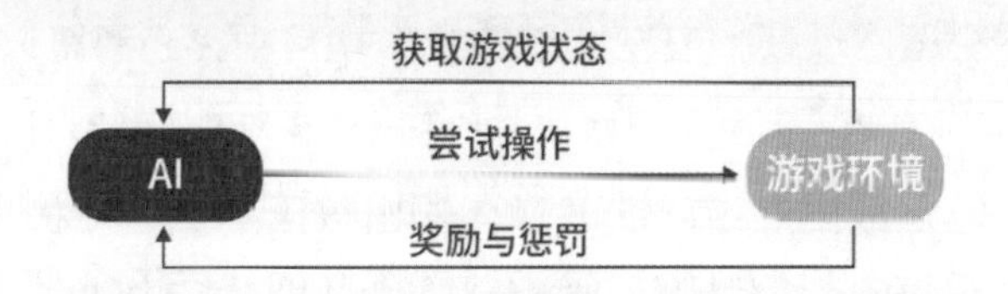


图4-4-1 强化学习

强化学习有很多具体的分支方法，其中一种非常著名的方法叫Q学习方法。Q学习的目标是记录每一种游戏状态下执行不同的游戏动作所能获得的收益，这样就可以在任意时刻选择收益最大的动作来执行。

对游戏《飞翔的小鸟》（见图4-4-2）来说，我们选择小鸟飞行的速度（$v$）、小鸟距离下一组障碍物（水管）的水平距离（$x$）、小鸟距离下一组障碍物（水管）缝隙顶部的垂直距离（$y$）组成游戏的状态。收益的计算方式很简单：如果游戏失败，收益为负1000；如果通过水管，成功得分，收益为正10；其他情况（没有失败也没有得分），收益为正1。

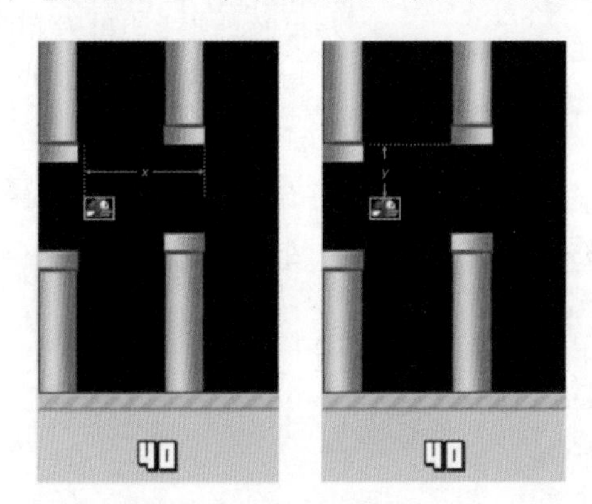


图4-4-2 《飞翔的小鸟》

当小鸟的状态为速度$v = -2$，水平距离$x = 30$，垂直距离$y = 5$时，我们可以做2种不同的动作：飞或不飞。假设选择飞导致游戏失败，收益为-1000，选择不飞则既没有失败也没有得分，收益为1。记录见表4-4-1。

表4-4-1 游戏状态

| 游戏状态 | 飞 | 不飞 |
|---|---|---|
| $v = -2, x = 30, y = 5$ | -1000 | 1 |

Q学习的过程就是在不断地填写、完善这张表格，最后根据这张表格的数据选择每种状态下收益最大的行动方式。

**想一想**

如果让小鸟在游戏中漫无目的地四处探索，按上面的方式填满表格后，是否就能玩好游戏了呢？

仔细思考，不难发现这个策略存在一个很明显的问题：对于游戏中的绝大部分状态来说，无论是选择飞还是不飞，都既不会立刻失败也不会立刻得分，它们的收益都是1。

从我们玩游戏的经验中很容易知道，对小鸟进行操作往往不是因为它马上就能得分或马上就要失败，而是期望将来能够获取得分、避免失败。

Q学习策略基于这一点，不仅考虑到动作带来的当下收益，还考虑到了将来可能带来的未来收益。在Q学习策略中，如果把游戏中的某个状态记为s，执行的动作记为a，把s状态下执行a动作带来的可能收益记为Q(s, a)（也称为Q值），考虑到将来的影响，它可以按公式（4-1）进行计算：

$$Q(s, a) = R(s, a) + \gamma \max(Q(s')) \tag{4-1}$$

在这个公式中，R(s, a)表示执行动作a带来的当下收益，也是我们在前面的分析中提到的收益。s'代表执行动作a后所达到的新的游戏状态，max(Q(s'))代表在新的s'状态下，采取所有可能的动作能带来的最大奖励，这就是我们当前采取a动作的潜在未来价值。当然，这里的未来价值也是根据过去无数次摸索的经验来估算的。公式中，还有一个$\gamma$，它被称为折扣因子（Discount Factor），折扣因子越大，未来的收益在Q值中的占比越大。

不过，在训练人工智能的过程中，我们不可能提前计算未来收益的准确值，如果直接按照上面的公式来计算，得出的结果并不可靠。在Q学习中，提出了一种逐渐学习、小步更新的方法，随着训练的进行，让每一步计算出的Q值越来越接近正确的公式结果：

$$Q(s, a) = Q(s, a) + \alpha(R(s, a) + \gamma \max(Q(s')) - Q(s, a)) \tag{4-2}$$

在公式（4-2）中，我们用上一次记录的Q(s, a)的结果加上修正值，修正值通过估算出的收益值$R(s, a) + \gamma \max(Q(s'))$和过去记录的Q(s, a)的差值乘以系数$\alpha$得到。$\alpha$被称为学习率（Learning Rate），它越大则修正、学习的速度越快，但过大的学习率也可能会使策略无法找到问题的正确答案。

依照这个方法，我们尝试一个Q学习的程序，让人工智能试玩游戏。

## 本节准备工作

下载本章中的“4_游戏AI”文件夹，确认文件夹中有以下文件（见图4-4-3）。

- assets
- models
- basic_q_learning.py
- deep_q_learning.py
- game.py
- game_play.py
- game_utils.py
- utils.py

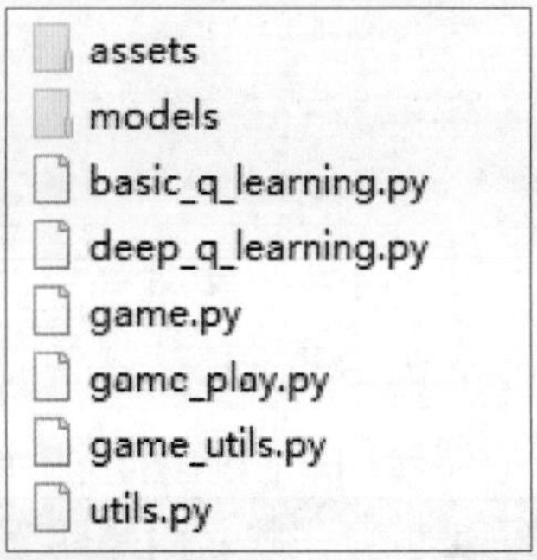

图4-4-3 “游戏AI”项目所需文件

其中，“game.py”和“game_utils.py”是《飞翔的小鸟》的游戏程序，它是运用Python游戏开发工具库pygame编写的；“assets”文件夹中存放着游戏运行需要的图像、声音等资源文件；“models”文件夹中存有项目预训练好的模型文件。

上文中提到，游戏状态可以由速度$v$、水平距离$x$、垂直距离$y$这3个数值表示，整个游戏画面的图像尺寸为288像素×512像素，因此两个距离$x$、$y$存在无数种不同的取值，如果组合起来，状态的数量实在太多，对于玩这个游戏来说不太必要。实际上，到下一个水管两个方向上的距离，只需要根据距离大小分为很近、比较近、不太近、有点远、比较远、很远这6个类别就足够了。

按照这种思想，我们可以预先将$v$、$x$、$y$ 3个数值简单转换后，各分为6个类别，记录在一张含有6×6×6=216种状态的表格中。

打开“basic_q_learning.py”程序文件，编写程序4-4-1载入游戏内容，预先设定好一张“空”的Q值表格及计算过程中必要的参数。

**程序4-4-1**

```
import numpy as np
from game import GameState
from utils import get_state
# 从游戏文件中载入相关的数据
game_state = GameState()
# 设定折扣因子为0.8
GAMMA = 0.8
# 设定学习率为0.7
ALPHA = 0.7
# 创建一张记录216种状态、各2种不同行动的Q值表格，初始值全都为0
Q = np.zeros((6, 6, 6, 2))
```

在开始训练之前，先编写程序4-4-2启动游戏，以不飞的动作执行游戏的第一步，获取第一个游戏状态。

**程序 4-4-2**

```
Q = np.zeros((6, 6, 6, 2))
# 执行第一个动作：不飞，获取游戏状态
state, _, _, _ = game_state.frame_step((1, 0), mode="basic")
# 将游戏状态v 、x 、y各转换到6个类别中
ns_c = get_state(state)
```

在游戏程序中，调用frame_step()函数代表让游戏执行一步，参数设为(1, 0)代表不飞，设为(0, 1)代表飞。

接下来，编写程序4-4-3建立一个30万次的循环，根据上面提到的方法更新这张Q值表格。

**程序 4-4-3**

```
ns_c = get_state(state)
# 循环300000次，进行学习训练
for step in range(300000):
    # 得到游戏状态s_c
    s_c = ns_c
    # 建立游戏动作a_t
    a_t = np.array((0, 0))
    # 在表格中，找到这个状态下的最大预期收益和它对应的编号
    action_index = np.argmax(Q[s_c[0], s_c[1], s_c[2]])
    # 设定这个编号位置的动作值为1，分别对应不飞和飞的动作
    a_t[action_index] = 1
    # 执行动作，得到新的游戏状态state，计算当下收益reward，表示游戏是否结束的变量terminal
和游戏得分score
    state, reward, terminal, score = game_state.frame_step(a_t, mode="basic")
    # 将动作执行后的新状态各自转换为6种类别
    ns_c = get_state(state)
    # 得到新状态下，表格中2个动作对应的Q值
    Q_new = Q[ns_c[0], ns_c[1], ns_c[2]]
    # 如果游戏已经失败，则只考虑当下收益，否则还要计算新状态的未来价值
    if terminal:
        Q_target = reward
    else:
        Q_target = reward + GAMMA * np.max(Q_new)
    # 计算Q的估计目标值和已经记录的值的差值
    Q_update = Q_target - Q[s_c[0], s_c[1], s_c[2], action_index]
    # 按照学习率，修正当前记录的数值
    Q[s_c[0], s_c[1], s_c[2], action_index] += ALPHA * Q_update
```

在这段程序中，我们根据表格中记录的数据，始终选择收益最大的动作来执行，并获取新的游戏状态和当下收益的数值。接着，根据公式（4-1）先计算出一个目标的Q值Q_target，再根据它和当前记录的Q值的差异，乘以学习率，按照公式（4-2）进行Q值的更新。

运行程序，可以清楚地观察到Q学习训练的过程：从开始时，小鸟跌跌撞撞、胡乱尝试，到第一次成功穿越水管空隙，再到熟练地穿越一个又一个水管空隙。有了Q学习，人工智能能轻松地在这个游戏中达到三位数、四位数甚至更高的游戏得分。

## 4.4.2 深度Q学习——Q学习+神经网络

虽然我们已经成功地运用Q学习让人工智能学会了游戏《飞翔的小鸟》的玩法，但这个学习方式仍然存在着一些不足之处。

◆ 这个游戏非常简单，动作只有2种，也只需要记录200多种游戏状态。但是，更加复杂的游戏的状态和动作数量都会大大增加，运算量也会随之大幅度增加。

◆ 我们预先定义了3种数值表示游戏的状态，并且将这3种数值按照大小各自划分成了6个类别。但这种处理方式实际上包含了我们人类对游戏预先的判断和认识，很难直接用于新的游戏。

◆ 我们从游戏程序中直接读取了3种游戏状态数值，这其实是人工智能从程序内部读取出的机密信息。相比之下，我们人类就只能用眼睛来观察游戏的画面，因此以上方法有作弊的嫌疑。

这个方法需要依赖于人类对游戏的认识，换一个游戏就要面临大量的改变。并且，AI还需要从游戏内部拿出一些数据来处理，看上去并不公平。

那么，AI能否像人类一样，只通过观察游戏的画面，就自动地学习到游戏的玩法呢？

2015年，人工智能领域著名的科技公司DeepMind在《自然》杂志上发表了*Human-level Control through Deep Reinforcement Learning*（《运用深度强化学习实现人类水准的操控》）一文，详细阐述了如何将深度学习和强化学习结合，实现强大的游戏AI，并提出了著名的DQN（Deep Q-Network，深度Q网络）算法（即深度Q学习），也就是将深度神经网络和Q学习结合起来。

如图4-4-4所示，深度Q学习的核心思想和Q学习方法相似，只不过，它以AI观察到的游戏画面作为游戏状态来学习，并且运用深度神经网络作为工具预测每一步的Q值。这个问题中神经网络的作用是根据游戏画面预测Q值。我们可以用公式（4-1）计算Q值作为目标值，来衡量模型的好坏，以此进行神经网络的训练。

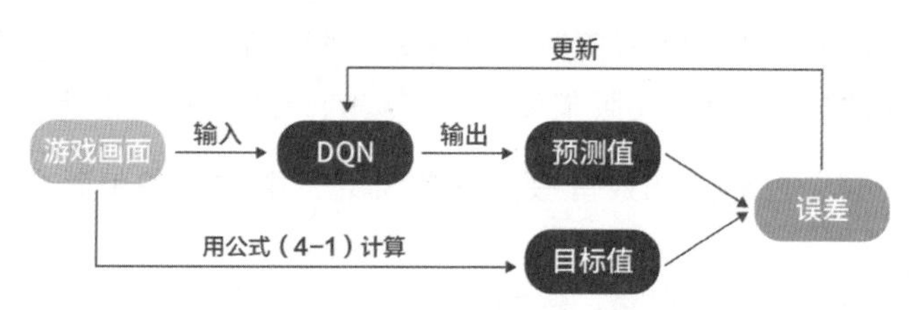


图4-4-4　深度Q学习训练流程

在训练过程中，可以按照人工神经网络的训练方法，如图4-4-5所示，不断随机从记忆中抽取数据进行训练。为了建立有效的游戏记忆，游戏中每一步都可以将新获取到的游戏数据存入记忆库中。

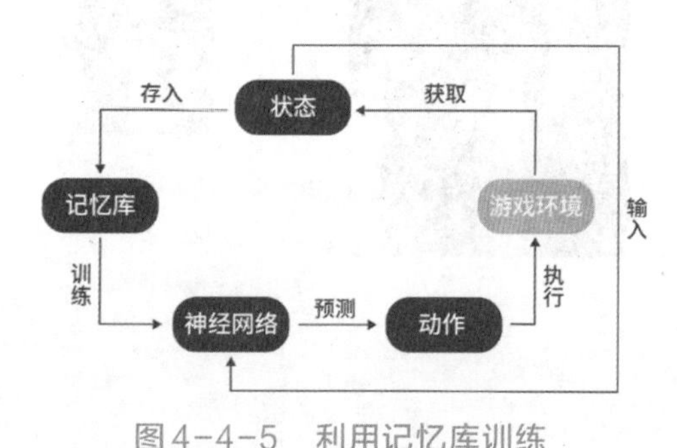


图4-4-5　利用记忆库训练

DQN方法以游戏画面为数据，因此数据更新的速度很快，数据量也比较大，实践中常以连续的几帧游戏画面作为1个游戏状态数据，并且设定一个较大容量但有限的记忆库，存储一段时间内的数据。训练刚开始时，记忆库是空的，先观察一段时间，收集了一定数量的数据存入记忆库后，再正式开始学习。

此外，为了在早期自由探索阶段能充分地让小鸟探索，我们还可以给小鸟一些“权力”，让它有时能自由选择动作，不必按照网络预测的最优动作来执行，从而更快速地探索更多不同的游戏状态。

打开“deep_q_learning.py”程序文件，编写程序4-4-4创建游戏，设置必要的训练参数。

**程序4-4-4**

```
from game import GameState
game_state = GameState()
GAMMA = 0.99  # 计算目标值仍然需要使用折扣因子
OBSERVE = 3000  # 前3000步用来观察，创建最初的记忆库
EXPLORE = 300000  # 学习和探索共持续300000步
INITIAL_EPSILON = 0.1  # 训练开始时，以10%的可能性进行自由探索
FINAL_EPSILON = 0.0001  # 训练结束时，将自由探索的可能性设置为接近0
MEMORY_SIZE = 50000  # 记忆库的数据最多存放50000条
BATCH = 32  # 每次训练，随机抽取32条记忆库中的数据进行训练
```

接下来，编写程序4-4-5，以不飞作为第一个动作执行第一步的游戏，并获取最初的游戏画面数据。在这个项目中，我们用4张连续的游戏画面图像组成1组数据，并且将每张图像的尺寸缩小至80像素×80像素，简单地用黑白色标记图像颜色的深浅，大幅减少训练时用到的数据量。

如图4-4-6所示（为方便观察，其中的右图是实际尺寸的4倍），转换后的游戏画面以显著的白色标记了小鸟和水管障碍物的位置。

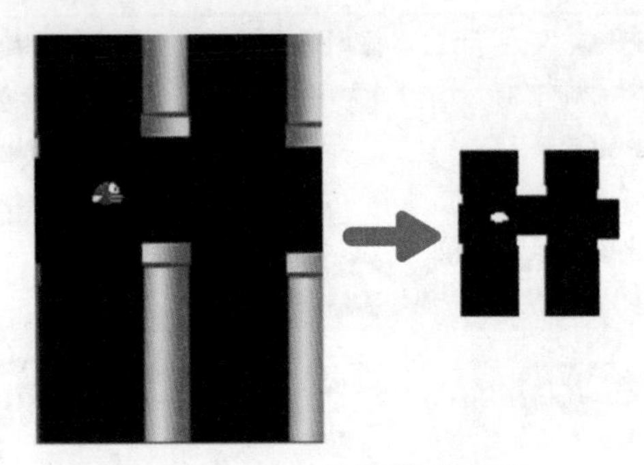

图4-4-6　处理游戏画面

**程序4-4-5**

```
BATCH = 32  # 每次训练，随机抽取32条记忆库中的数据进行训练
from utils import convert_data
# 用不飞执行第一步游戏，获取游戏画面数据
img, _, _, _ = game_state.frame_step((1, 0))
# 按照神经网络的数据格式要求转换数据
ns_t = convert_data(img)
```

随后，编写程序4-4-6建立神经网络模型的基本结构。由于这个问题本质上是一个图像问题，运用卷积神经网络最为合适。

**程序4-4-6**

```
ns_t = convert_data(img)
from keras import models
from keras import layers
from keras.optimizers import adam_v2
# 建立神经网络，包含3个卷积层和1个全连接层，最后输出2个神经元，表示该状态下2种动作分别对应的预测Q值
network = models.Sequential()
network.add(layers.Conv2D(32, (8, 8), strides=(4, 4), padding="same",
            activation="relu", input_shape=(80, 80, 4)))
network.add(layers.Conv2D(64, (4, 4), strides=(2, 2), padding="same",
            activation="relu"))
```

```
network.add(layers.Conv2D(64, (3, 3), strides=(1, 1), padding="same",
            activation="relu"))
network.add(layers.Flatten())
network.add(layers.Dense(512, activation="relu"))
network.add(layers.Dense(2))
# 游戏学习相对比较复杂，学习过程稍微降低学习率
adam = adam_v2.Adam(learning_rate=1e-4)
network.compile(optimizer=adam, loss="mse")
```

接下来，编写程序4-4-7，正式开始对游戏的观察和探索，根据随机数的大小确认是否进行自由探索，决定是按照随机方式还是按照神经网络的预测结果来执行动作。

**程序 4-4-7**

```
network.compile(optimizer=adam, loss="mse")
import random
from collections import deque
import numpy as np
# 创建记忆库
D = deque()
# 设定一个小数值，表示AI进行自由探索的可能性
epsilon = INITIAL_EPSILON
# 记录训练的轮次，每10000步为1轮次
epoch = 0
# 共执行3000步观察和300000步探索
for step in range(OBSERVE + EXPLORE):
    # 获取游戏当前的状态数据
    s_t = ns_t
    a_t = np.array((0, 0))
    # 如果要进行自由探索，则随机选择飞或不飞
    if random.random() <= epsilon:
        action_index = random.randint(0, 1)
        a_t[action_index] = 1
    # 否则，按照神经网络预测的结果，选择收益最大的一种动作来执行
    else:
        q = network.predict(s_t, verbose=0)
        action_index = np.argmax(q)
        a_t[action_index] = 1
    # 在探索阶段，随着学习的进行，逐渐减少自由探索的可能性
    if epsilon > FINAL_EPSILON and step > OBSERVE:
        epsilon -= (INITIAL_EPSILON - FINAL_EPSILON) / EXPLORE
```

确定好要执行的动作后，编写程序4-4-8执行动作并将游戏的状态数据存入记忆库，再从记忆库中抽取部分记忆数据来进行模型的训练（注意：程序4-4-8请写在循环内部）。

**程序 4-4-8**

```
if epsilon > FINAL_EPSILON and step > OBSERVE:
    epsilon -= (INITIAL_EPSILON - FINAL_EPSILON) / EXPLORE
# 按照决定的动作进行一步游戏，更新游戏状态、当下收益、游戏是否结束、游戏得分等变量
img, reward, terminal, score = game_state.frame_step(a_t)
ns_t = convert_data(img, state=s_t)
# 计算收益时，将收益数值限制在-1 ~ 1的范围内
score_dict = {-1000: -1, 1: 0.1, 10: 1}
reward = score_dict[reward]
# 将游戏状态、执行的动作、当下收益、下一步游戏状态、游戏是否结束等作为游戏数据存入记忆库
D.append((s_t, action_index, reward, ns_t, terminal))
# 如果记忆库存满，则删除最早的记忆
if len(D) > MEMORY_SIZE:
    D.popleft()
# 如果观察结束，则开始对模型进行训练
if step > OBSERVE:
    # 从记忆库中随机抽取32条记忆数据
    minibatch = random.sample(D, BATCH)
    # 整理抽取出来的游戏数据
    state_t, action_t, reward_t, next_state_t, terminal = zip(*minibatch)
    state_t = np.concatenate(state_t)
    next_state_t = np.concatenate(next_state_t)
    # 运用公式 (4-1)，计算这些数据对应的目标值Q_targets
    Q_targets = network.predict(state_t, verbose=0)
    Q_new = network.predict(next_state_t, verbose=0)
    Q_targets[range(BATCH), action_t] = \
        reward_t + GAMMA * np.max(Q_new, axis=1) * np.invert(terminal)
    # 在这些数据上进行少量的模型训练和更新
    network.train_on_batch(state_t, Q_targets)
```

原本设置的收益计算(失败：-1000、得分：10、其他：1)彼此之间相差巨大，不适合使用神经网络训练，因此在以上程序中做了少许的调整，用-1 ~ 1范围内的小数字表示收益。这个训练过程非常长，共持续30轮次、300000步，我们可以每个轮次都保存一次模型数据，以防程序中断造成数据丢失，具体如程序4-4-9所示。

**程序 4-4-9**

```
    network.train_on_batch(state_t, Q_targets)
# 在探索阶段，每10000步记录为1个轮次，每个轮次都将模型存储为文件
if (step + 1 - OBSERVE) % 10000 == 0:
    print(f"----------epoch {epoch}----------")
    network.save(f"models/model_{epoch}.h5")
    epoch += 1
```

## 4.4.3　运用学习成果试玩游戏

经过一段较长时间的训练后（根据计算机性能的不同会有所差别，用较新的计算机CPU训练，每个轮次需要10 ~ 30min），我们得到了游戏神经网络的模型文件。

运用这些存储好的模型文件，我们可以轻松地让人工智能模型自己玩《飞翔的小鸟》。打开“game_play.py”程序文件，编写程序4-4-10进行游戏的启动和初始化。

**程序 4-4-10**

```
from utils import convert_data
from game import GameState
game_state = GameState()
img, _, _, _ = game_state.frame_step((1, 0))
ns_t = convert_data(img)
```

编写程序4-4-11用Keras载入存储好的模型文件(如果你没有完成第4.4.2节中的模型训练，也可以直接使用项目的“models”文件夹中的预先训练好的模型文件“pre_model.h5”)。

**程序 4-4-11**

```
ns_t = convert_data(img)
from keras import models
model = models.load_model("models/model.h5")
```

最后编写程序4-4-12执行游戏循环，每次循环执行一步。这里，我们每一步都用神经网络预测不同动作的收益，选择收益最大的动作来执行，并进行游戏画面状态的记录和更新。

**程序 4-4-12**

```
model = models.load_model("models/model.h5")
import numpy as np
```

```
# 进行游戏的循环
while True:
    # 获取游戏的当前状态
    s_t = ns_t
    # 根据模型预测的结果，选择执行的动作
    a_t = np.array((0, 0))
    q = model.predict(s_t, verbose=0)
    action_index = np.argmax(q)
    a_t[action_index] = 1
    # 执行动作，并且记录新的游戏画面状态
    img, _, _, _ = game_state.frame_step(a_t)
    ns_t = convert_data(img, state=s_t)
```

运行程序，观察人工智能的游戏水平吧!

**试一试**

运用你训练得到的模型试玩游戏，观察并记录下不同轮次的模型在一定时间内能取得的最高分数。分析哪些模型的效果最好，想想为什么。

## 拓展阅读——AlphaGo与AlphaZero

提出DQN算法的DeepMind公司进行了很多关于游戏人工智能的探索和研究，并在2016年正式推出了用于围棋游戏的人工智能AlphaGo，它在与围棋高手李世石的人机对弈中以4:1取得了胜利，后续的强化版本更是做到了在与人类棋手的对局中无一败绩。由于围棋游戏极其复杂，计算机不可能穷举所有的情况，过去普遍认为其很难被人工智能攻克。AlphaGo的出现震惊世界，成为近年来人工智能发展的标志性事件。

AlphaGo的核心思想与本节介绍的DQN算法相似，也是运用神经网络，让人工智能在强化学习的过程中不断追求取得更高的游戏奖励。但是，不同于《飞翔的小鸟》，围棋游戏有2个参与游戏的玩家，明确的收益只有游戏的最终胜负。AlphaGo采取的方法是让2个游戏人工智能自己和自己下棋，通过这个过程不断学习赢得更高胜利机会的方法，最终用神经网络形成对任意围棋游戏局面价值的判断（估值网络）（见图4-4-7）。

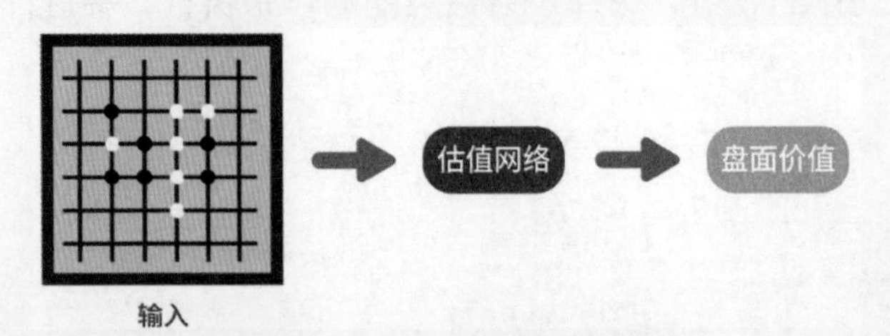


图4-4-7　AlphaGo与估值网络

有了估值网络，AlphaGo就可以在任何时候都选择价值最高的位置进行落子。

但是，AlphaGo最初仍然利用了大量的人类棋谱作为基础数据进行训练。2017年年末，DeepMind公司再次推出了新的棋类游戏人工智能AlphaZero，它彻底丢弃了人类的经验，从完全不懂围棋，经过自我对局的训练成长为一个能够完胜AlphaGo的强大人工智能。

AlphaZero的训练使用了谷歌公司5000颗TPU（专门用于神经网络训练的张量处理器），自我对局了成百上千万局，但训练效果极好，并且能够胜任如国际象棋、将棋等其他棋类游戏，向着通用人工智能的梦想迈出了一大步。

如今，人工智能的身影已经越来越多地出现在各类传统游戏、电子游戏之中，游戏AI超越人类的事件屡见不鲜。而通过这些游戏领域的探索，研究者们更可能找到人工智能技术新的发展方向，为人类创造更大的价值。

## 本节小结

◆ 强化学习是一种让人工智能在与环境互动的过程中逐渐学习的方法，它的特点是通过人工智能与环境互动获得反馈，不需要预先准备数据。

◆ 强化学习需要根据当前环境的状态，判断所有可能的动作带来的收益（包括正收益的奖励和负收益的惩罚），从而尽量向着增加收益的方向训练和强化。

◆ Q学习是一种经典的强化学习方法，它的目标是准确记录所有状态下执行所有动作可能带来的预期收益（称为Q值），从而选择收益最大的动作来执行。

◆ Q学习的预期收益计算不仅考虑动作带来的短期收益（当下收益），还考虑动作执行后带来的未来收益（对长期价值的估计）。

◆ Q学习的训练过程，就是不断地让人工智能进行尝试，计算每种状态下的Q值，再进行更新和记录。

◆ 传统的Q学习需要根据不同的问题进行特殊处理，依赖于人类经验。深度Q学习（DQN）则引入神经网络，能够直接从原始数据（例如游戏画面）中学习。

◆ 深度Q学习运用神经网络进行训练，因此需要建立记录游戏数据的记忆库，依据Q学习的公式不断调整模型参数。

◆ 训练过程中，可以适当给人工智能释放一些自由探索的“权力”，以一定的概率自己决定如何行动，从而更快地探索各种不同的状态，加快学习效率。

# 第五节 人工智能与创作 ——图像生成人工智能

## 4.5.1 创作的秘诀——生成对抗网络

创作对于人类来说不是一件简单的事情，如果想成为一名优秀的艺术创作者，需要接受有经验的老师持续指导，需要十年如一日的坚持与努力，更需要天赋与灵感。

以绘画为例，在了解、学习了绘画的基本方法后，我们便可以不断尝试创作，根据老师的指导意见，逐渐精进。

如果想让人工智能具备创作的能力，我们同样也可以为它聘请一位“老师”，在它学习创作的过程中给它提出“指导意见”，从而让它能不断地进步。

如图4-5-1所示，在拥有“老师”的前提下，人工智能模型的训练和学习过程与第四节提到的强化学习的思路非常相似。

（1）AI尝试自由地进行创作。

（2）“老师”对作品做出好与坏的评价作为反馈。

（3）根据评价，调整创作的方式，努力争取更好的评价。

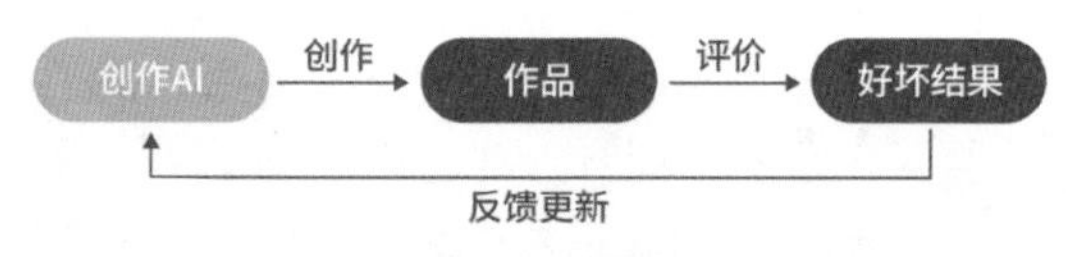


图4-5-1 AI的创作流程

与游戏AI中强化学习的过程稍有不同的是，这里不存在游戏环境，也不需要根据游戏状态决定动作，创作型人工智能创作的作品是凭空产生的。很显然，只要我们的“老师”能够正确地对每一个作品进行评价，这个学习过程是可以成立的。

但是，与游戏AI中简单明确的评价标准不同，文学、绘画、音乐等作品的评价不能提炼成明确的规则，如何找到这样一位“老师”是解决问题的关键。

**想一想**

在文学、绘画、音乐等艺术领域，艺术家们常常可以快速地判断作品的好与坏。他们具备这样的能力是因为他们有丰富的艺术鉴赏经验，看过成千上万或优秀、或平庸的作品，因而在头脑中建立起了一套评价的规则。

想一想，我们能不能把这些规则“教给”人工智能模型？如果不能，你能想到什么其他的方法吗？

人类自己都难以用语言表达创作的评价标准，很多时候只能将判断过程归为直觉。而让人工智能程序有“直觉”，无疑是一件不可能的事情。

但是，既然人类的经验是从阅览大量作品的过程中获取的，如果人工智能模型也阅览同样多的作品，它应当也能够具备与人类相似的评价能力。

评价AI的训练过程如图4-5-2所示，为了培养这样的人工智能模型，我们需要预先准备大量的或好或坏的作品，并配上它们对应的真实评价。但是，要收集这样的评价并不容易，同样的作品，不同人给出的评价也不尽相同。更重要的是，如果AI创作出的作品过于天马行空，完全超出评价AI的认识范围，那么也无法正确地进行评价。

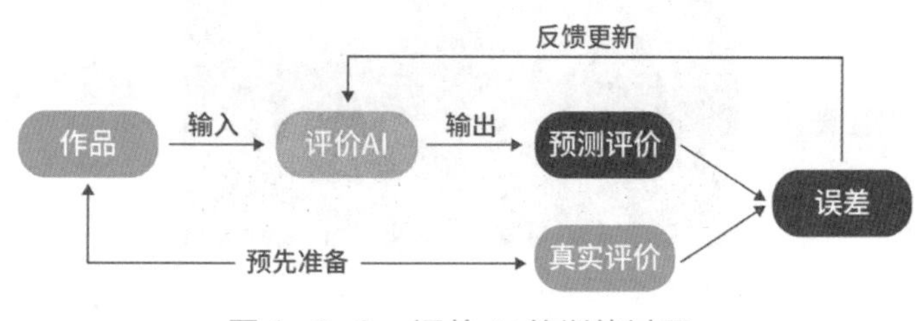


图4-5-2 评价AI的训练过程

2014年，Ian Goodfellow等提出了一种解决问题的巧妙思路：虽然作品的评价标准难以明确，但只要让AI的作品混入人类的优秀作品中，做到让人无法分辨，就说明达到了优秀的水平。这种思路与图灵测试不谋而合：人工智能在表现上与人类足够相似，其中就一定蕴含着智能。

因此，按照这个思路，创作AI的唯一目标是创作出与人类作品相似的作品，而评价AI的目标则是鉴别作品是真实的还是由创作AI仿造的。这样，我们只需要预先准备好大量的真实作品数据，人工智能就可以模拟出与这些作品相似的仿造作品。

Ian Goodfellow等将这样的人工智能系统命名为生成对抗网络（Generative Adversarial Network，GAN），如图4-5-3所示，它由负责创作的生成网络和负责判断作品真实与否的鉴别网络两个部分组成。

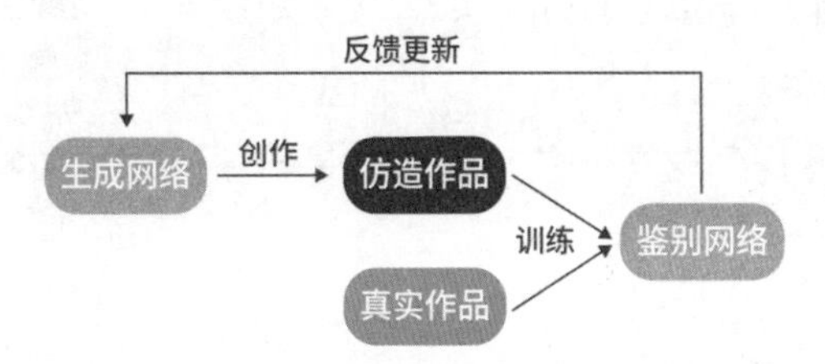


图4-5-3　生成对抗网络

在GAN中，我们同时训练这样两个网络：鉴别网络在真实作品与仿造作品的阅览经验中不断磨练自己的鉴别能力，而生成网络根据鉴别的结果不断提升创作水平，以求创作作品尽量与真实作品混淆。

鉴别网络这位“老师”的鉴别能力越来越强，会促使生成网络的创作水平越来越高；反过来，生成网络的创作越来越逼真，又能促进鉴别网络精进鉴别能力。两个网络在学习的过程中互相比拼、共同进步。事实证明，运用生成对抗网络，只要准备好大量的优秀作品作为参照，它就能创作出具备艺术价值的原创作品，AI绘画作品如图4-5-4所示。

图4-5-4　AI绘画作品

## 4.5.2　生成对抗网络实践——拟真图像生成网络训练

我们尝试自己设计一个生成对抗网络，让它从一些真实的狗图像中学习生成虚拟狗。

**本节准备工作**

下载本章中的“5_图像生成器”文件夹，确认文件夹中有图4-5-5所示的文件。

其中，“data”文件夹中有本项目所需的真实图像文件，“models”文件夹中存放着预训练好的模型文件。

data
models
dog_GAN_training.py
dog_generator.py
utils.py

图4-5-5　“图像生成器”项目所需文件

设计神经网络之前，我们先读取神经网络的模仿对象——20000多张真实狗的图像数据。打开“dog_GAN_training.py”程序文件，编写程序4-5-1，完成图像数据的读取。

**程序4-5-1**

```
from utils import load_images
# 从data文件夹中读取全部的图像数据，整理成鉴别网络的输入数据
x_train = load_images("data/")
```

经过一小段时间后，所有图像数据读取完毕。这段程序实际上对原始图像做了以下处理，以方便神经网络进行读取。

◆ 根据标注从原始图像中裁剪出狗所在的区域。

◆ 将所有图像的尺寸统一为64像素 × 64像素。

◆ 将表示颜色的0 ~ 255的数据改为用-1 ~ 1范围内的小数字表示。

处理后的真实狗图像如图4-5-6所示。

图4-5-6　处理后的真实狗图像

有了必要的数据后，我们开始设计生成对抗网络。首先，考虑鉴别网络的部分，即负责识别真伪的网络。如图4-5-7所示，这个网络是一个简单的图像二分类的神经网

络，它以真实或仿造图像为输入数据，以预测的分类结果为输出，目标是尽可能正确地完成分类。

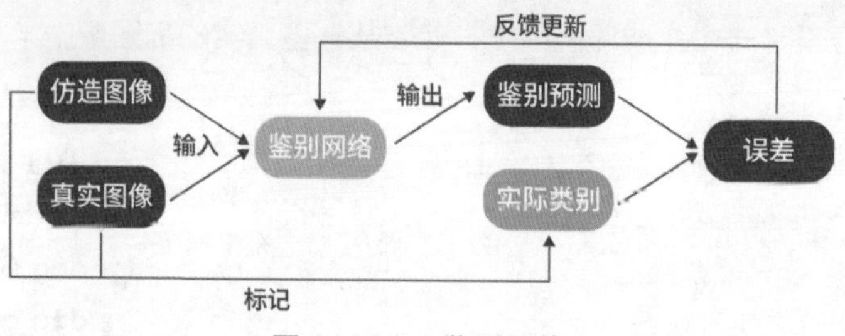


图4-5-7　鉴别网络

对于图像问题，我们可采用卷积神经网络进行模型结构的搭建，见程序4-5-2。

**程序 4-5-2**

```
x_train = load_images("data/")
from keras import models
from keras import layers
from keras.initializers import initializers_v2
from utils import AdamWithWeightnorm
# 权重参数初始化
init = initializers_v2.RandomNormal(mean=0.0, stddev=0.02)
# 创建鉴别网络
discriminator = models.Sequential()
# 网络包含4个卷积层，最后输出结果1表示真实，0表示仿造
discriminator.add(layers.Conv2D(128, kernel_size=3, strides=2,
                    padding='same',kernel_initializer=init,
                    input_shape=(64, 64, 3),activation=layers.LeakyReLU(0.2)))
discriminator.add(layers.Dropout(0.25))
discriminator.add(layers.Conv2D(128, kernel_size=3, strides=2,
                    padding='same', kernel_initializer=init,
                    activation=layers.LeakyReLU(0.2)))
discriminator.add(layers.Dropout(0.25))
discriminator.add(layers.Conv2D(128, kernel_size=3, strides=2,
                    padding='same', kernel_initializer=init,
                    activation=layers.LeakyReLU(0.2)))
discriminator.add(layers.Dropout(0.25))
discriminator.add(layers.Conv2D(128, kernel_size=3, strides=2,
                    padding='same', kernel_initializer=init,
                    activation=layers.LeakyReLU(0.2)))
discriminator.add(layers.Dropout(0.25))
```

```
discriminator.add(layers.Flatten())
discriminator.add(layers.Dense(1, activation='sigmoid',
                   kernel_initializer=init))
# 配置网络，以减少分类误差为目标，采用特定的学习策略
discriminator.compile(loss='binary_crossentropy',
                   optimizer=AdamWithWeightnorm(learning_rate=0.0002,
                                                beta_1=0.5))
```

这个鉴别网络包含4个卷积层，可根据输入的64像素×64像素的彩色图像数据进行二分类的预测。

接着，我们考虑生成网络的部分，即负责创作图像的网络。根据前文的描述，生成网络应当能够自由地生成图像，并根据鉴别结果提高创作能力，使生成的图像越来越像真实图像。这个网络看上去只有输出没有输入，但神经网络是必须有输入数据的。那么生成网络的输入究竟是什么呢？

在生成网络中，我们可以用随机数据（又称为噪声数据，本身没有任何意义）作为网络的输入，这样可以使每次生成的结果尽可能不同，训练才能取得好的效果。

如图4-5-8所示，这个过程和处理图像问题的卷积神经网络恰好相反：卷积神经网络是输入图像数据，输出分类结果；生成网络则是输入随机数据，输出图像。因此，模型结构上，只需要设定反向的卷积神经网络——反卷积层即可，见程序4-5-3。

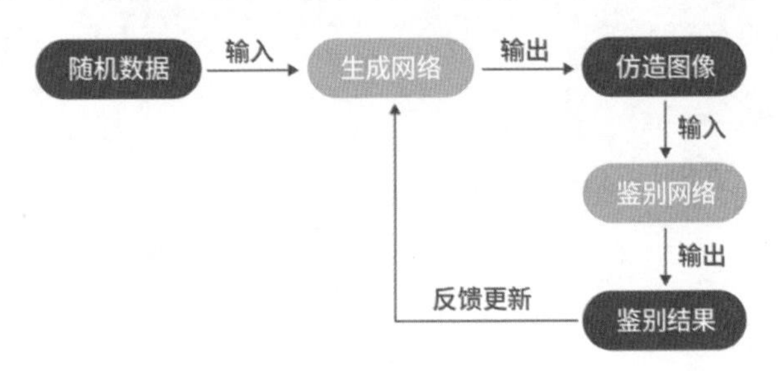


图4-5-8　生成网络

**程序 4-5-3**

```
discriminator.compile(loss='binary_crossentropy',
                      optimizer=AdamWithWeightnorm(learning_rate=0.0002,
                                                   beta_1=0.5))
# 生成网络模型结构
generator = models.Sequential()
# 先使用一个全连接层改变随机输入数据的结构，再使用多个反卷积层得到输出图像
generator.add(layers.Dense((64 * 4 * 4), kernel_initializer=init,
              input_dim=128))
generator.add(layers.Reshape((4, 4, 64)))
```

```
generator.add(layers.UpSampling2D())
generator.add(layers.Conv2D(128, kernel_size=3, padding="same",
               kernel_initializer=init, activation="relu"))
generator.add(layers.UpSampling2D())
generator.add(layers.Conv2D(128, kernel_size=3, padding="same",
               kernel_initializer=init, activation="relu"))
generator.add(layers.UpSampling2D())
generator.add(layers.Conv2D(128, kernel_size=3, padding="same",
               kernel_initializer=init, activation="relu"))
generator.add(layers.UpSampling2D())
generator.add(layers.Conv2D(128, kernel_size=3, padding="same",
               kernel_initializer=init, activation="relu"))
generator.add(layers.Conv2D(3, kernel_size=3, activation='tanh',
               padding='same', kernel_initializer=init))
#  配置网络
generator.compile(loss='binary_crossentropy',
               optimizer=AdamWithWeightnorm(learning_rate=0.0002,
                                            beta_1=0.5))
```

目前创建的这个生成网络只能生成图像，并不知道图像是否足够逼真。还需要编写程序4-5-4，对它进行训练，再将数据交给鉴别网络进行预测，根据预测结果与真实图像之间的差距进行模型的调整。

**程序 4-5-4**

```
generator.compile(loss='binary_crossentropy',
                  optimizer=AdamWithWeightnorm(learning_rate=0.0002,
                                               beta_1=0.5))
from keras import Model
# 完整的GAN，输入随机数据
gan_input = layers.Input(shape=(128,))
# 运用生成网络得到图像输出
generator_output = generator(gan_input)
# 将图像输出交给鉴别网络进行鉴别，此时鉴别网络只负责鉴别，不参与训练
discriminator.trainable = False
gan_output = discriminator(generator_output)
# 完整的GAN，输入随机数据，输出鉴别结果
gan_model = Model(inputs=gan_input, outputs=gan_output)
# 配置网络，根据鉴别结果进行学习，目标是与真实图像的分类结果尽可能相同
gan_model.compile(loss='binary_crossentropy',
                  optimizer=AdamWithWeightnorm(learning_rate=0.0002,
                                               beta_1=0.5))
```

所有网络设定完成，编写程序4-5-5，用准备好的图像数据进行网络训练。训练过程中，需要分别对鉴别网络和生成网络进行训练，同时提升两个网络的鉴别能力和创作水平。

**程序 4-5-5**

```
gan_model.compile(loss='binary_crossentropy',
                  optimizer=AdamWithWeightnorm(learning_rate=0.0002,
                                               beta_1=0.5))
from utils import generator_input
import numpy as np
# 设定每次训练的数据量为128
BATCH = 128
# 计算一个轮次训练的次数
batch_count = x_train.shape[0] // BATCH
# 共循环执行1001个轮次的训练
for e in range(1001):
    print('======= Epoch {} ======='.format(e))
    for _ in range(batch_count):
        # 首先训练鉴别网络，每训练2次鉴别网络才训练1次生成网络，可取得更好的效果
        for _ in range(2):
            # 先在仿造图像上训练，数据由生成网络生成，分类标记为0
            X_fake = generator.predict(generator_input(128, BATCH), verbose=0)
            y_fake = np.zeros(BATCH)
            y_fake[:] = 0
            discriminator.trainable = True
            discriminator.train_on_batch(X_fake, y_fake)
            # 再在真实图像上训练，数据从图像数据中随机抽取，分类标记为0.9
            # 标记值接近1但不是1，可让训练过程更顺畅
            X_real = x_train[np.random.randint(0, x_train.shape[0],
                                               size=BATCH)]
            y_real = np.zeros(BATCH)
            y_real[:] = 0.9
            discriminator.trainable = True
            discriminator.train_on_batch(X_real, y_real)
        # 训练生成网络，获取生成图像的鉴别结果
        # 训练以分类结果1（代表真实图像）为目标
        noise = generator_input(128, BATCH)
        y_gen = np.ones(BATCH)
        discriminator.trainable = False
        gan_model.train_on_batch(noise, y_gen)
```

```
    # 每100个轮次存储一次模型文件
    if e % 100 == 0:
        discriminator.save(f"models/dog_discriminator_{e}.h5")
        generator.save(f"models/dog_generator_{e}.h5")
```

这里，生成网络训练的输入数据是随机数据，输出数据是仿造图像的鉴别分类结果，并以真实图像的分类数值1为训练目标。

由于模型结构和数据量相对较大，整个训练过程较为漫长。训练完成之后，我们可以在“models”文件夹中分别得到鉴别网络和生成网络的模型文件。

### 4.5.3 运用网络生成拟真图像

获得训练结果后，用网络尝试生成虚拟狗的图像，如程序4-5-6所示。在生成时，只需要使用生成网络的模型（如果你没有完成训练，也可以先用“models”文件夹中预先训练好的模型文件“pre_dog_generator.h5”进行测试）。

**程序** 4-5-6

```
from keras import models
import numpy as np
import cv2
from utils import AdamWithWeightnorm
# 首先从文件中载入生成网络模型
generator = models.load_model("models/pre_dog_generator.h5",
                              custom_objects={"AdamWithWeightnorm":
                                              AdamWithWeightnorm})
# 从1个随机数值中生成模拟图像
generated_images = generator.predict(np.random.normal(0, 1, size=[1, 128]))
# 将-1 ~ 1范围内的小数值表示的图像重新调整到0 ~ 255，并调整为64像素×64像素的大小
generated_images = \
   ((generated_images + 1) * 127.5).astype('uint8').reshape(64, 64, 3)
# 用OpenCV读取图像数据
image = cv2.cvtColor(generated_images, cv2.COLOR_RGB2BGR)
# 保存图像为文件
cv2.imwrite("dog_image.png", image)
```

从随机数据中生成的图像数据经过与数据预处理时相反的计算，还原为OpenCV可以识别的图像数据，并存储为图片文件。

运行程序，观察第1个轮次训练结束后模型的生成图像，如图4-5-9所示，大多数是一些简单的色块，完全看不出里面的任何内容。

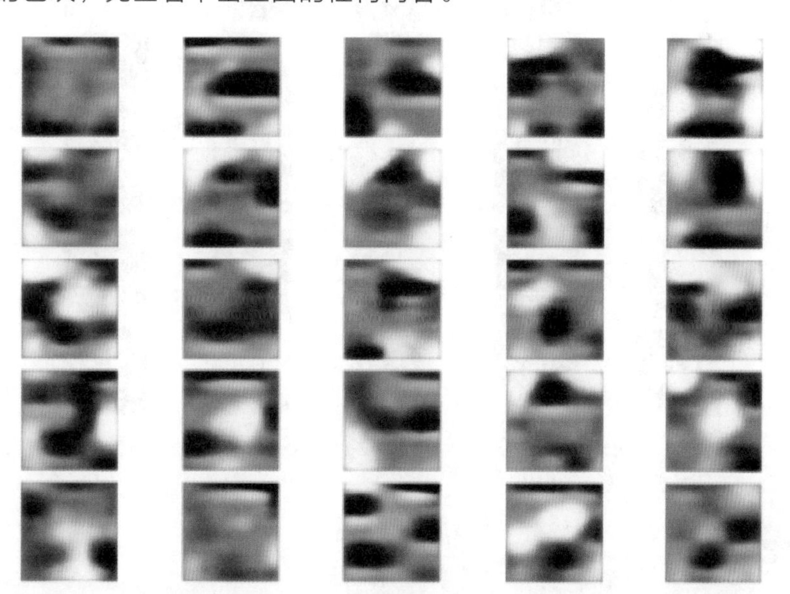

图4-5-9 1个轮次训练结束后，模型的生成图像

图4-5-10所示是经过100个轮次后，模型的生成图像，已经有一些狗的“氛围”了。

图4-5-10 100个轮次训练结束后，模型的生成图像

图4-5-11所示是900个训练轮次结束后，模型的生成图像，大部分图像具备了显著的狗的特征。虽然图像还有些扭曲和不协调，但整体上大致能生成正确的狗的外形轮廓，部分图像中生成的眼睛、鼻子等面部器官也大致符合狗的特点。

图4-5-11　900个轮次训练结束后，模型的生成图像

**想一想**

这个模型最终的生成图像和真实图像之间仍然有肉眼可见的差异。思考差异形成的原因，想一想还可以做哪些改变来优化生成结果？

GAN技术在2014年被提出后，很快就被运用到了图像生成的领域，以本节项目为例，结合卷积神经网络的GAN又有DCGAN（Deep Convolutional GAN，深度卷积GAN）之称。

根据预先准备的图像的不同，DCGAN可以高质量地生成各类图像，轻松地成为绘画大师、室内家装设计师、服装设计师（见图4-5-12），为人们的生活提供便利。

图4-5-12　DCGAN技术与服装设计

但另一方面，DCGAN技术的超强能力，也让图像的仿造变得轻松简单。例如，运用DCGAN生成不存在的虚拟人脸，创造虚构的身份。

近年来，GAN技术的负面应用充斥在网络环境中，过去我们相信的眼见为实不再可

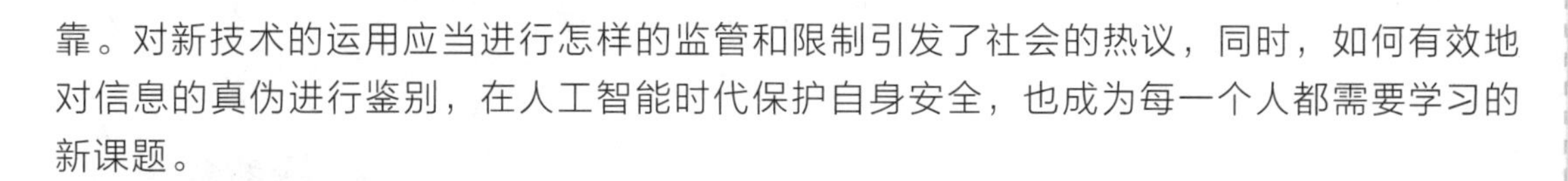

靠。对新技术的运用应当进行怎样的监管和限制引发了社会的热议，同时，如何有效地对信息的真伪进行鉴别，在人工智能时代保护自身安全，也成为每一个人都需要学习的新课题。

说一说

你在生活中遇到过可能运用了GAN技术的违法犯罪行为吗？查阅相关资料，说一说这些行为可能涉及哪些犯罪。

## 拓展阅读——人工智能内容生成（AIGC）技术的新突破

本节中，我们主要探讨了GAN技术，并将它用于图像生成类型的创作任务，但人工智能在创作领域的能力不止于此。

2017年，谷歌的人工智能研究团队在论文*Attention Is All You Need*中首次提出了一种名为注意力的神经网络机制，采用了名为Transformer（中文可翻译为“变换器”）的全新模型结构，克服了包括RNN、LSTM在内的传统循环神经网络结构的诸多问题，使模型比LSTM更好地“记住”上下文信息，还能以更高的效率进行训练。

Transformer被提出后，近年来迅速替代循环神经网络，在大多数人工智能研究问题上取得重要突破，其中名为AIGC（AI Generative Content，人工智能内容生成）的新技术在近年来成为人工智能发展的重心，它可以在文字、图像、音乐等方面创造出大量优质内容。

### ◆ 文字创作

文字创作即自然语言生成，是自然语言处理领域的重要课题。人工智能顶尖公司OpenAI在2020年推出的GPT-3（Generative Pre-trained Transformer 3，第三代生成型预训练Transformer模型）以深度学习中的Transformer模型为技术基础，运用庞大的数据进行训练，在文字创作上取得了重要突破。GPT-3生成的文章质量已经可以做到真假难辨，并且能够完成文章续写、命题作文写作、文章校对、文章摘要生成等实用任务，还能在创作诗歌、撰写小说等艺术领域发光发热。

2022年11月末，基于GPT-3模型进行指令调整（Instruction Tuning），并根据人类反馈进行强化学习的对话模型ChatGPT正式上线。它能够运用数十种自然语言与人类展开流畅的对话，能够创作诗歌、小说，能够解答大量专业问题，还能够根据要求编写程序。2023年3月，GPT-4正式推出，模型能力得到进一步提升。

### ◆ 描述图像生成

GAN可以生成与预先准备好的图像相似的新图像，描述图像生成任务要求根据给出的文字描述信息生成对应的图像。这一任务需要AI不仅具备强大、多样的图像生成能力，还能理解文字中的含义。OpenAI公司在GPT-3的自然语言能力的基础上，开发了可以根据文

字生成图像的人工智能DALL-E，由它生成的原创图像十分精美，能够被直接用于图像设计领域。例如图4-5-13所示就是由DALL-E生成的“戴贝雷帽、穿高领毛衣的柴犬”的虚拟图像。

图4-5-13 “戴贝雷帽、穿高领毛衣的柴犬”虚拟图像

◆ **人工智能作曲**

早在深度学习技术出现之前，计算机科学家们就开始尝试找出特定风格音乐的作曲模式，并用计算机进行模拟创作。2016年，基于深度学习技术的人工智能AIVA横空出世，它能够制作各种不同风格的音乐作品，并以AIVA的名义成功出版了多张音乐专辑，还能够完成特定要求下的音乐创作，帮助人们方便地完成影视、游戏等作品的配乐工作。

## 本节小结

◆ 人工智能创作需要让人工智能凭空生成作品，并根据对作品的评价来训练人工智能系统，它实现的关键是正确评价作品的好坏。

◆ 生成对抗网络（GAN）是人工智能创作中的重要技术，它以创作出尽可能与真实作品相似的仿造作品为目标，包含生成（Generator）网络和鉴别（Discriminator）网络两个部分。

◆ 鉴别网络的作用是鉴别数据是真实的还是仿造的，以真实和仿造的两种数据为输入，以分类结果为输出，目标是更准确地进行真伪的分类鉴别，本质上是一个二分类的神经网络。

◆ 生成网络的作用是从随机数据中生成仿造数据（作品），并根据鉴别网络的鉴别结果进行训练和优化，目标是尽可能让鉴别结果接近真实数据。

◆ 生成对抗网络擅长完成图像生成类型的任务，常与卷积神经网络结构结合起来，组成DCGAN（深度卷积GAN）。

◆ 生成对抗网络在训练过程中同时对鉴别网络和生成网络进行训练，使鉴别网络能够更准确地判断数据的真伪，也让生成网络生成的数据与真实数据更相似，两者不断对抗、共同进步。

◆ 根据数据的不同，生成对抗网络可以完成绘画创作、时尚设计等各种类型的创作任务，为人类提供便利。但是，生成对抗网络也能被用于欺诈等不良用途，需要注意谨慎鉴别、合理运用。

◆ 近年来，人工智能内容生成（AIGC）技术在Transformer模型提出后取得重大

突破，能够以高质量创作文字、图像、音乐等内容，如ChatGPT、DALL-E、AIVA等人工智能系统展现出了越来越强的创造能力。

## 章末思考与实践

1. 本章中，我们运用深度学习技术，以开源的TensorFlow和Keras框架为主体，在视觉、语音、语言、游戏、创作等不同方面体验了如何从零开始训练神经网络模型，解决简单的问题。但在现实中，人脸识别、语音识别、聊天AI、围棋AI、文学创作等问题往往比我们解决的问题更为复杂，要在这些问题上得到理想的结果，需要更大量的数据、更复杂的模型结构、更充足的运算资源，目前只有顶尖的科技公司才具备这样的能力。

为了方便研究者、学习者和广大的客户群体能够用到人工智能的技术成果，国内外大部分科技公司设立了人工智能技术开放平台，提供可以快捷调用的服务，例如百度AI开放平台、讯飞开放平台、Google AI等。请尝试注册相关开放平台的账号，选择至少3种不同类型的人工智能技术，用Python编程等方式进行技术体验。

2. 在第五节中，我们简单讨论了GAN等创作型人工智能技术既可以给人们的生活带来便利，也可能对社会造成不利的影响。有的人认为，人工智能技术是一种能给人类带来巨大好处的新技术，我们应该大力发展，虽然也会带来一些问题，但总体来说利大于弊；也有的人认为，人工智能技术强大但太新，很多技术出现后还没有被人类充分理解就投入了实践中，在未来的某个时候可能会引发不可预料的社会问题甚至灾难。

调查近10年来出现的人工智能技术给人类带来了哪些益处和麻烦。关于人工智能技术的利弊，说出你的观点。

3. 随着人工智能技术的发展，AI已经深入了我们生活的许多方面，无论在家中、商店还是办公场所，你都能轻松找到人工智能的应用。请按表4-5-1的形式列举出至少5种你见过的可能运用了人工智能技术的硬件或软件产品，并分析它运用了哪些种类的人工智能技术。

表4-5-1　产品与其AI技术分析

| 产品 | 可能运用的AI技术 |
| --- | --- |
| 语音助手 | 语音唤醒、语音识别、自然语言对话、语音合成 |
| …… | …… |

4. 针对上一小题中你整理的所有运用了神经网络进行学习训练的人工智能技术，请参考表4-5-2分析它们分别以什么数据为输入，以什么数据为输出，可以运用什么神经网络模型。

表4-5-2　AI技术分析

| 人工智能技术 | 输入数据 | 输出数据 | 可以采用的模型 |
|---|---|---|---|
| 语音识别 | 语音 | 对应的文字 | Seq2Seq |
| …… | …… | …… | …… |

5　根据你对本章中几种人工智能技术的了解，分析生活中还有哪些问题是可以使用这些技术解决的。尝试选择一个问题，想办法搜集足够的数据，尝试运用编程工具和人工智能技术解决！

例如：

◆ 第二节中介绍的语音情绪识别问题，是将语音数据分类为几种不同的情绪类别，那么，如果能够准备一些不同人的语音数据，人工智能应用就能区分说话的人是谁了；

◆ 第三节中介绍的翻译问题，是将一种语言的文本转换为另一种语言的文本；生活中常见的对联也有着这样的成对关系，一个对对联人工智能应该可以根据上联输出对应的下联。

# 第五章　人工智能与未来

## 本章探讨的问题：

- 影视作品中常见的人工智能可能实现吗？
- 人工智能技术未来发展的方向是什么？
- 人工智能未来可能为人类带来哪些帮助？
- 人工智能的发展带来了哪些社会问题？
- 我们应当继续发展人工智能技术吗？
- 对于人类，哪些能力在未来的人工智能时代必不可少？

# 第一节 人工智能的未来之路

注：图3形象参考《哆啦A梦》

## 5.1.1 影视作品中的人工智能

◆ 哆啦A梦

蓝皮肤、黄铃铛、手脚短短、肚皮圆圆、最爱铜锣烧、最怕小老鼠，小小口袋却藏着无数神奇法宝，他就是来自22世纪的猫形机器人——哆啦A梦（见图5-1-1）。

受主人的托付，哆啦A梦回到20世纪帮助主人的高祖父——小学生野比大雄化解身边的种种困难问题，并且尽可能地满足大雄的愿望。

虽然哆啦A梦是机器人，但它不仅能独立思考和解决问题，还具备人类的情感。在和大雄长期相处的过程中，哆啦A梦渐渐成为大雄最好的朋友，两人之间建立了深厚的友谊。

图5-1-1 哆啦A梦（来源：《哆啦A梦》）

◆ **大白**

在电影《超能陆战队》中，大白（见图5-1-2）是主人公小宏的哥哥研发出的充气型机器人。在小宏的哥哥意外去世后，大白就成为了小宏的伙伴。无论小宏让大白做什么，只要能让小宏开心起来，大白就一定会去做，但有一条规则必须遵守——不能伤害人类。

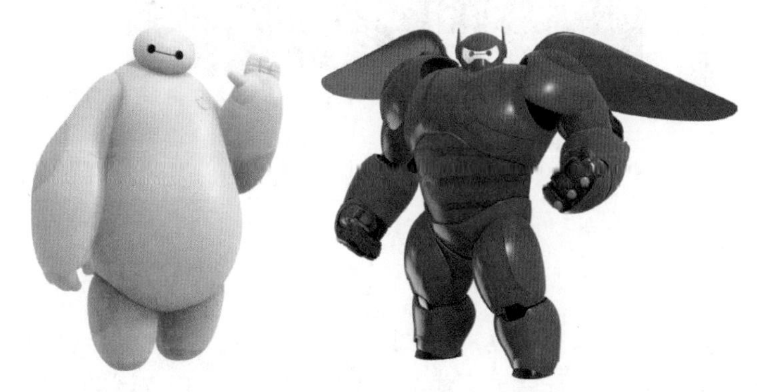

图5-1-2　大白本体（左）与超级英雄形态（右）（来源：《超能陆战队》）

与哆啦A梦不同的是，为了获取不同的能力，大白需要插入不同的芯片。电影中出现了私人健康助手芯片、空手道芯片、超级英雄芯片、舞蹈芯片等各种不同功能的芯片。借由这些芯片，大白和小宏一起，联手小伙伴组建了超能战队，共同打击犯罪阴谋。

◆ **贾维斯**

在电影《钢铁侠》中，主人公托尼·史塔克是一个研发武器的天才。在一次绑架事件中，他打造出了战衣盔甲，并化身钢铁侠（见图5-1-3）开始保护世界。为了应对不同的战斗场景，钢铁侠后续研发出了各种各样的盔甲。

图5-1-3　钢铁侠（来源：《钢铁侠》）

在钢铁侠穿着不同的盔甲和敌人战斗时，我们经常能看到钢铁侠在盔甲中和一个只闻其声不见其人的“神秘人”讲话。他不仅能帮钢铁侠制作战甲、辅助战斗，还是一个善解人意的朋友。这个神秘人就是人工智能系统贾维斯（见图5-1-4）。

图5-1-4　贾维斯（来源:《钢铁侠》）

贾维斯是一套智能系统，运行在电子设备中，没有固定的实体。因此，无论钢铁侠使用哪一套战甲，贾维斯都能伴随他战斗。

◆ MOSS

在电影《流浪地球》的科幻世界中，太阳到了即将毁灭的时候，地球的环境已经不适合人类生存。在绝境中，人类开启了宏伟的“流浪地球”计划，试图带着地球一起逃离太阳系，寻找人类的新家园。

在电影故事的空间站中，有一套名为MOSS（见图5-1-5）的人工智能系统。他虽然有独立的意识，能够思考和分析问题，却不具备人类的情感，仅仅只为了一个使命——“延续人类”而行动。因此，MOSS可以为了达到目标而无情地牺牲部分人类的生命。

图5-1-5　MOSS（来源:《流浪地球》）

**想一想**

如果要对上文中提到的哆啦A梦、大白、贾维斯、MOSS这4个人工智能角色进行分类，你会怎么分？为什么？

虽然这些人工智能形象出自不同的影视作品，但他们具有某些相同点。这些相同点恰恰代表了人类对于未来人工智能应用的期待，例如：

◆ 他们能与人类进行正常的交流；

◆ 他们被设计出来是为了帮助人类完成某些事情或任务；

◆ 他们具备独立思考的能力，并展示出了与人类相当甚至超越人类的智力水平。

符合以上特点的人工智能角色还有许多，例如《机器人总动员》中的瓦力、《铁臂阿童木》中的阿童木、《怪博士与机器娃娃》中的阿拉蕾等。

**想一想**

你还知道哪些类似的人工智能角色？你最喜欢哪一个？如果由你来设计一个未来的人工智能形象，你的设想是什么？

在第一章第一节中，我们曾了解到，人工智能按智能程度高低可以分为弱人工智能和强人工智能，其中强人工智能又可以分为与人类相当的通用人工智能和超越人类的超人工智能。

很显然，在大部分影视作品中出现的人工智能属于强人工智能的范畴，并且更符合通用人工智能的定义。如果说这些作品反映了人们对未来的期待和向往，那么未来的人工智能一定会向着通用人工智能之路不断迈进。

## 5.1.2　向通用人工智能迈进

在第四章中，我们通过5个项目，分别了解了当代人工智能技术在图像、语音、语言、游戏、创作等多个领域的使用方法。在这5个项目中，我们均以人工神经网络作为技术核心，采用深度学习的方法帮助我们解决各式各样的现实问题。

在学术和工业领域，深度学习的能力远不止于此，并正逐步取得新的突破。

在前文中我们曾多次提到，基于深度学习的图像识别人工智能能够在ImageNet挑战赛上超过人类水平，其最佳成绩甚至能够击败人类专家。

不仅如此，在语音领域，在2016年时，人工智能的语音听写准确率就已经达到了人类的专业听写员的水平，并在此之后进一步提升。

在游戏方面，得益于AlphaGo、AlphaZero的巨大成功，人工智能在各类游戏中如鱼得水，不仅能胜任传统棋类游戏，还能在电子竞技游戏、德州扑克等博弈游戏中击败人类顶尖选手，展现出了不俗的“远见卓识”。

尽管取得的成绩极为耀眼，发展速度也异常迅猛，但语音识别、图像识别、机器翻译、智能对话、对抗游戏，这些人工智能都只能解决某个小领域的智能问题。它们虽然都运用了深度学习技术，但其神经网络的具体结构却有显著差距，而且往往难以解释为何某种神经网络在某些问题上适用，在另外一些问题上却失效了。因此，这一阶段的人工智能，无论它在特定的任务上有多么强大的表现，都只能算是专用人工智能，或弱人工智能。

显然，要实现通用人工智能的目标，将一套技术同时用于各种不同种类的任务迫在眉睫，又意义重大。事实上，全球顶尖科技公司近年来正在紧锣密鼓地向这个方向进行新尝试。

**想一想**

在人类社会中，绝大多数人是专才而不是通才，很多问题需要人与人的相互配合来解决。按照同样的道理，为什么不让专用人工智能应用之间互相配合，而一定要开发通用人工智能应用呢？

人工智能公司OpenAI在2020年推出了语言模型GPT-3，它能胜任撰写稿件、文学创作、编写程序、制作网页、设计游戏等各种不同类型的任务，被认为是真正迈向通用人工智能的第一步。

如果说神经网络是人工智能的“大脑”，那么神经网络中的参数数量就代表“脑容量”。“脑容量”越大，“大脑”能处理的任务类型就越多。按照这个思路，专用人工智能之所以只能处理少量的任务，原因可能是“大脑”的“脑容量”还不够大。

为了让人工智能的“大脑”可以处理不同类型的任务，研究者们开始尝试提升人工智能“大脑”的容量，构造更大规模的神经网络，也就是“大模型”。

大模型中的“大”主要指的是神经网络中的参数多，例如GPT-3模型中的参数量达到了惊人的1750亿个，大约是传统模型的1000倍，这便是GPT-3“多才多艺”的秘密。

受到GPT-3启发，各大国内外的科技公司、研究机构都开始推出自己的大模型，例如微软和英伟达发布的MT-NLG包含5300亿个参数，谷歌发布的SwitchTransformers拥有万亿级别的参数，中国科学院自动化研究所开发的紫东·太初模型的参数量也达到了千亿级别。

从图5-1-6可以看出，在大模型的助力下，人工智能系统在理解人类语言方面的能力实现了突飞猛进的进步，在基本常识、阅读理解等维度明显超越了人类平均水平，而在更复杂的推理、语义理解等维度上也与人类水平极为接近。

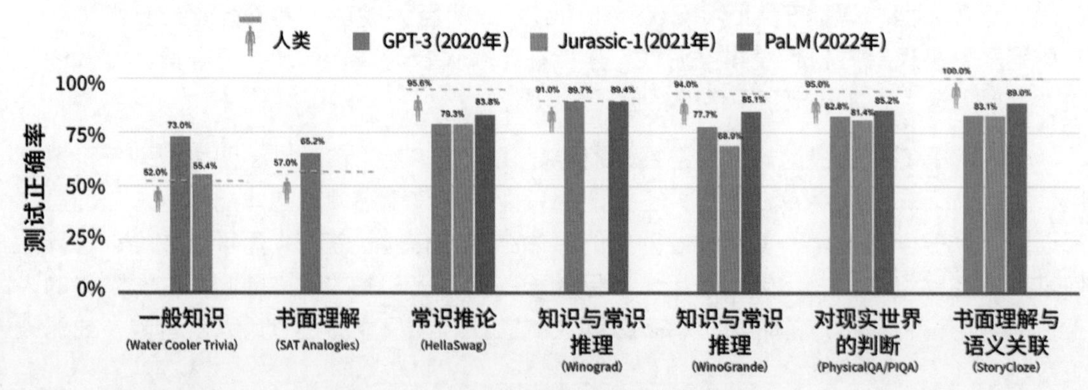


图5-1-6　AI理解人类语言方面的能力

截至2022年6月，微软、谷歌、百度等顶尖人工智能企业开发的基于大模型的全新AI系统已经能够在自然语言的运用和理解上取得90分左右的成绩，与人类水平相当（见图5-1-7）。而2016年的人工智能在同类测试上仅能达到40～50分的表现。

| AI模型 | 得分/分 |
|---|---|
| 谷歌 ST-MoE | 91.2 |
| 微软 Turing NLR | 90.9 |
| 百度 ERNIE 3.0 | 90.6 |
| 谷歌 PaLM | 90.4 |
| 谷歌 T5+Meena | 90.4 |
| 微软 DeBERTa | 90.3 |
| 人类基准水平 | 89.8 |

图5-1-7　AI能力检测

2023年3月，OpenAI旗下的GPT-4大模型正式推出。研究人员让GPT-4模型参与了多项人类考试，且保证相关的测试内容不在模型的训练数据中。结果表明，模型在大多数考试中具备击败80%以上人类的水平。例如，它在美国律师职业资格考试中达到前10%水平，而在生物学奥林匹克竞赛中更是能够达到前1%的水平。

2022年5月，DeepMind公司发布了一项最新研究成果——名为Gato的人工智能系统（见图5-1-8）。Gato可以完成超过600种不同类型的任务，而且跨度非常大，包括与人类聊天、玩电子游戏、给图片配上文字、控制机械臂运作等。而且，与动辄千亿、万亿个参数的大模型相比，Gato的参数“仅”有12亿个。

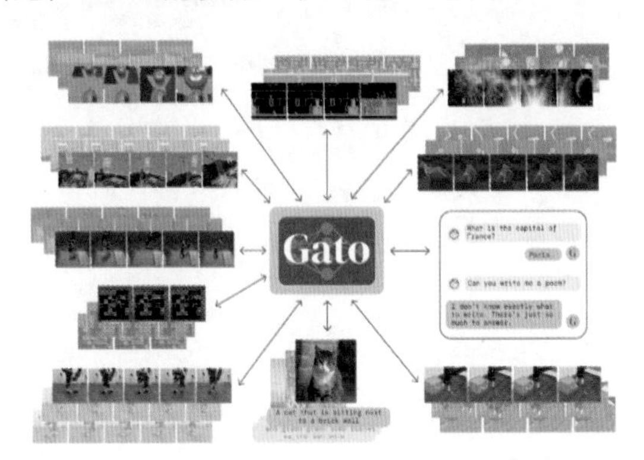


图5-1-8　Gato

第四章中，我们设计了一个玩《飞翔的小鸟》的游戏人工智能模型，如果要让它玩其他的游戏，我们必须根据游戏的特点重新训练。但Gato只需要训练一次，就能用同一个模型玩多种不同的游戏。

Gato展现出的通用能力与Transformer模型的泛用性关系紧密，前文提到的GPT-4、谷歌研发的PaLM-E等更大规模的模型也使用了多种不同类型的数据进行训练，并表现出较强的通用能力。这些模型被称为多模态模型，虽然当前的多模态模型在

能力的丰富度上还达不到人类水平，部分能力的表现与当前的专用人工智能也存在一定差距，但它们表现出的超强通用性无疑让人们看到人工智能向着通用人工智能进发的光明未来。

不过，即便考虑到近年来的最新技术进展，运用深度学习技术的人工智能还是存在一些不可避免的缺点。

首先，现今的技术成果高度依赖数据的数量和质量，而大模型的流行又需要极大的运算资源支持。根据OpenAI官方给出的信息，GPT-3模型训练使用的文本数据量达到了45TB，大约相当于20万亿个汉字的数据量。GPT-3模型仅训练一次的费用就需要460万美元（约合人民币3000万元），总成本更是高达1200万美元（约合人民币8000万元），训练它消耗的资源是最早的感知机的100亿倍以上（见图5-1-9）。这样的代价让普通人、普通企业只能望而却步。不仅如此，由于高昂的训练成本，即使系统中出现了问题，也很难通过再次训练的方式进行修正。

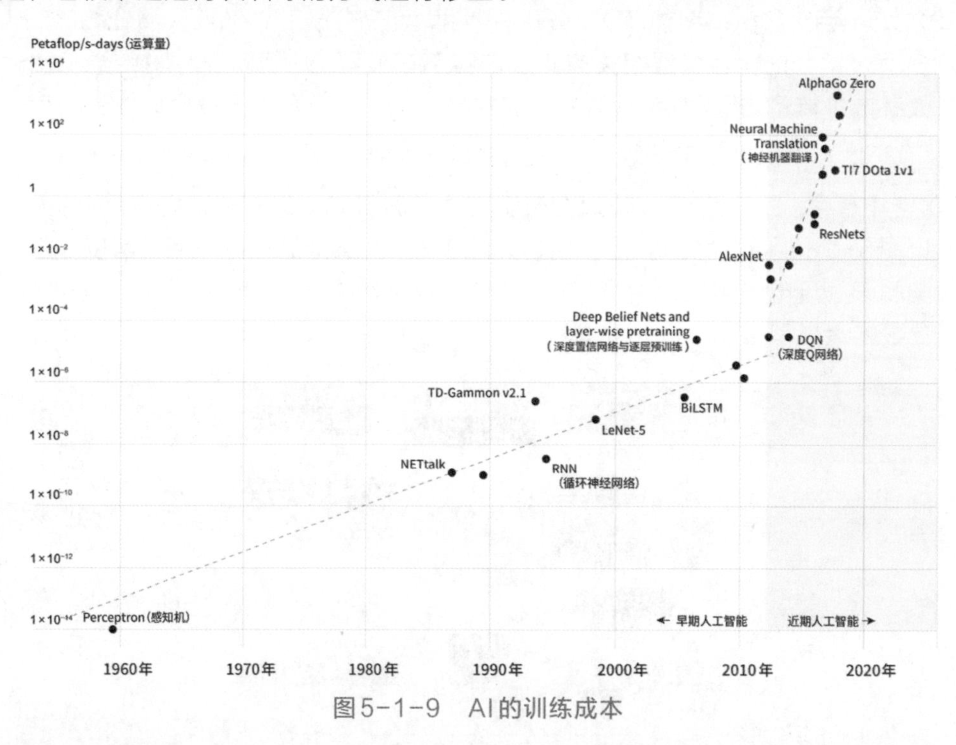


图5-1-9　AI的训练成本

另外，这样庞大的数据是由程序在互联网中自动获取的，如何保证数据的质量和“健康”也是一个难题。

与之相比，人类达到同等的智力水平却既不需要这么多的数据量，也不需要这样多的资源。人类认识和理解一个新的单词，大概只需要几分钟的学习和模仿，就能轻松地用于阅读、写作。而人工智能要完成同样的任务，必须先准备好成千上万的相关文章供它学习。一个还在上幼儿园的孩子，无论妈妈穿什么衣服，做什么发型，戴什么首饰，孩子都能瞬间认出妈妈，甚至妈妈用面罩遮住脸，只露出眼睛，也不妨碍孩子进行辨认。

这样强大的泛化能力是现在的人工智能远远无法达到的。

而如果把人类的大脑活动消耗的能量转换为电能，大脑大约只相当于一颗20W的灯泡的功率，即使大脑持续运转20年，其累计消耗的能量也不过3000余度电，要远低于GPT-3一次训练消耗掉的近百万度电能。

因此，虽说人工神经网络是模仿人类神经网络的结构设计出来的，它的运转效率相比人类还是有着十分巨大的差异。

此外，如今的深度学习技术虽然能解决大量的问题，却很难准确地解释为什么它是有效的。这种“实用主义”是连接主义人工智能最受诟病的一点，从长远来看可能会阻碍人工智能的进一步发展。

与传统符号主义人工智能系统的“白盒”特性——所有事情都是逻辑清晰、可被理解的——不同，基于神经网络的人工智能系统几乎是一个“黑盒”　　只关心输入和输出，不清楚内部究竟发生了什么（见图5-1-10）。

图5-1-10　AI黑盒

从深度学习引爆人工智能的发展以来，研究者们一直在试图对神经网络的运作过程进行解释，这个研究领域被称为可解释的人工智能（Explainable Artificial Intelligence，XAI）。支持XAI发展的人认为，只有人工智能的运作方式可以理解，出现问题时才能更准确地找到原因，这样的人工智能才更能被人类信任。

虽然新型人工智能已经在迈向通用人工智能的旅途中跨出了重要一步，但它们大多数还是由海量数据驱动的，只能在设定的框架下完成已知的任务，并不能表现出任何类似人类的自主行为，与严格意义上“与人类同等”的通用人工智能还有着较大的距离。

但是，在可预见的未来，通用人工智能无疑是人工智能领域最具吸引力的发展目标，全世界的研究者们都仍在不断思考和探索迈向通用人工智能的终极之路。

## 本节小结

◆ 在影视作品反映出的普通人的想象中，人工智能应当能具备与人类相当甚至超越人类的智力水平。这样的人工智能属于强人工智能范畴，到目前为止的所有人工智能还只是能解决特定领域问题的专用人工智能，处在弱人工智能阶段。未来人工智能技术的发展目标是向强人工智能——通用人工智能迈进。

◆ 近年来，顶尖科技公司开始尝试开发通用性更强的人工智能，这些人工智能需要使用巨量的数据、巨量的神经网络参数、巨量的运算资源，最终得到能解决更多种类问题的大模型。

◆ 部分新一代人工智能系统运用文字、语音、图像等多种不同类型的数据进行训练，表现出了能同时解决多种不同类型问题的智能。这些多模态人工智能系统是解决通用人工智能问题的一种新尝试。

◆ 以大模型为代表的新人工智能仍然存在高度依赖数据采集、运转效率低、内部运作方式难以解释等缺点，也无法具备在未设定的新领域自主思考、探索的能力，离真正实现通用人工智能还有非常远的距离。

# 第二节 人工智能与未来社会

## 5.2.1 畅想未来智能

◆ **智能家居**

回家开门的瞬间，房间灯光自动亮起并调节到舒适的亮度、空调自动开启；只要说一句“晚安”，便自动切换到睡眠模式，灯光、窗帘自动关闭；早上出门后，各式电器自动休眠，扫地机器人开始工作。这就是当前技术下可以实现的智能家居应用（见图5-2-1），其中的智能主要体现在语音控制和实时位置监测，整体的智能程度仍然处在较低水平。

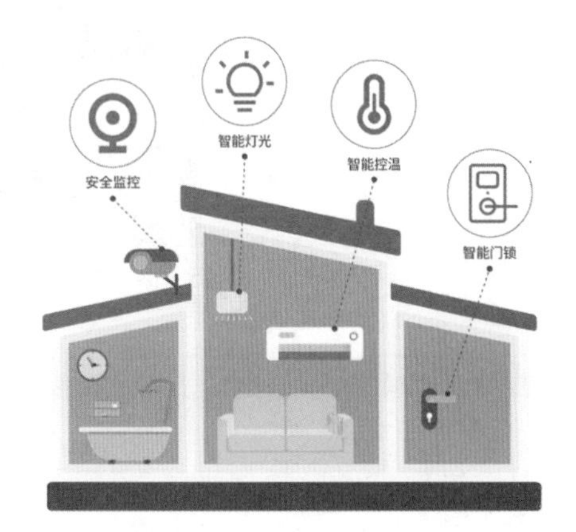

图5-2-1 智能家居应用

而在未来，人工智能可能能够成为具备学习能力的私人管家，24小时观察和分析我们的生活，

并按照我们的生活习惯提供服务。早晨起床，人工智能助手就能准备好符合口味又营养健康的早餐；晚上回家，人工智能能通过观察主人的表情和肢体语言，理解主人的心情，播放合适的音乐。

如此，随着人工智能服务的时间越长，收集到的关于主人的信息也就越全面、越具体，人工智能就会越懂我们，提供更加贴心的服务，成为家中的资深管家（见图5-2-2）。

图5-2-2　智能管家

◆ **自动驾驶**

据统计，当前高达96%的交通事故是由人类驾驶员酒驾、疲劳驾驶、分心驾驶、不遵守交通规则等原因引起的。可以预见，如果人工智能拥有人类的驾驶技术，代替人类驾驶汽车，将会使道路交通状况更加安全，并大大缓解交通拥堵问题，节省人类花在路上的时间。

事实上，早在20世纪60年代就已经有自动驾驶技术的相关研究。如今，随着人工智能技术的飞跃式发展，自动驾驶技术也越来越成熟，并且已经运用到了现实生活中。如谷歌开发的Waymo是世界上第一款能够商业运营的、完全由机器自动驾驶的出租车，百度开发的无人驾驶汽车Apollo（阿波罗）（见图5-2-3），也已经在30多个城市测试运营。

图5-2-3　百度无人驾驶汽车Apollo

在自动驾驶领域，通常根据人类参与驾驶的程度，将自动驾驶分为从完全人工驾驶的L0级到完全自动驾驶的L5级的6个等级。目前在私家车中投入使用的辅助驾驶系统最高已经达到L3级：能在低速、有明确道路标线的条件下实现自动驾驶。而像Waymo等营运车辆则达到了L4级：可以在城市道路中完全自动驾驶。因此，仅从技术角度来

看，L5级的完全自动驾驶汽车的出现应该不会太过遥远。

但是，仍有专家认为，现有的自动驾驶技术无论如何发展，都始终存在瑕疵。这是因为，它从根本上还属于专用人工智能，不具备人类水平的强大学习能力，因而在面对未知情况时无法有效采取行动来避免车祸。结合近年来层出不穷的自动驾驶技术引发的交通安全事故，完全自动驾驶的汽车在道路上大规模出现的具体时间还很难估计。

不过，随着AI向通用人工智能方向的不断发展，自动驾驶技术必然会具备与人类越来越接近的学习能力，逐步克服上面的缺点。未来，交通事故将成为小概率事件，自动驾驶技术也将会发展至各个领域。无论海洋、天空、陆地，都将充斥着自动驾驶的轮船、飞机、车辆，它们不间断地移动着，不再需要人类参与其中。

**◆ 人形机器人**

现在，机器人在社会生活中已经有了非常普遍的应用，如商场导航机器人、外科手术机器人、工业机器人、仓储物流机器人等。但是，它们仍属于完成特定任务的专用人工智能，人类难以和他们建立感情，多数时候并不会把他们当作真正的“人”，只会作为工具来使用。

2021年，科技公司特斯拉公布了人形机器人特斯拉机器人（Tesla Bot）的概念图（见图5-2-4），并宣布于2022年正式推出。特斯拉指出，特斯拉机器人最初的定位是替代人们从事重复枯燥的、具有危险性的工作，长期的目标是服务于千家万户，能完成做饭、修剪草坪、照顾老人等工作。

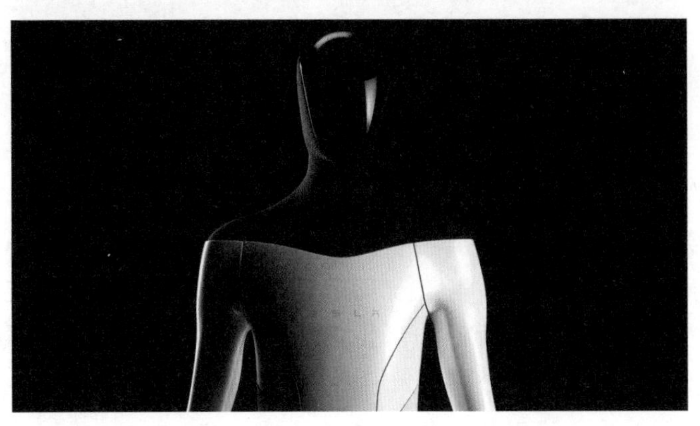

图5-2-4　人形机器人Tesla Bot

特斯拉总裁埃隆·马斯克（Elon Musk）预言道：“到2050年，每个家庭中都会有一台人形机器人。”

按照人类尺寸设计的人形机器人在替代人类这件事上有天然的优势，无论放在哪里，都可以以最快的速度代替人类完成任务。从长远来看，人形机器人应当能够快速融入人类社会，在家中帮助父母照顾婴幼儿，在学校里完成基本的教学任务，在养老院里服务和照顾行动不便的老人，成为未来社会的公民。

◆ **智能教育**

在教育领域，人工智能也是当下的热门词汇，如AI测评、AI教师、AI助教等开始走入大众的视野。目前的教育型人工智能应用能够帮助教师进行自动组卷、自动批改、自动分析班级学习情况，能够帮助学生根据学习进度和测验结果自动推荐个性化学习方案，智能提供学习讲解，智能发布练习任务。

随着人工智能技术的持续发展，人工智能应用能够更加深入地了解学生学习和生活的方方面面，从而能结合学生的思考方式、性格特征、成长环境等信息和学习测评完成情况，为学生量身定制个性化的学习方案，让每个孩子都能获得最适合自己的教育内容。

对教师而言，未来的人工智能应用也能够替代他们完成更多工作（见图5-2-5），甚至直接成为课堂中的主讲老师。而人类教师则可以将更多的精力用于构建更好的师生关系，关注如何更好地促进学生的全面发展。

图5-2-5　AI教师

◆ **AI 医疗**

人工智能在医疗领域的应用已有很久的历史了，从20世纪80年代引发第二波人工智能热潮的专家系统，到2010年的人工智能Waston，各个时代的人工智能系统都以辅助进行医疗诊断为主要目标。最新的医疗型人工智能已经能够直接根据患者照片进行疾病诊断，其诊断的错误率总体上比专科医生更低（见图5-2-6）。

图5-2-6　AI医生

未来，随着智能医疗系统在各类疾病上的不断精进，我们将能够在常见病症上更加方便快捷地得到诊断和治疗，医疗资源紧张的社会难题也将在一定程度上得到缓解。而随着可穿戴设备的进一步发展和普及，人工智能还能够实时监测我们的健康数据，及时预防和警示身体可能出现的问题。

◆ AI创作

在第四章第五节中，我们了解到，基于生成对抗网络的人工智能具备一定的创作能力。随着技术的发展，当前的人工智能已经展现出了十分强大的创作能力，甚至在艺术领域得到了专业人士的认可。

2022年9月，在美国科罗拉多州博览会上的艺术比赛中，39岁游戏设计师艾伦的作品《太空歌剧院》（见图5-2-7）夺下数字艺术类别头奖。令人意外的是，这幅画作并非由艾伦亲自绘制，而是使用人工智能绘图工具Midjourney完成。

图5-2-7　《太空歌剧院》

不过更多情况下，人工智能应用的创作只能被用于新闻稿写作、海报设计、插画设计等艺术特征不那么强的地方，并已经呈现出了大面积替代人类的趋势。

随着时间的推移，未来的人工智能将掌管世界上大多数信息的流通，我们每天阅读的文字，看到的图画、视频大都将由人工智能生成。而我们欣赏的绘画、聆听的音乐，甚至观赏的电影、游玩的游戏，其中相当一部分将由人工智能创作。

◆ **科学研究**

人工智能既然以模拟人类智能为目标，它自然能够在科学研究这项对人类发展具备深远意义的事情上发挥重要的价值。早在1970年，数学领域的重要猜想“四色猜想”就被计算机程序证明，自此之后，计算机辅助证明被认为是进行数学研究的一种重要方法。

2018年，研发出围棋人工智能AlphaGo的DeepMind团队又在生物学领域发力，开发出了一种可以预测蛋白质结构的人工智能——AlphaFold。

蛋白质是生命的基础，不同种类的蛋白质都会自发折叠成复杂的3D形状（见图

5-2-8），这个3D形状将决定它的功能。错误的蛋白质折叠还会引发多种疾病，如糖尿病、阿尔茨海默病等。因此，了解蛋白质的折叠方式有着巨大的意义，并在过去的50年里一直是生物学领域的一个重大挑战。

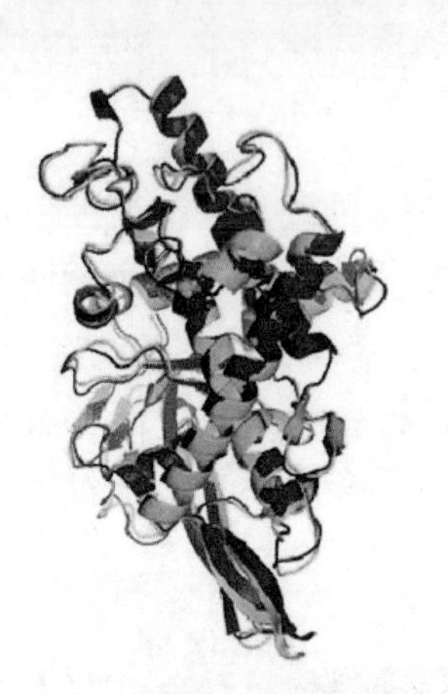

图5-2-8　蛋白质结构

AlphaFold的目标，就是借用人工智能的力量，根据蛋白质的基本组成单元——氨基酸的信息，来预测出其形成的蛋白质的折叠方式。

到2021年，DeepMind公司向大众免费开放了AlphaFold的全部蛋白质折叠结构的预测结果，涵盖了人类约98.5%的蛋白质。这一研究成果预计将大幅推进生物学的发展，并助力未来的药物研发工作。国内著名生物学学者施一公认为：AlphaFold是人工智能对科学领域最大的一次贡献，也是人类在21世纪取得的最重要的科学突破之一。

在辅助人类进行科学研究方面，AlphaFold只是起点，我们有理由相信，未来的人工智能技术能够帮助人类更快地完成基础科学研究，让科学发展的速度得到快速提升，并让科学研究的成果惠及全人类。

想一想

你对未来社会中的人工智能还有怎样的想象？它将给人类带来怎样的帮助？

## 5.2.2　达摩克利斯之剑

随着人工智能应用渗透到越来越多的行业领域，在促进社会快速发展的同时，也带来了一些不可忽视的问题和隐患。

◆ **信息茧房**

手机已经成为我们生活的必需品，通过安装各种各样的手机应用（App），能够满足我们购物、娱乐、学习、交友等各式需求。这些手机App在满足我们需要的同时，也变

得越来越贴心，对我们的各种喜好了若指掌，总能恰如其分地投我们所好。例如，当我们打开外卖App时，推荐的都是我们喜欢的食物；打开音乐App时，推荐的都是符合我们喜好的音乐风格；打开短视频App，自动推荐的都是我们感兴趣的视频。

这些App之所以如此了解我们，是因为它们都应用了人工智能技术。我们在App上的每一个操作在人工智能看来都是“宝贵的数据”，例如我们打开App的时间、浏览和搜索的痕迹、在某一个页面停留的时间、发表的评论等。这些数据都会被人工智能完整地收集起来，经过系统的分析和处理后，就能为我们量身打造一个模型，从而准确地对我们未来的行为进行预测。

这样的人工智能听起来似乎不错，大多数人并不会排斥一个“知心伙伴”，但这真的对我们有帮助吗？

不难想到，在这种推荐机制下，长此以往，我们接触到的信息就会变得越来越同质化，不知不觉中就被封闭在一个狭小的圈子里，想法和思维也会逐渐变得偏执和执着，不再愿意接受与自身不同的人和事。

这个过程就像蚕慢慢吐丝，细细密密地把自己包裹起来，最终像一个蚕宝宝被限制在信息茧房（见图5-2-9）内，失去对其他不同事物的了解能力和接触机会，既冲不出去，外面的世界也走不进来，与现实逐步脱节，甚至远离集体、疏离社会。

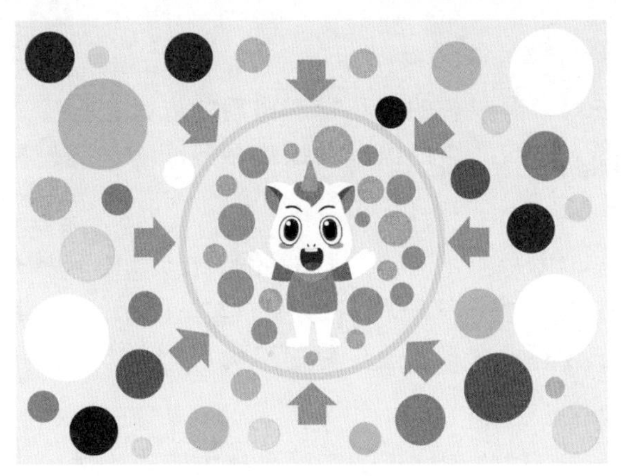

图5-2-9　信息茧房

◆ **隐私安全**

近年来，电信网络诈骗案件频频发生，严重侵害了人民财产安全。据统计，2021年全国破获的电信网络诈骗案件数量为39.4万件，涉案金额高达3291亿元。

诈骗案件的类型多种多样，但或多或少都与个人隐私泄露相关。受害者们常会在诈骗电话（见图5-2-10）中听到犯罪分子准确地报出自己的姓名、住址、电话、身份证号、工作等信息，甚至连亲属的情况也非常了解，这无疑大大增加了犯罪者赢得受害者信任的可能性。

图5-2-10　诈骗电话

那么，我们的隐私信息是如何泄露出去的呢？

正如前文所说，现在的手机App之所以能提供个性化服务，是因为以数据驱动的人工智能全方位地收集了我们的信息，而这些隐私信息在网络上几乎是“透明”的，能被各种不同的App轻易获取。潜藏在其中的不法分子就可能将信息窃取出来，转手卖给诈骗团伙。

毋庸置疑，在这个大数据时代，高度依赖互联网的我们，在享受着科技发展带来的便捷的同时，已经几乎没有隐私可言。

◆ **对抗样本技术**

现在的人工智能技术取得成功的基石是它背后的庞大数据库，它的所有能力都源于数据。例如图像识别的人工智能之所以能认识很多不同的物品，是因为它“看到过”无数张这些物品的图像。

但反过来，我们也可以从这个机制中找到漏洞。在2013年的一篇论文中，谷歌工程师Christian Szegedy等人提出了一种名为对抗样本（Adversarial Examples）的新技术。这种技术可以在数据中故意加上少量的干扰，让原本非常强大的人工智能模型出现错误。

如图5-2-11所示，经过特殊处理的图像虽然肉眼看上去没有差别，却可以让原本十分可靠的人工智能程序将雪山误认为狗。在人工智能技术应用越来越普遍的今天，这种错误可能会带来致命的后果。例如在自动驾驶车辆的前方放上刻意准备的标志物，就可能让车辆对道路标线、行人和其他车辆的位置发生误判，进而引发交通事故。

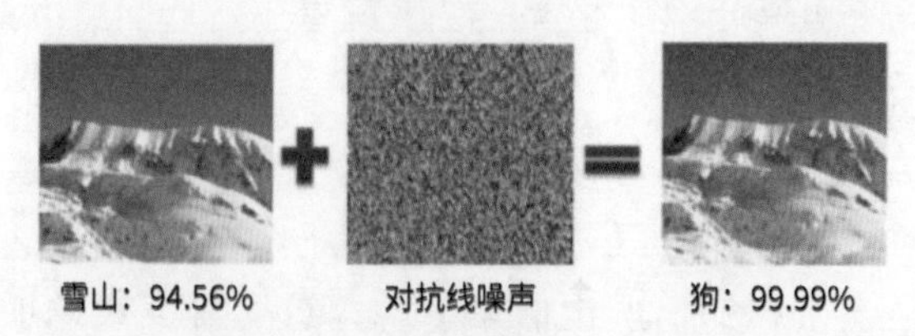


图5-2-11　对抗样本技术

在对抗样本技术出现后，研究者们投入了大量精力，试图让人工智能具备辨别特定对抗样本的能力。但是，当前人工智能技术难以解释的特性还是让我们无法预测出每一个可能的漏洞，进而也无法确保人工智能系统的绝对安全。

◆ **深度伪造技术**

2020年，美国最大的视频网站Youtube上出现了一条让所有人心动的短视频。在视频中，特斯拉公司总裁马斯克亲口承诺："你给我一个虚拟货币，我还给你两个。"

这个视频其实是伪造的，但由于马斯克在美国的知名程度非常高，加上有视频为证，很多人因此上当受骗。短短一周时间内，诈骗金额就达到了24.3万美元（约合人民币170万元）。

诈骗分子之所以能伪造出以假乱真的视频，就是利用了深度伪造（Deepfake）技术。先收集目标人物的脸部图像和声音数据，然后替换原视频中人物（例如造假者自己）的脸部和声音，这样就能轻易地在伪造的视频中让人说一些不曾说过的话，做一些不曾做过的动作，以混淆人们的视听。

其实这类伪造视频在过去就有人制作，但由于受到技术的限制，效果往往很粗糙，能被人轻易识破。但在人工智能技术出现以后，无论是合成图像还是合成声音，都变得自然流畅又唾手可得，运用这些新技术制作出的视频很容易达到以假乱真的程度，一般人根本无法分辨。

随着人工智能技术的普及，Deepfake被用于非法谋利的案件日益增多。例如，诈骗分子通过Deepfake技术伪造公司负责人声音，骗取公司的巨额资产。

为了降低Deepfake带来的危害，近年来，各国、各平台已经开始针对Deepfake出台一些针对性的政策。

2020年，中共中央印发《法治社会建设实施纲要（2020—2025年）》，其中指出，对深度伪造等新技术应用，要制定和完善规范管理办法；同年，Facebook更新规则，全面禁止在其平台上传播Deepfake制作的伪造视频；2022年6月，谷歌禁止人工智能开发者使用其云服务器平台进行Deepfake相关项目的研究。

但只靠规则还不够，要对抗Deepfake，更重要的是能够有效地识别出伪造视频。为此，Facebook、微软等科技公司举办了Deepfake检测挑战赛，旨在分辨视频是否为伪造，反过来利用人工智能的力量反制Deepfake。

不过即便如此，Deepfake由于成本低廉又发展迅速，当前无论是依靠人工监管还是技术检测手段都还无法及时、有效地阻止伪造视频的传播。在互联网中，我们一定要注意擦亮双眼，批判性地接受各种难辨真伪的信息。

**想一想**

除了文中提到的几点，人工智能技术还可能带来哪些问题或隐患？我们应该如何应对？

## 5.2.3 直面未来

人工智能的发展与全人类的利益密切相关，有人赞美它为人类做出的贡献，有人谴责它带来的危害，更有人惧怕它过于强大会取代自己。人类应该如何与人工智能相处，一直是一个充满争议的问题。

通过前面几个部分的介绍，我们了解到，人工智能技术就像一把双刃剑，一方面促进了社会的进步，如被称为21世纪最重要的科学突破之一的AlphaFold蛋白质结构预测；另一方面也产生了消极影响，如人们的隐私安全受到威胁、深度伪造技术为新型犯罪带来便利等。

人类究竟应当放任人工智能自由生长，还是将它扼杀在摇篮中，又或是存在第三条路？为了回答这个问题，我们不妨从历史中寻找答案。

18世纪末，英国人瓦特改良了蒸汽机，这使工厂从手工劳动转向机器生产，被称为工业革命。随着工业革命的进行，越来越多的工厂开始用机器替代工人，导致大批工人失业、工资下跌。失业的工人为了抗争，联合起来捣毁机器，这就是历史上著名的“卢德运动”。自那以后，“卢德分子”就被引申为反对机器、新技术的人，而“卢德主义”（见图5-2-12）也成了保守、落后的代名词。

图5-2-12 “卢德主义”

尽管如此，工业革命的前进步伐却丝毫没有停止，机器生产到现在已经成为了绝对主流。现代的人们并没有因为机器替代人类而失业，而是从繁重的体力劳动中解放出来，更多地从事脑力劳动的工作。

如今的人工智能与工业革命时期的机器有很多相似的地方，只不过这次可能将被替代的工作种类与工业革命时期有所不同。为了避免历史悲剧重演，我们需要清晰地认识到，人工智能是未来的发展趋势，盲目抵制人工智能无疑是不够明智的。

2017年，国务院印发《新一代人工智能发展规划》，将发展人工智能上升到国家战略高度，描绘出了中国人工智能发展的新蓝图。国际社会也对人工智能给予了普遍关注，

可以说发展人工智能已然成为了全球共识。

在这一背景下，人工智能必然将在未来社会中扮演越来越重要的角色，我们应当更多地关注未来哪些工作更可能被人工智能所取代。为此，我们按照脑力劳动和体力劳动的分类，画出两张就业风险评估图（见图5-2-13）。

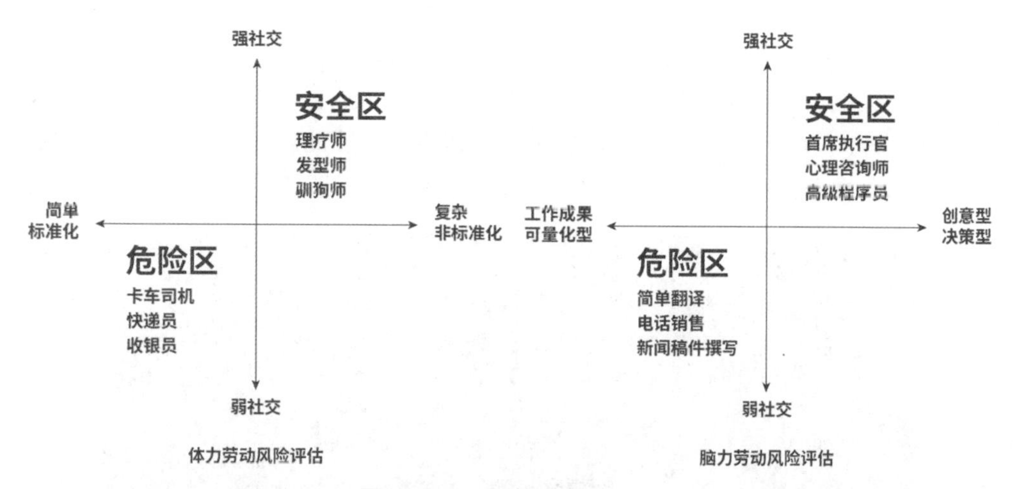


图5-2-13　就业风险评估

体力劳动风险评估图中的横轴表示工作是否太过简单和标准化。简单、标准化的工作，主要指通过培训达到一定熟练度就能上岗的、具有高度重复性的工作，例如工厂中的流水线工人、餐厅中的洗碗工。图中的纵轴表示工作对社交的需求程度。这里需要注意的是，并不是所有要与人交谈的工作都有很强的社交性，例如收银员在收银时会和每一位顾客交谈，但这个交谈非常简单，大多数是固定内容，只能算是弱社交。

一项以体力劳动为主的工作，同时具备弱社交和简单、标准化的特点，未来就容易被人工智能替代，例如自动驾驶人工智能未来可能会替代卡车司机驾驶汽车，智能化的无人机也会替代快递员、外卖员进行包裹投递（见图5-2-14），银行业务员、邮件分拣员、收银员等工作也完全可以由机器人承担。

图5-2-14　无人机送快递

在脑力劳动风险评估图中，纵轴与体力劳动风险评估图的纵轴意义相同，横轴有所不同：左侧是工作成果可量化型，右侧是创意或决策型。工作成果可量化型，指的是工作内容和成果可以用数字来表示和衡量，例如，电话销售每天需要拨打100通电话，新闻撰稿员每天需要撰写10篇新闻稿。而创意或决策型的工作则需要人类发挥创造力，例如，心理咨询师的工作主要是和客户进行情感上的交流，工作能力和成果难以用数字量化地评价。

对脑力劳动来说，如果某项工作既不具备较强的社交属性，工作成果又很容易被量化，那么未来也很可能被人工智能取代。例如机器翻译（见图5-2-15）可能取代人工翻译，承担大部分简单、枯燥的翻译工作；由人工智能来拨打低效的、以量取胜的销售电话可能比人类成效更高；撰稿机器人能轻松地以比人类快得多的速度写出质量相当的文章。

图5-2-15　机器翻译

想一想

你想从事或正在从事的工作在体力劳动风险评估图或脑力劳动风险评估图中处在什么位置？这项工作在未来容易被人工智能取代吗？

从上面的分析中，不难看出，在人工智能深入社会各方面的背景下，很多较为初级的能力有被人工智能取而代之的风险。尤其是随着ChatGPT等人工智能系统开始在脑力劳动中展现出远超人类平均水平的能力后，社会的巨大变革箭在弦上。

因此，为了更好地应对未来的变化，研究和梳理哪些能力是未来的关键能力很重要。当然，这一问题没有标准答案，但以下这些能力或许在未来的很长时间中仍有很高的价值。

◆ **抽象创造能力**

如果你读过《西游记》《倚天屠龙记》《三体》等文学作品，一定会惊叹于作者的奇思妙想，这就是人类的抽象创造能力。我们前面了解过的GPT-3等大模型人工智能虽然也非常擅长进行文字创作，但它只能进行跟随和模仿。也许它可以按照《西游记》的写作风格，创作出《西游记续集》，但无法创作出与《西游记》并驾齐驱的开创性作品。人类可以从生活经历中抽象出各种概念，并可以将抽象的概念通过作品的形式展示出来。这一点，以现有技术为基础的人工智能还难以在短时间内做到。

◆ **情感交流能力**

人类除了会思考，另一个重要的特质就是具备情感，而情感是人类与生俱来，并在成长过程中不断发展的，如父母对孩子的爱，老师对学生的爱，乃至人们对事业、对世界的大爱。当下的人工智能，虽然也能从数据中学习如何做出富有情感的表达，模拟出具有情感的状态，却无法像人类一样发自内心地表达真情实感，自然也无法在情感上与人类产生真正的共鸣。当我们身处他乡，念出“床前明月光，疑是地上霜”时，人工智能无法参透其中蕴含的情意。因此，学会表达自己的情感、理解他人的情感，对我们在未来社会立足必不可少。

◆ **批判性思维能力**

与现在的人工智能相比，人类可以从非常少量的数据中进行推理判断，并很容易地举一反三，快速地成长和学习。例如，我们在学习做饭时，可以在学习了不算太多的菜式后，从中总结出规律，推而广之，甚至处理和烹饪未曾见过的食材；我们具备的社交经验，可以让我们在结识新朋友时，只需要通过简短的交流，观察对方的表情、动作、语气等，就能判断他是否容易相处。因此，人类相比于机器，其优势可能集中在环境复杂、变化迅速的领域，而保持优势的关键在于锻炼良好的批判性思维能力，对任何观念、观点进行系统性、有逻辑的评估和分析。

◆ **持续学习能力**

人工智能时代将是一个风起云涌、新事物不断出现的时代，我们学习的知识和技能都可能在未来变成“过时”的东西，只有保持持续学习的能力，才能在未来具备竞争力。但需要注意的是，在人工智能时代，机械式的简单识记和被动的接受灌输并不能让我们跟上时代的脚步，我们需要发展的学习能力必定是主动的、灵活的学习，这样才能追随时代的步伐，赶上技术发展的新浪潮。

**想一想**

你认为和人工智能相比，人类还有哪些有明显优势的能力？为什么？

## 本节小结

◆ 在未来，人工智能应用将在很多领域为人类提供帮助，让我们的衣、食、住、行、教育、医疗等更加便利，还将在艺术创作、科学研究等方面做出贡献。

◆ 另一方面，人工智能的快速发展也将带来一些新问题，如何合理、安全地运用新技术是人类面临的新挑战。

◆ 回顾历史，我们不应因为害怕被人工智能取代而盲目地抵制人工智能的发展，而是应当积极地拥抱人工智能时代的到来，培养和发展在新时代人类独有的优势能力。

## 章末思考与实践

1. 随着AlphaGo、AlphaZero等人工智能应用的出现，目前人类棋手在国际象棋、围棋等领域已经完全不可能胜过人工智能应用了。在这些人工智能应用出现后，有的人认为组织人类之间的棋类竞赛，甚至学习棋类游戏已经没有意义；但也有人认为，人工智能应用可以作为人类棋手的老师，正是因为人工智能应用的出现，人类对于棋类游戏的理解才得以更进一步，人工智能应用虽然能够在游戏中取胜，但理解游戏的工作只有人类才能完成。说一说你对这个问题是怎么看的？你认为未来的人们还有学习棋类等游戏的必要吗？

2. 选择一款手机上常用的App，分析我们在使用它的过程中会输入哪些信息，它又是如何利用我们输入的信息进行智能处理让自己变得越来越“聪明”的，具体可以仿照表5-2-1分析。例如某购物软件，我们在使用过程中的操作类型包括：输入各种商品的名称、选择价格、填写收货地址信息等。

表5-2-1　购物信息

| 操作类型 | 搜索商品 | 选择价格 | 填写收货信息 |
| --- | --- | --- | --- |
| 输入信息 | 商品名称 | 价格的数字 | 地址、电话、姓名 |
| 智能处理 | 推荐喜欢的商品 | 评估消费水平 | 推送周边区域的商品 |

3. 由美国教育部、顶尖科技公司等联合成立的21世纪技能学习联盟评选出了4种21世纪最重要的学习能力，包括批判性思维（Critical Thinking）能力、沟通（Communication）能力、团队协作（Collaboration）能力、创造与创新（Creativity and Innovation）能力，合称4C能力。查阅相关资料，了解这些能力分别指的是什么，结合本章内容，分析为什么在未来的人工智能时代需要具备这些能力。